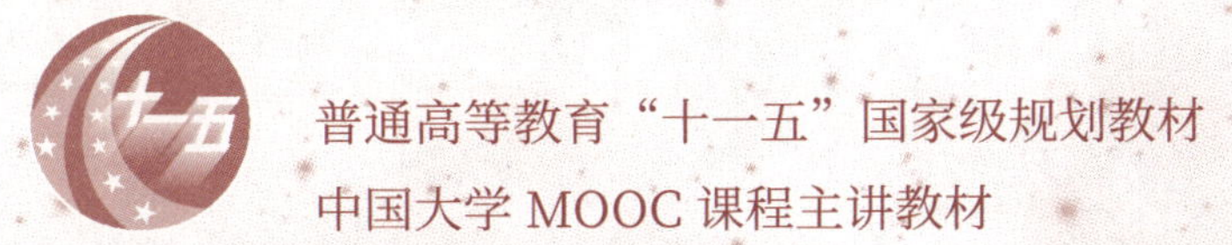

普通高等教育"十一五"国家级规划教材

中国大学 MOOC 课程主讲教材

C/C++ 程序设计教程

(第 2 版)

主 编 高 枚 龚沛曾

编 者 杨志强 孙丽君

中国教育出版传媒集团

高等教育出版社 · 北京

内容提要

本书根据教育部高等学校大学计算机课程教学指导委员会编制的《新时代大学计算机基础课程教学基本要求》编写，旨在进一步提升学生对计算思维方法的理解和运用能力，为后续课程的学习及通过编程解决专业领域的问题打下良好基础。

本书以 Visual Studio 2012 为开发环境，将面向过程的程序设计和面向对象的程序设计有机融合，既强调基础性，又体现先进性。本书分为理论篇和实验篇，理论篇主要内容包括 C/C++概述，基本数据类型、运算符和表达式，基本控制结构，数组，指针，函数，结构和链表，文件，面向对象程序设计基础。每章后习题包括选择题、程序填空题、编程题等，有的章节还根据内容特点设计了程序的阅读理解题及问答题等。实验篇设计了与理论篇对应的 10 个实验，既有基础验证型实验，又有综合设计型实验，部分实验中还增加了研究创新型实验，以适应不同程度学习者的需求。

本书既可作为普通高等学校非计算机类专业的程序设计课程教材，也可供学习者自学参考。

图书在版编目（CIP）数据

C / C++ 程序设计教程 / 高枚，龚沛曾主编 ；杨志强，孙丽君编者 . --2 版 . --北京 ：高等教育出版社，2024. 7. --ISBN 978-7-04-062376-5

Ⅰ. TP312. 8

中国国家版本馆 CIP 数据核字第 2024YG3543 号

C/C++ Chengxu Sheji Jiaocheng

策划编辑　耿　芳　　责任编辑　耿　芳　　封面设计　张志奇　王　洋　　版式设计　杨　树
责任绘图　马天驰　　责任校对　刘娟娟　　责任印制　沈心怡

出版发行	高等教育出版社	网　　址	http://www.hep.edu.cn
社　　址	北京市西城区德外大街 4 号		http://www.hep.com.cn
邮政编码	100120	网上订购	http://www.hepmall.com.cn
印　　刷	辽宁虎驰科技传媒有限公司		http://www.hepmall.com
开　　本	850 mm×1168 mm　1/16		http://www.hepmall.cn
印　　张	22. 75	版　　次	2009 年 5 月第 1 版
字　　数	530 千字		2024 年 8 月第 2 版
购书热线	010-58581118	印　　次	2024 年 8 月第 1 次印刷
咨询电话	400-810-0598	定　　价	52. 00 元

物 料 号　62376-00

新形态教材网使用说明

C/C++ 程序设计教程

（第2版）

高　校 龚沛曾
杨志强 孙丽君

1 计算机访问https://abooks.hep.com.cn/1852142或手机微信扫描下方二维码进入新形态教材网。

2 注册并登录后，计算机端进入"个人中心"，点击"绑定防伪码"，输入图书封底防伪码（20位密码，刮开涂层可见），完成课程绑定；或手机端点击"扫码"按钮，使用"扫码绑图书"功能，完成课程绑定。

3 在"个人中心"→"我的学习"或"我的图书"中选择本书，开始学习。

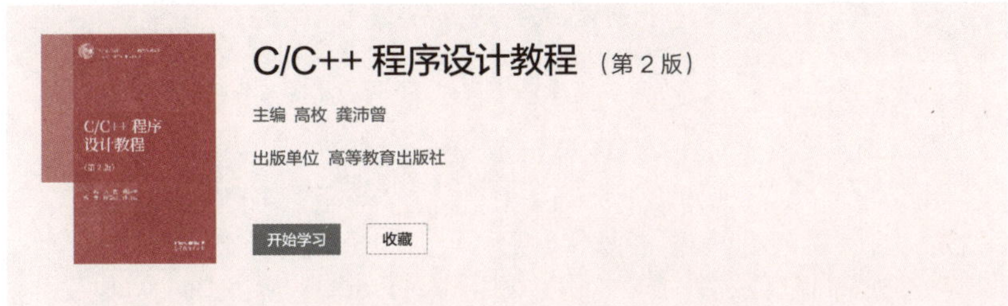

绑定成功后，课程使用有效期为一年。受硬件限制，部分内容可能无法在手机端显示，请按照提示通过计算机访问学习。

如有使用问题，请直接在页面点击答疑图标进行咨询。

https://abooks.hep.com.cn/1852142

前言

本书是与中国大学 MOOC 平台上开设的“C/C++程序设计”课程配套的主讲教材，自第 1 版出版以来，就定位于将传统的程序设计方法与现代编程思想有机结合，同时兼顾学生思维深度和广度的双重培养。随着开发环境和 C/C++标准的不断更新，以及国家对人才培养的新需求，第 2 版教材适时改版，且以进一步提升学生对计算思维方法的理解和运用能力为目标，力争为今后的专业应用打牢程序设计的基础。

本书的主要特色如下：

(1) 内容既有 C 语言的讲解，又有 C++语言的介绍。其中，C 语言讲解侧重算法分析与实现，C++语言介绍结合实例精讲面向对象的基本思想和方法。

(2) 内容注重从需求出发，以问题驱动方式引出知识点，通过贯穿各章节的案例引导重难点的讲解。

(3) 案例设计时，除了常用的经典算法外，还与新技术和传统文化相结合，从中挖掘和提炼案例，激发学生的学习兴趣和对传统文化的热爱。

本书分为理论篇和实验篇，理论篇共 9 章，实验篇包含与理论篇内容配套的 10 个实验。理论篇的 9 章内容包括 C/C++概述，基本数据类型、运算符和表达式，基本控制结构，数组，指针，函数，结构和链表，文件，面向对象程序设计基础。其中，前 8 章的内容以面向过程的 C 语言程序设计为主，只少量扩充了 C++的内容；第 9 章是面向对象的程序设计内容，详细介绍了类和对象、继承和派生以及多态性的相关知识。

本书的所有代码均在 Visual Studio 2012 编译环境下调试通过。为适应使用不同编译器的读者，本书内容以常用编译器均支持的标准为依据；同时，为解决教学中学生使用高版本编译器时经常遇到的困惑，书中还补充了部分高版本编译器支持的“安全函数”的内容。

本书由高枚、龚沛曾主编。第 1~2 章由杨志强编写；第 3~5 章由龚沛曾编写；第 6 章由孙丽君编写；第 7~9 章由高枚编写。各位作者各自完成了相应章节的配套实验的编写。作者建议使用本书进行教学时，课堂教学宜为 36~54 学时，上机实践宜为 36~54 学时。

使用本书的学校可与作者联系索取相关教学资源，作者邮箱为 gaom67@163.com。

由于作者水平有限，疏漏之处恳请读者批评指正。

编　者

2024 年 2 月

目录

理 论 篇

实 验 篇

理 论 篇

第 1 章 C/C++概述

电子教案

1.1 C/C++发展简史

1972年，为了编写UNIX操作系统，美国贝尔实验室的Dennis Ritchie设计并实现了C语言。经过3年的改进和完善，C语言走出了实验室，成为目前应用最广泛的程序设计语言之一。C语言在50多年的发展中涌现了众多的版本，但普遍遵守两个重要的标准：一是Brian Kernighan和Dennis Ritchie于1978年合著的《C程序设计语言》（*The C Programming Language*），称为老标准；二是美国国家标准化协会（ANSI）于1983年制定的新标准，称为ANSI C。1988年，Brian Kernighan和Dennis Ritchie根据ANSI C重新修订了《C程序设计语言》，它成为C语言的经典名著。两人因在C语言和UNIX操作系统上的突出贡献，于1983年共同获得了计算机科学领域的最高奖——图灵奖。

当C语言程序达到一定的规模（25 000~100 000行）后，维护和修改变得相当困难。为了满足管理程序复杂性的需要，贝尔实验室的Bjarne Stroustrup博士于1979年开始对C语言进行改进和扩充，并从Simula 67语言中引入了面向对象程序设计的内容，最初取名为“带类的C”，1983年更名为C++。在经历了3次重大修订后，于1994年制定了标准C++草案，后又经不断完善，成为目前的C++语言。

C++语言具有以下突出的优点。

① C++是C语言的超集。C++由两部分组成：一是过程性语言部分，这部分与C语言无本质区别，一般遵守ANSI C标准；二是类和对象部分，这是C语言所没有的，它是面向对象程序设计的主体。

② C++充分保持了与C语言的兼容性，绝大多数C语言程序可以不经修改直接在C++环境中运行。

③ C++仍然支持面向过程的程序设计，是一种理想的结构化程序设计语言，又几乎全部包含了面向对象程序设计的特征。

④ C++继承了C语言的高效率、灵活性等优点。用Bjarne Stroustrup博士的话来说，C++使程序“结构清晰、易于扩展、易于维护而不失效率”。

⑤ C++是一种标准化的、与硬件基本无关的、广泛使用的程序设计语言，具有很好的通用性和可移植性。C++程序通常无须修改，或稍作修改，即可在其他计算机系统上运行。

⑥ 具有丰富的数据类型和运算符，并提供了功能强大的库函数。

目前常用的C++开发工具有：① Visual Studio，运行在Windows操作系统上；② Code::Blocks，可以跨平台运行于macOS、Windows、Linux等操作系统上；③ Xcode，运行在macOS操作系统上；④ Dev C++，运行在Windows操作系统上，适用于教学。

本书的编程环境采用的是微软公司的Visual Studio C++。考虑到C++对C语言的兼容性，因此书中不再具体说明一个程序是C语言程序还是C++程序，统一称为C/C++程序。但是，需要读者注意的是，由于程序中使用了C语言中没有的标准设备cin和cout进行输入和输出，严格来说，书中所有程序都是C++程序。

1.2　简单的 C/C++程序实例

下面通过两个简单的实例，说明 C/C++源程序的基本组成。

【例 1.1】　输入圆的半径，求面积。

程序代码：例 1.1

程序：

```
#include "iostream"            //文件包含命令
using namespace std;           //使用 std 命名空间
#define PI 3.14                //定义符号常量 PI
int main()                     //函数头
{
    double r;                  //说明 r 为 double 类型的变量
    cin>>r;                    //从键盘输入数据，送到变量 r 中
    double s=PI*r*r;           //先说明 s 为 double 类型的变量，再把计算的圆面积赋值给 s
    cout<<s<<endl;             //先输出 s 的值，再输出换行符
    system("pause");           //暂停程序执行以便观察程序结果
    return 0;                  //函数结束，返回 0 给系统
}
```

这是一个简单的 C/C++源程序，运行结果如图 1.1.1 所示。在窗口中，10 是用户从键盘输入的已知数据，而 314 是程序输出的计算结果。

图 1.1.1　例 1.1 程序运行结果

说明：

① 一行中以“//”开始的内容称为注释。它的作用是对程序进行说明，提高程序的可读性。在编译时，注释将被忽略。

② #include "iostream"是文件包含命令，其作用是指示编译预处理程序将指定的文件 iostream 嵌入该源程序文件中。有关文件包含命令的使用详情请参阅 1.5 节。

③ 语句 using namespace std;代表使用 std 命名空间，命名空间是 C++的一种机制，用关键字 namespace 来定义，它指示了标识符的可见范围，其中 C++标准程序库中的所有标识符都被定义在名为 std 的命名空间中。比如，程序中的 cin 和 cout 都是标准库中说明过的标识符，使用了这些内容，就一定要配合使用 using namespace std;语句，否则 cin、cout 不能单独出现，而必须以 std::cin 和 std::cout 的形式使用。

④ 编译预处理命令#define PI 3.14 定义 PI 为符号常量，代表 3.14。在程序设计时，凡是需要书写 3.14 的地方都可以用 PI 代替；在编译预处理时，对源程序中所有的 PI 用 3.14 替换。

⑤ main()函数称为主函数。C/C++程序必须要有一个 main()函数，这是 C/C++程序的标志。main()的一般形式如下：

```
int main( )              //函数头，int 表示 main( )函数返回一个整数
{
    语句组               }//函数体
}
```

⑥ 语句 double r;是说明语句，说明 r 为 double 类型的变量，用于存放浮点数。

⑦ cin 和 cout 是标准输入输出设备，用来实现数据的输入输出。cin 一般代表键盘，语句 cin>>r;的作用是将从键盘输入的数据输入到变量 r 中；cout 一般代表显示器，语句 cout<<s<<endl;的作用是将 s 的值和换行符“endl”依顺序输出到显示器上。

⑧ 语句 double s=PI * r * r;有两个作用：一是说明变量 s 为 double 类型；二是计算圆的面积，然后赋值给 s。

⑨ 语句 system("pause");的作用是为了观察程序结果而暂停程序执行，观察结果完毕按任意键程序可以继续执行。

⑩ 语句 return 0;的作用是结束函数，同时返回整数 0 给系统。

【例 1.2】 求两个数之和。

程序代码：例 1.2

程序：

```
#include "iostream"
using namespace std;
int add(int x, int y)             //定义 add( )函数，求两个数之和
{
    int z;                        //说明 z 为 int 类型的变量
    z=x+y;                        //将 x+y 的值赋值给 z
    return z;                     //结束 add( )函数的执行，并将 z 的值返回给主函数
}
int main( )                       //定义主函数
{
    int a, b, c;                  //说明 a、b、c 为 int 类型的变量
    cin>>a>>b;                    //从键盘输入两个数送到 a 和 b 中
    c=add(a,b) ;                  //调用 add( )函数，计算 a+b，并把结果赋给 c
    cout<<c<<endl;                //先输出 c 的值，再输出换行符
    system("pause");
    return 0;
}
```

程序运行结果如图 1.1.2 所示。其中 10 和 33 是用户输入的数据，中间用空格分隔。

说明：

① 该程序由 main( ) 和 add( ) 两个函数组成。

② 尽管 add( ) 函数在 main( ) 函数前面，程序仍然是从 main( ) 函数开始执行的。

③ 语句 c=add(a,b);的作用是调用 add( ) 函数计算 a+b。

④ add( ) 函数是一个用户定义的函数，其功能是求两个数的和。调用时，先将实际参

数 a、b 的值分别传递给对应的形式参数 x、y，然后依顺序执行 add( ) 函数中的各条语句，遇到语句 return z;后将 z 的值作为函数的返回值返回给主函数并结束 add( ) 函数的执行，继续执行 main( ) 函数中的语句，变量 c 将获得调用 add( ) 函数所返回的 a+b 的值。

图 1.1.2 例 1.2 程序运行结果

从上面两个实例可以看到，C/C++程序的组成及书写规则如下：

① C/C++程序是由一个或多个函数组成的，其中必须要有一个 main( ) 函数。无论这个函数的位置在哪里，程序总是从它开始执行的。

② 在一个函数内，语句的执行顺序是从上到下的。

③ 注释是从“//”开始到本行结束的内容，作用是增加程序的可读性，注释的内容不是程序的可执行部分，不会被编译。这种注释是对一行内容的解释说明，故被称为行注释。如果注释的内容不是一行而是多行，则这部分内容需包含在以/＊开始，以＊/结束的范围内，这种注释称为段注释。

④ C/C++程序书写形式自由。一行可以写多条语句，一条语句也可以分写在不同行上。C 语言中大小写字母是有区别的，这一点初学者要特别注意。

1.3 基本语法成分

作为程序设计语言，C/C++有一个严格的字符集和一套严密的语法规则。程序中各种成分（如常量、变量、表达式、语句等）是根据语法规则由字符集中的字符构成的。程序中不能使用这个字符集以外的字符，也不能违反语法规则。

1. 字符集

（1）大小写英文字母各 26 个：a~z 和 A~Z。

（2）0~9 共 10 个数字。

（3）下画线：_。

（4）特殊符号：包括运算符在内的其他字符，这里暂不一一列举，请详见第 2 章。

要特别注意的是，在 C/C++中大小写字母是敏感的，即大小写字母是不等价的。

2. 关键字

有特定含义的、专用的单词称为关键字，如 int、char、break、for、define 等。用户不能用关键字来命名变量名、符号常量名、函数名、类名等。

3. 标识符

标识符是以字母或下画线开始的，由字母、数字字符和下画线组成的字符串，用来标识变量名、符号常量名、函数名、类名等。

例如，下面的标识符都是合法的：

A2　student　area_of_circle　num　_dd　Int

下面的标识符则不合法：

2A A-B area of circle（一个标识符） M. D int

使用标识符时，应注意以下几点。

① 由于 C/C++中大小写字母不等价，因而 Sum 和 sum 这两个标识符是不同的。习惯上，变量名小写，符号常量大写。

② 关键字不能作为标识符。例如，int、define 等关键字不能作为标识符。

③ 定义标识符时最好能简洁且“见名知义”，以提高程序的可读性。如 min 表示最小值，average 表示平均值，day 表示日期。

④ 通常标识符中不能有汉字，但是字符串和注释中可以有汉字。

补充说明： Visual Studio 2012 已经开始支持 Unicode 字符编码，所以标识符理论上可以使用中文，但考虑到 C++程序在不同编译器中的兼容性，建议尽量不使用中文标识符。

1.4 数据的输入输出

数据的输入输出是应用程序不可缺少的功能。没有输出，程序也就没有意义。在 C 语言中，数据的输入和输出是通过调用函数来实现的，主要的函数有 scanf( )、printf( )、getchar( )、putchar( )等。C++对数据的输入输出进行了扩充，引入了标准设备 cin（代表键盘）和 cout（代表显示器），把数据的输入输出处理为数据从一个对象到另一个对象的流动。

1.4.1 cout 和 cin

使用 cin 和 cout 进行输入输出，用户不用考虑数据类型，也可以不考虑输入输出格式，一切都由系统自动完成，简单方便，形象直观。

要使用 cin 和 cout，需要在程序前面加入如下的命令和语句：

```
#include "iostream"
using namespace std;
```

或

```
#include<iostream>
using namespace std;
```

1. cout

cout 称为标准输出设备，通常是指显示器。其使用形式如下：

```
cout<<表达式 1<<表达式 2<<…<<表达式 n;
```

说明：

① 将各表达式的值按顺序输出到显示器上，数据的输出格式由系统自动决定。

② “<<” 称为输出运算符，也称为插入运算符。

③ 各表达式可以是任意类型的。

④ 可以使用格式控制符控制数据的输出格式，如设置整数基数、数值表示形式、填充字符、精度、数据宽度等，常用格式控制符见表 1.1.1。若要使用以 set 开头的格式控制符，还需要使用#include "iomanip"命令。

◀表 1.1.1 常用格式控制符

格式控制符	说 明	示 例	
		语 句	结 果
endl	输出换行符	cout<<123<<endl<<123;	123 123
dec	十进制表示	cout<<dec<<123;	123
hex	十六进制表示	cout<<hex<<123;	7b
oct	八进制表示	cout<<oct<<123;	173
setbase(int n)	设置以 n 进制表示数据	cout<<setbase(8)<<123;	173
setw(int n)	设置数据输出的宽度	cout<<'a'<<setw(4)<<'b';	a b （中间有 3 个空格）
setfill(int n)	设置填充字符	cout<<setfill('*')<<setw(6)<<123;	***123
setprecision(int n)	设置浮点数输出的有效数字位数	cout<<setprecision(5)<<123.456;	123.46

【例 1.3】 cout 应用示例。

程序代码：例 1.3

程序：

```
#include <iostream>
using namespace std;
int main()
{
    int a=2;
    double b=3.32;
    char c='A';
    cout<<a<<' '<<b<<endl;
    cout<<c<<' '<<"abcd"<<endl;
    system("pause");
    return 0;
}
```

程序运行结果如图 1.1.3 所示。

【例 1.4】 使用格式控制符输出数据。

程序代码：例 1.4

程序：

```
#include <iostream>
using namespace std;
#include "iomanip"
int main()
{
    int x=65;
```

```
    double f=123.456;
    cout<<"123456789012345"<<endl;
    cout<<dec<<x<<' '<<hex<<x<<' '<<oct<<x<<endl;
    cout<<x<<ends<<x<<endl;
    cout<<f<<endl;
    cout<<setprecision(4)<<f<<endl;
    cout<<setw(12)<<f<<endl;
    cout<<setw(12)<<setfill('#')<<f<<endl;
    system("pause");
    return 0;
}
```

程序运行结果如图 1.1.4 所示。

图 1.1.3 例 1.3 程序运行结果

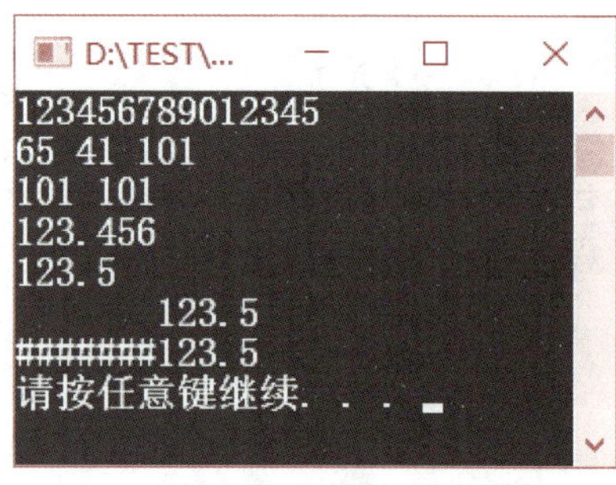

图 1.1.4 例 1.4 程序运行结果

2. cin

cin 称为标准输入设备，通常是指从键盘输入。其使用形式如下：

cin>>变量 1>>变量 2>>…>>变量 *n*;

说明：

① 从键盘输入数据，依次送入各变量中。

② “>>” 称为输入运算符，也称为提取运算符。

③ 各变量可以是任意数据类型，输入时各个数据之间用空格、Tab 键或 Enter 键分隔。

【例 1.5】 cin 应用示例。

程序代码：例 1.5

程序：

```
#include <iostream>
using namespace std;
int main()
{
    int a;
    float b;
    cout<<"input a,b:";
    cin>>a>>b;
```

```
    cout<<" a+b = " <<a+b<<endl;
    system( " pause" ) ;
    return 0;
}
```

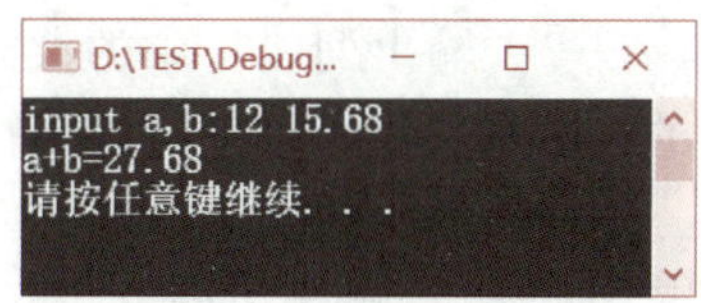

图 1.1.5 例 1.5 程序运行结果

程序运行结果如图 1.1.5 所示。

1.4.2 printf( )和 scanf( )函数

printf( )和 scanf( )称为格式输入输出函数，利用它们可以对不同类型的数据，按各自不同的格式要求进行输入输出。

要使用 printf( )和 scanf( )函数，需要在程序前面加语句

```
#include "stdio.h"
```

或

```
#include<stdio.h>
```

1. printf( )函数

printf( )称为格式输出函数，其作用是按各种不同的格式要求向显示屏输出数据。其使用形式如下：

```
printf("控制字符串" [, 输出列表] );
```

说明：

① 控制字符串由三类内容组成。

a. 普通字符，直接在屏幕上输出。

b. 转义字符，按其意义输出，使用说明见第 2 章。例如，若控制字符串出现了转义字符“\'”，则表示输出一个单引号字符“'”。

c. 格式字符，格式字符以“%”开头，后面接类型字符，说明了输出列表中对应数据的输出格式，如表 1.1.2 所示。

◀表 1.1.2 常用格式字符及说明

格式字符	说明
%d %md	以十进制整数的形式输出数据 m 是指数据输出宽度。若 m 小于实际宽度，则按实际宽度输出
%o	以八进制整数的形式输出数据
%x	以十六进制整数的形式输出数据
%u	以无符号整数的形式输出数据
%c	输出一个字符
%s	输出一个字符串
%f %m.nf	以小数形式输出单、双精度数 数据输出宽度为 m，小数位数为 n 位
%e	以指数形式输出单、双精度数

②"输出列表"中的数据可以是常量、变量或表达式，数据之间用","分隔开来，数据的个数和类型必须与控制字符串中格式字符的个数和要求一致。例如：

```
printf("a=%d,  b=%d ,  a+b=%d\n",a,b,a+b);
```

其中，%d 为格式字符，共有 3 个，与后面的参数表中参数个数相等。双引号中其他部分皆为普通字符，原样输出，故若假设 a 的值为 3，b 的值为 4，则调用上面的 printf( ) 函数，会在屏幕上输出：

```
a=3,  b=4,  a+b=7
```

且光标移到下一行行首（'\n'的作用）。

【例 1.6】 printf( ) 函数示例程序。

程序代码：例 1.6

程序：

```
#include "stdlib.h"                          //调用 system( ) 函数的需要
#include "stdio.h"
int main( )
{
    int i=123, m=65;
    char ch='a';
    double d=12.3456;
    printf("a=%d,%o,%x\n", i, i, i);      //整数 i 以十进制、八进制和十六进制的形式输出
    printf("ch=%c,%d\n", ch, ch);         //将 ch 以字符和整数形式输出
    printf("m=%c,%d\n", m, m);            //将 m 以字符和整数形式输出
    printf("%f,%6.2f,%e\n", d, d, d);     //将 d 以小数形式和指数形式输出
    system("pause");
    return 0;
}
```

运行结果如图 1.1.6 所示。

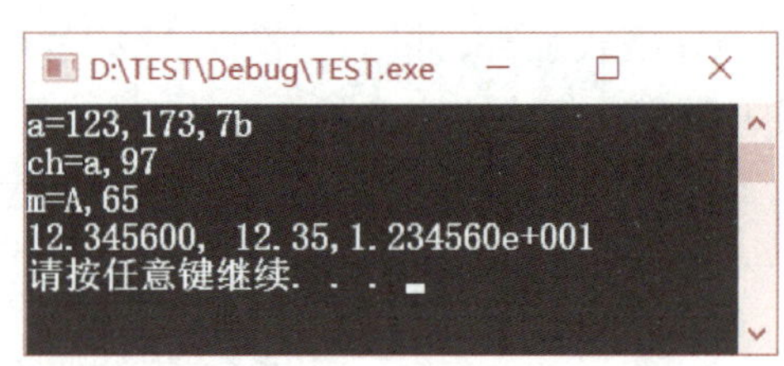

图 1.1.6　例 1.6 程序运行结果

2. scanf( ) 函数

scanf( ) 称为格式输入函数，其作用是按指定的格式从键盘读入数据。其使用形式如下：

```
scanf("控制字符串", 地址列表);
```

说明：

① scanf( ) 函数的控制字符串由两类内容组成。

a. 普通字符，即要求用户从键盘输入的字符。

b. 格式说明，与 printf( ) 函数中的格式字符有所区别。若读入一个长整型数据时，则需要使用格式说明"%ld"；若读入一个双精度数据时，则需要使用格式说明"%le"或"%lf"。例如：

```
long x;
double y;
scanf("%ld %lf", &x, &y);          //语句 scanf("%d %f", &x, &y);是错误的
```

② scanf()函数要求的是地址表列，可以是变量的地址，也可以是数组名或指针变量名。变量的地址是在变量名前加入一个取地址符"&"。

③ scanf()函数的控制字符串中没有转义字符，若出现转义字符形式的字符串，则当作普通字符处理。假定有如下的程序段：

```
int x;
scanf("x=%d\n", &x);
```

则应在键盘上输入：

```
x=123\n
```

④ 当用一条 scanf()语句输入多个数据时，注意数据的分隔符要和控制字符串中指定的分隔符一致。例如：

```
scanf("%d, %d", &m, &n);        只能输入：12, 13
scanf("%d: %d", &m, &n);        只能输入：12: 13
scanf("%d; %d", &m, &n);        只能输入：12; 13
```

若在控制字符串中，两个格式之间无分隔符或用一个空格分隔，则输入数据时，用空格符、制表符或回车符作为分隔符，是用得最多的形式。

⑤ 在用"%c"格式输入字符时，输入的数据之间不要分隔符。例如，对应 scanf("%c%c%c", &a, &b, &c);语句，若输入 E, F, G, 则将字符'E'给了变量 a，字符','给了变量 b，字符'F'给了变量 c。

【例 1.7】 scanf()函数示例程序。

程序代码：例 1.7

程序：

```
#include "stdlib.h"                    //调用 system()函数的需要
#include "stdio.h"
int main()
{
    int a;
    double b;
    char c;
    scanf("%d %c %lf",&a,&c,&b);
    printf("a=%d,b=%f,c=%c\n",a,b,c);
    system("pause");
    return 0;
}
```

运行结果如图 1.1.7 所示。

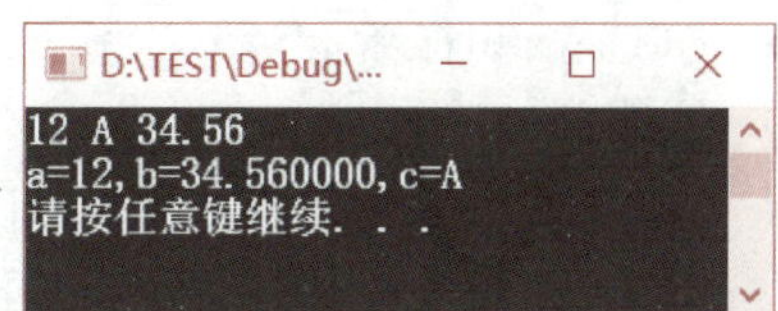

图 1.1.7 例 1.7 程序运行结果

1.5 编译预处理

编译预处理是 C/C++的重要功能。在编译程序开始编译（具体见 1.6 节）之前，先由预处理程序对源程序中的预处理命令进行处理，然后再进行通常的编译。预处理命令是源程序文件中以#开始的命令，常用的命令有文件包含和宏定义。

1.5.1　文件包含

在C/C++中，扩展名为h的文件（如stdio.h）称为头文件。它们包含了大量的符号常量定义、函数说明等。编程时若需要使用这些常量或函数，就用文件包含命令把需要的头文件插入源程序文件中。

文件包含命令是以“#include”开始的预处理命令，其主要功能是将指定文件的内容嵌入文件包含命令所在的地方，取代该命令，从而把指定的文件和当前的源程序文件连成一个源文件。其使用形式有以下两种：

（1）#include "文件名"

（2）#include <文件名>

两种形式的区别是：用尖括号时，预处理程序在系统指定的文件夹中寻找；用双引号时，预处理程序首先在当前文件所在的文件目录中寻找，若找不到才到系统指定的文件夹中查找。

文件包含命令是很有用的。一个大的程序可能分成多个模块，由多个程序员编写。有些公用的内容可以单独组成一个文件，使用时就用文件包含命令包含该文件，节省了编程时间，提高了效率。

使用时应注意以下几点：

① 文件包含命令应放在源程序的开头较好，因为被包含文件的内容是被插入到该文件包含命令所在的位置。

② 一条文件包含命令只能包含一个文件，若想包含多个文件就需要多条命令。

③ 文件包含命令可以嵌套使用。

1.5.2　宏定义

在C/C++中，允许用户用标识符来表示一个字符串，这个标识符称为宏。若一个宏简单地表示一个常数，则该宏称为符号常量。在编译预处理时，程序中所有出现的宏都用它所表示的字符串来替换。

宏定义使用的形式如下：

```
#define 标识符 常量
```

说明：

① 习惯上标识符名要大写，以区别变量名。

② 常量定义末尾不加分号，若加分号，则把分号也看作常量值的一部分。

③ 程序中不能对标识符进行赋值。

例如：

```
#define FALSE   0
#define TRUE    1
#define PI      3.1415926
#define EPS     1.0e-6
```

1.6 Visual Studio C++简介

Visual Studio（简称 VS）是美国微软公司推出的开发工具包，是 Windows 平台应用程序的集成开发环境。VS 支持包括 C++语言在内的多种程序设计语言，同时提供多种应用类型的开发模板。

微视频：Visual Studio C++开发环境简介

VS 的版本很多，每隔几年甚至一两年就推出新版本。VS 2012 较之前的版本增添了许多新的特性，提供了更为简便优化的界面，并荣获了在软件界有奥斯卡奖之称的 Jolt 奖 2013 年生产力奖。考虑到程序与其他编译器的兼容性，本书并未选用最新版本的 VS，而是选择 VS 2012 作为开发环境。

1.6.1 Visual Studio C++集成开发环境

VS 支持多种程序设计语言的开发，为多种语言提供统一的集成开发环境，并支持不同类型的应用程序开发。本书中的程序是在 VS 下开发的 Win32 控制台应用程序，如图 1.1.8 所示。它与 Microsoft Office 软件一样，其工具栏上的按钮具有提示功能，右击可弹出快捷菜单。除了常规的标题栏、菜单栏和工具栏之外，还具有自身独有的窗口，如解决方案资源管理器窗口、代码窗口、输出窗口等。

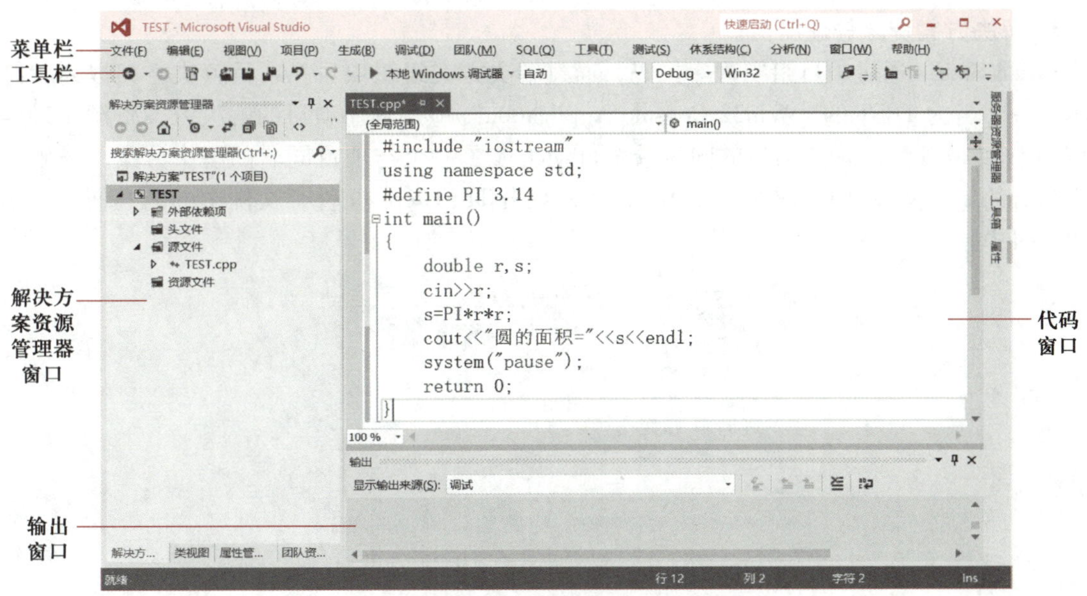

图 1.1.8　Win32 控制台应用程序窗口

1. 菜单栏

常用的菜单项及功能如下。

①“文件”：用于创建、打开、保存工程以及其他的文件。

②“编辑”：用于文件的编辑，如复制、粘贴、查找、恢复等操作。

③“视图”：用于激活所需要的各种窗口，如解决方案资源管理器窗口、输出窗口等。

④“项目”：包含与正在处理的项目相关的命令，如添加、移除文件等。

⑤“生成”：用于对源程序进行编译链接，生成目标文件和可执行文件。

⑥“调试”：用于调试程序，如设置断点进行逐语句的代码执行。

⑦“工具”：用于选择或定制集成开发环境中的一些工具。

⑧“窗口”：用于排列、隐藏或显示窗口等。

⑨“帮助”：帮助用户系统地学习掌握 Visual Stdio 的使用方法。

2. 工具栏

通过工具栏可以迅速地使用常用的菜单命令。最常用的工具栏是标准工具栏，如图 1.1.9 所示。

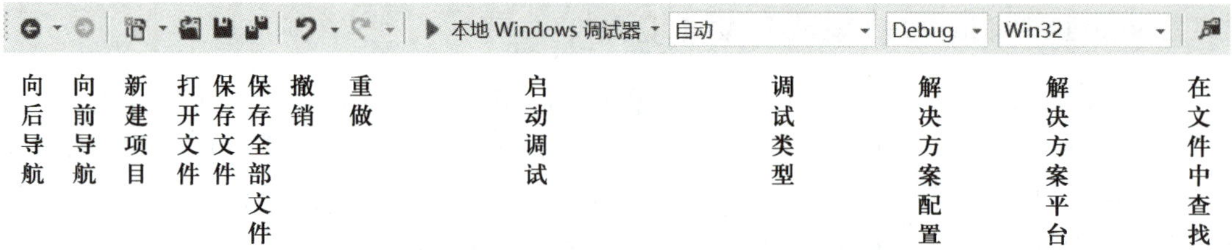

本地 Windows 调试器
自动
Debug
Win32
向后导航
向前导航
新建项目
打开文件
保存文件
保存全部文件
撤销
重做
启动调试
调试类型
解决方案配置
解决方案平台
在文件中查找

图 1.1.9　标准工具栏

3. 解决方案资源管理器窗口

Visual Studio 通过项目组织程序代码，通过解决方案组织项目。项目解决方案以树状结构显示，一个名为 TEST 的“Win32 Console Application”应用程序项目的解决方案资源管理器窗口如图 1.1.10 所示。创建项目的同时系统自动生成了一个与项目同名的解决方案，该解决方案中包含的 cpp 文件是 C/C++的源程序文件，双击 TEST. cpp 文件，文件中的内容便会显示在代码窗口中。

解决方案“TEST”(1 个项目)
TEST
外部依赖项
头文件
源文件
TEST.cpp
资源文件
解决方案资源管理器
类视图
属性管理器
团队资源管理器

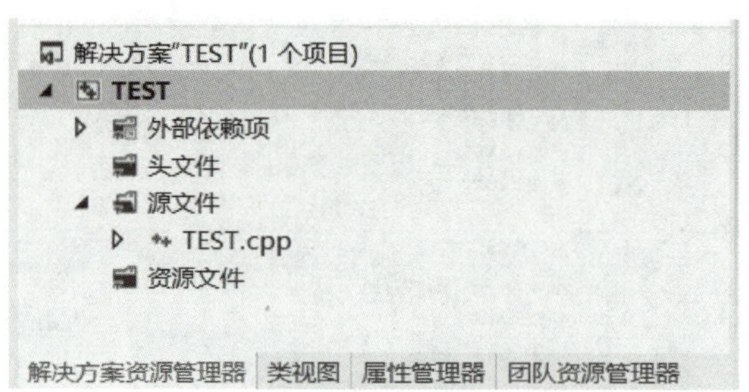

图 1.1.10　解决方案资源管理器窗口

解决方案文件的扩展名为 sln，若要打开项目，对程序进行修改、调试，需双击该文件打开整个项目，而不是双击 cpp 文件。初学者经常会试图通过双击 cpp 文件来打开程序对其进行修改和调试，这是不正确的。

4. 输出窗口

输出窗口有两个选项卡：“错误列表”选项卡显示错误、警告以及有关当前代码状态的消息；“输出”选项卡显示生成项目中的输出消息。

1.6.2 简单 C/C++程序的编写和运行

简单 C/C++程序的编写和运行可以分为以下 3 个阶段：

① 创建一个空项目。

② 添加一个 C++源文件，输入源程序。

③ 进行编译、连接、运行。

下面通过例 1.1 进行说明。

1. 创建空项目

① 选择“文件”|“新建”|“项目”命令，打开“新建项目”对话框。

② 在项目类型中选择“Win32 控制台应用程序”，再选择项目位置，输入项目名“TEST”，如图 1.1.11 所示。

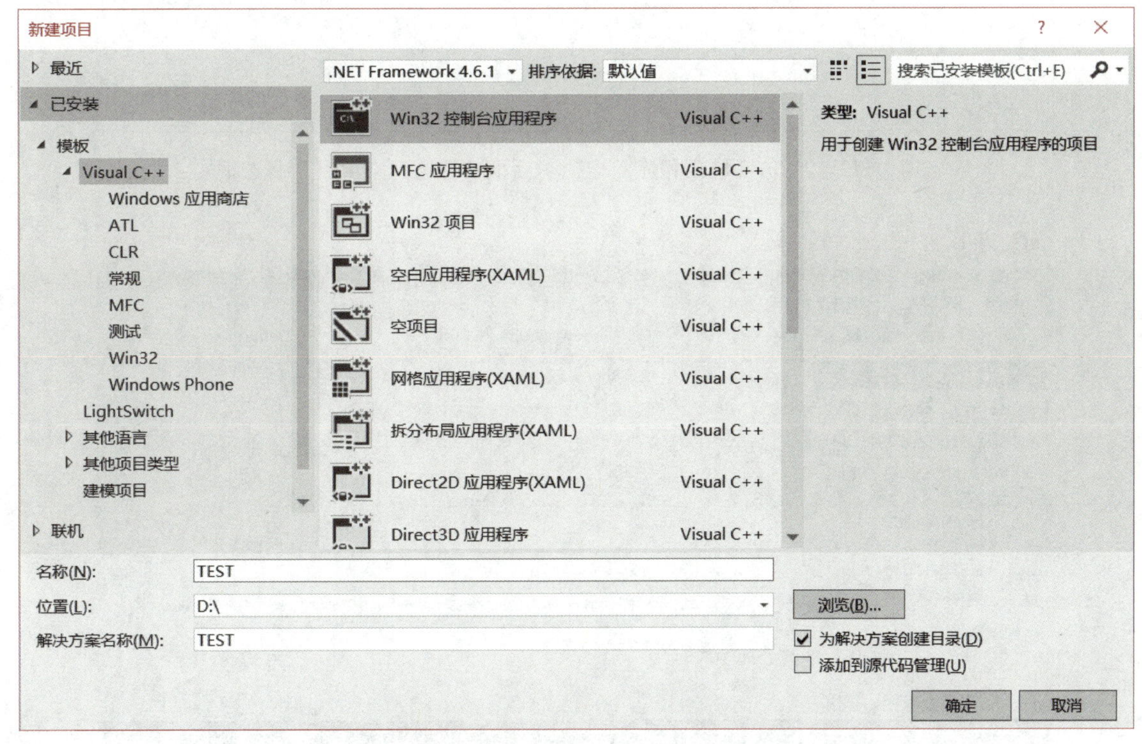

图 1.1.11 “新建项目”对话框

③ 在随后弹出的向导对话框中，先单击“下一步”按钮，再在后续步骤的“附加选项”组中勾选“空项目”复选框，并单击“完成”按钮（见图 1.1.12），项目创建完毕，显示如图 1.1.13 所示的窗口。

此时为项目 TEST 创建了 D:\TEST 文件夹，并在其中生成了解决方案文件 TEST.sln 以及 TEST 文件夹。该文件夹下有一个空的项目文件 TEST.vcxproj。

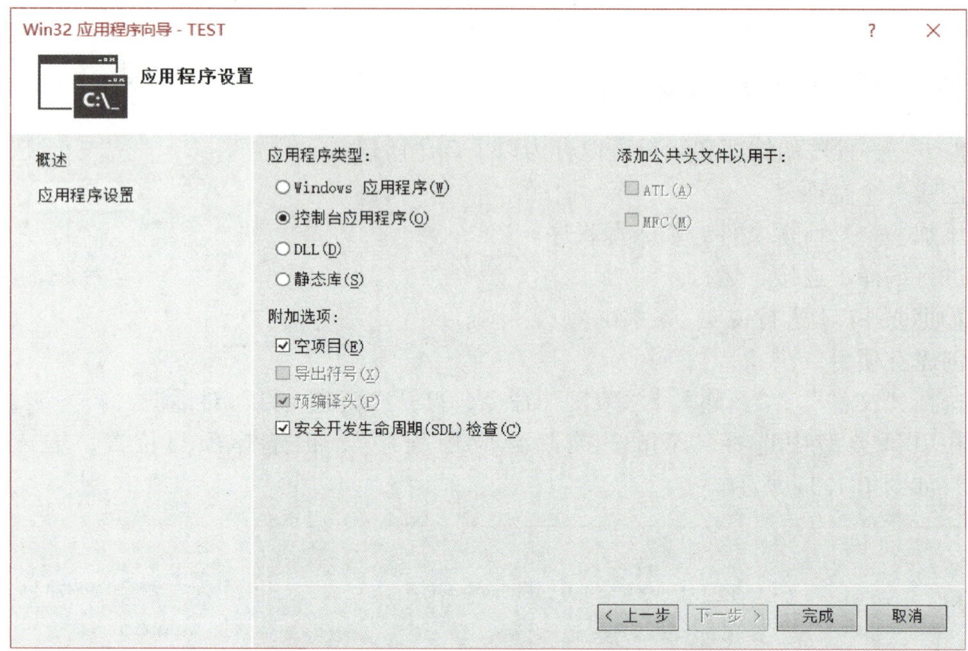

图 1.1.12　“Win32 应用程序向导”对话框中勾选“空项目”复选框

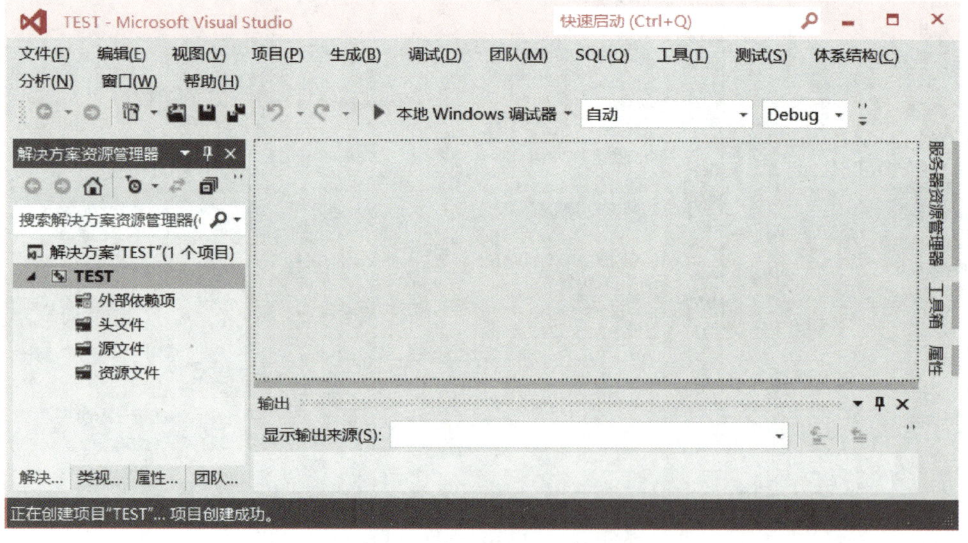

图 1.1.13　空项目创建后的窗口

2. 创建 C++源文件

① 在解决方案资源管理器窗口中选中项目 TEST，右击，在弹出的快捷菜单中选择“添加”|“新建项”命令，弹出“添加新项”对话框。

② 在“添加新项”对话框中，选择“C++ 文件(.cpp)”选项，并输入源程序文件名 TEST，如图 1.1.14 所示。单击“添加”按钮。

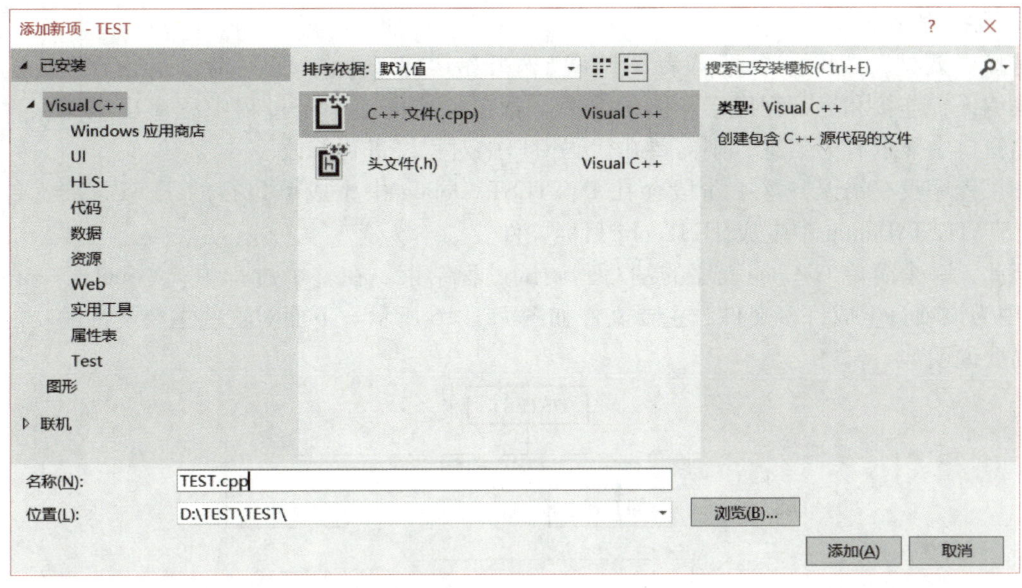

图 1.1.14 “添加新项”对话框

③ 在打开窗口中间的代码窗口中输入、编辑源程序，如图 1.1.15 所示。在这个阶段，D:\TEST 文件夹中创建了 TEST.cpp。

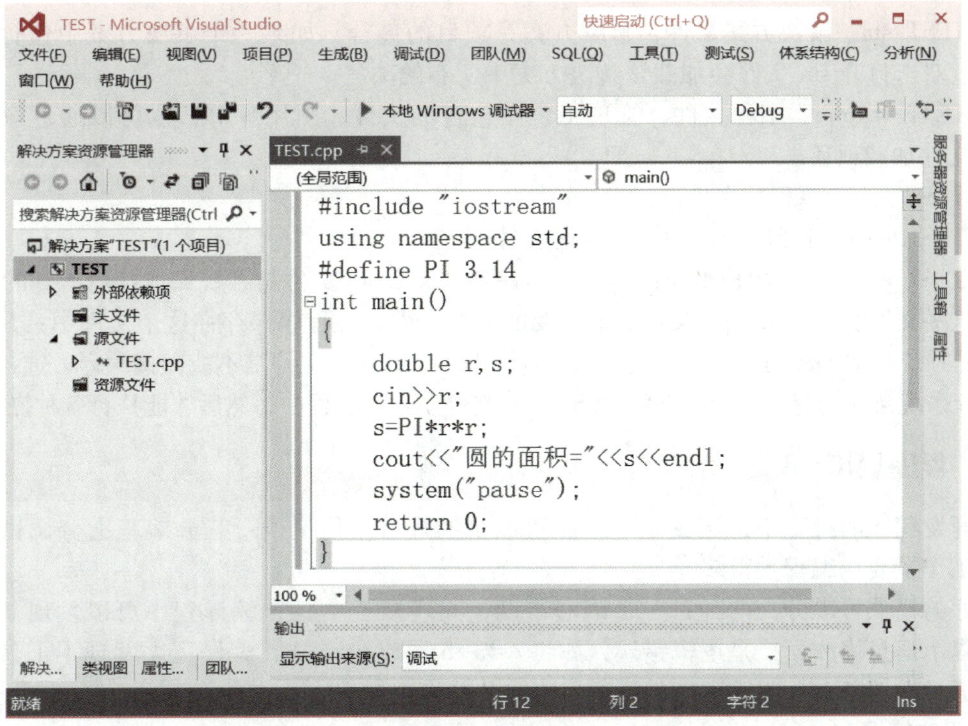

图 1.1.15 代码窗口中输入、编辑 TEST.cpp 文件

3. 运行程序

选择“调试”|“开始调试”或者“调试”|“开始运行（不调试）”命令运行程序，这个命令是集编译、连接和运行程序于一体的命令。若在上述任何一个过程中程序出现错误，都会在输出窗口中显示有关信息，则需要在代码窗口中对程序进行修改。

如果程序没有错误，这一阶段会在 D:\TEST\Debug 中生成可执行的 TEST. exe 文件，在 D:\TEST\TEST\Debug 中生成 TEST. obj 目标文件。

至此，一个简单 C/C++程序的编写、调试过程结束。在整个过程中，Visual C++在 D:\TEST 中为该项目生成许多文件，主要文件如图 1. 1. 16 所示。下面对这些主要文件的功能分别进行简要说明。

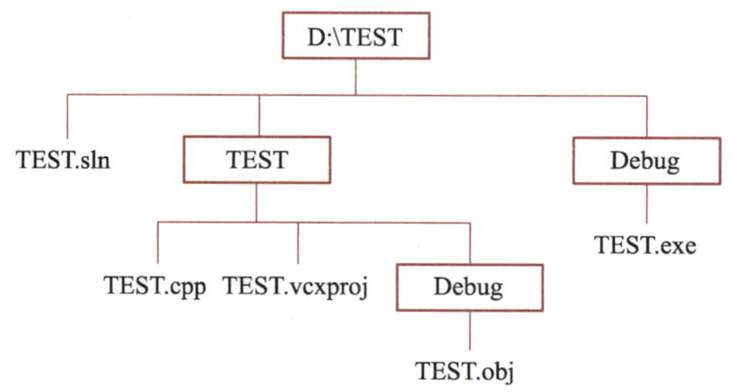

图 1. 1. 16　项目 TEST 的主要文件

① TEST. sln：解决方案文件，解决方案是项目的集合，如果一个解决方案中包含多个项目，通过双击打开 sln 文件会加载该解决方案中所有的项目。

② TEST. vcxproj：工程文件，管理工程中包含的文件、引用库等，也可以通过双击打开 vcxproj 文件加载项目。

③ TEST. cpp：源程序文件。

④ TEST. obj：编译后产生的目标代码文件。

⑤ TEST. exe：最终生成的可执行文件，是将 TEST. obj 文件与系统库连接后得到的。

在这些文件中，TEST. cpp 文件是最重要的一个文件，源程序保存在这个文件中，其他文件一般都是系统自动生成的。但是，在 Visual C++中，仅有 cpp 文件是不能直接编译、连接的，需要首先让系统自动创建一个工程并将 TEST. cpp 文件加入该工程中，然后才能执行各种操作。

1. 6. 3　程序调试

在开发程序的过程中，调试是一个不可缺少的环节。俗话说：三分编程七分调试，说明调试的工作量要比编程大得多。

程序的错误可以分为两种：一是语法错误，如遗漏了“;”，编译程序可以发现，用户可以根据提示信息修改；二是逻辑错误，如将 c=a+b 写成 c=a-b，编译程序发现不了，用户往往需要通过设置断点，跟踪程序的运行过程，才能发现错误。

1. 语法错误

在编译、连接阶段，如果程序有语法错误，则系统会在输出窗口中显示错误信息。错误信息的形式如下：

文件名(行号)：错误代码：错误内容

例如：

D:\TEST\TEST. CPP(6)：error C2146：syntax error：missing';' before identifier 'cin'

表示在 D:\TEST\TEST. CPP 文件的第 6 行处有一个 C2146 错误：在"cin"之前漏了一个";"。

在输出窗口中，用鼠标双击任何一条错误信息，系统就可以定位到源程序中错误所在的位置，然后就可以改正错误了。

除了错误信息之外，编译器还可能输出警告（warning）信息。如果只有警告信息而没有错误信息，程序还是可以运行的，但很可能存在某种潜在的错误，但这些错误又是不违反C/C++语言规则的。例如，当程序中有 int i=1.23;语句，编译时就会显示如下警告信息：

D:\TEST\TEST. CPP(6)：warning C4244：'='：conversion from 'const double' to 'int', possible loss of data

表明语句在语法上是正确的，但是这种赋值可能导致数据的丢失。对于警告信息，在调试的过程中也要给予一定的重视。

修改语法错误时要注意以下两点。

① 在定位时，有时候系统并不能很准确地定位错误所在的位置，这是因为代码中的某个错误，在编译器看来实际是另外一种错误。一般来说，如果在定位到的位置没有发现错误，则这个错误应该就在附近。

② 一个错误可能会产生若干条错误信息，但是第一条信息最能反映错误的位置和类型，所以务必先根据第一条错误信息进行修改，修改后立即进行编译观察是否还有错误信息。即使有多个错误，也要一个个地修改，且修改一处编译一次。

【例 1.8】 常见错误示例程序。

程序代码：例 1.8

程序：

```
#define PI 3.14;                         //错误 1：多了";"
#include <iostream>
using namespace std;
int mian()                               //错误 2：main 写为 mian
{
    double r;
    cin>>r>>endl;
    //错误 3：cin 中只能出现变量，不能出现常量、表达式、格式控制符等
    s=2*PI*r*r;
    //错误 4：逻辑错误，计算圆的面积不应乘 2
    //错误 5：变量 s 没有说明
    cout<<"圆的面积="<<s<<endl           //错误 6：遗漏了";"
    system("pause");
    return 0;
}
```

说明：

① 错误1是第1行多了一个“;”，但是错误信息却提示第8行有错误：

Test.cpp(8) : error C2100: illegal indirection(非法间接)

这是因为预处理后，语句

```
s=2*PI*r*r;
```

被替换为

```
s=2*3.14*r*r;
```

因此，r被当作指针使用（关于指针，请参阅后面的章节）。

② 错误2是将main写成mian，因此程序没有main函数，错误信息显示连接时发生错误：

Linking...

LIBCD.lib(crt0.obj) : error LNK2001: unresolved external symbol _main(不确定的外部符号"main")

③ 错误3：cin中出现了格式控制符，错误信息显示：

Test.cpp(7) : error C2679: binary '>>' : no operator defined which takes a right-hand operand of type 'class ostream &(__cdecl *)(class ostream &)' (or there is no acceptable conversion)

简单地说，“>>”的右边没有合适的操作数。

④ 错误4是逻辑错误，使用了错误的圆面积计算公式，在编辑和连接阶段都不会出现错误信息。

⑤ 错误5：变量s没有说明，错误信息：

Test.cpp(8) :error C2065: 's' : undeclared identifier(未说明标识符,即变量没有说明)

⑥ 错误6：遗漏了“;”，错误信息：

Test.cpp(10) :error C2143: syntax error : missing ';' before '}'(在“}”之前遗漏了“;”)

注意：错误信息提示的是下一行（第10行）错误。

2. 逻辑错误

一般来说，逻辑错误很难发现，一种有效的方法是设置断点，并让程序运行到该断点，然后在自动窗口观察各变量的值，从中发现错误，如图1.1.17所示。

（1）设置断点

在需要设置断点所在行前面的灰色区域单击，此区域该行前就会出现一个红色圆点，即为断点；若在该断点处再单击一下，则圆点消失，断点被删除。直接将光标定位在某行代码上，然后按F9键，也可以在“设置”和“删除”断点间进行切换。

（2）运行到断点

选择“调试”|“开始调试”命令，或者按F5键，让程序运行到断点，原来的输出窗口发生了变化，在“自动窗口”选项卡中可以观察各变量运行到断点处的值，也可以在“监视1”选项卡中输入表达式并显示其值。

（3）单步运行程序，继续观察各变量的值

单步运行的常用命令有以下几种。

① 重新启动：终止当前调试，重新运行，停在第一个断点处。

② 停止调试：结束当前调试和运行。

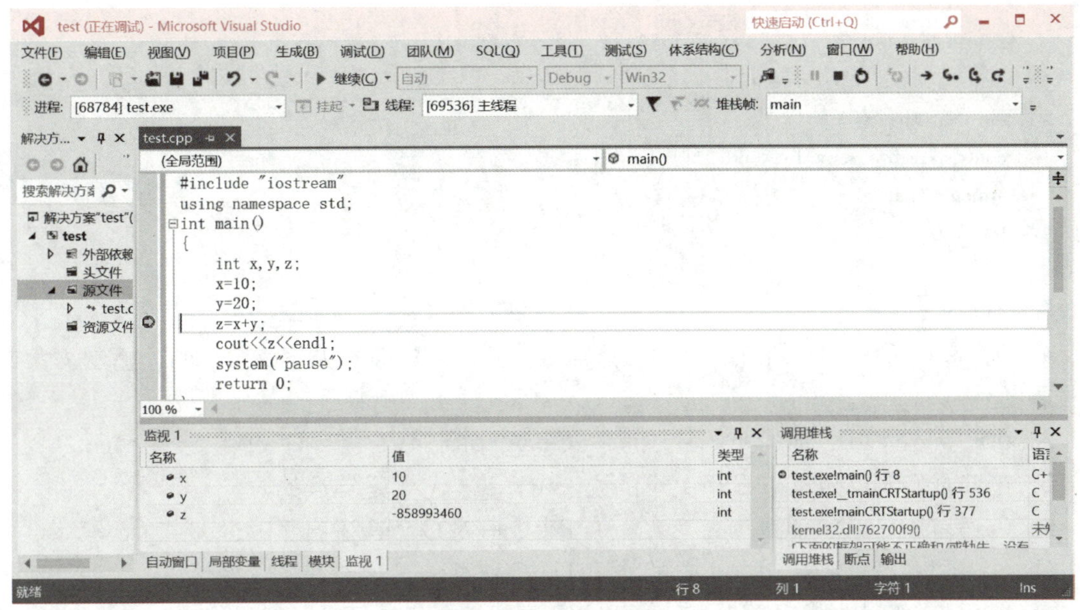

图 1.1.17 调试窗口

③ 逐过程（F10）：单步运行，不进入函数体内，将一个函数当作一步运行。

④ 逐语句（F11）：单步运行，进入函数体内，将函数中的每条语句当作一步运行。

⑤ 跳出：结束函数的运行，从函数体内跳到函数外部。

一般来说，编译程序很难发现程序的逻辑错误，但对程序来说很可能是致命的。为了避免这样的错误，这就要求编写代码时要符合一定的规范，并且要对程序做足够的测试工作。

习 题

一、选择题

1. C/C++规定，在一个源程序中，main( )函数的位置________。

A. 必须在最开始　　B. 必须在最后

C. 可以在任意位置　　D. 必须在系统调用的库函数的后面

2. 以下________是所有编译器都支持的 C/C++合法的标识符。

A. char2　　B. @x　　C. int　　D. 7Bw

3. 下面的程序，对于输入“2　9　15”，输出的结果是________。

```
#include <iostream>
using namespace std;
int main( )
{
    int a;
```

```
    float b;
    cout<<"input a,b:"<<endl;
    cin>>a>>b;
    cout<<"a+b="<<a+b<<endl;
    system("pause");
    return 0;
}
```

A. 2　　B. 11　　C. 26　　D. 24

4. 在 Visual C++中，打开一个项目只需要打开对应的解决方案文件即可，解决方案文件的扩展名为________。

A. obj　　B. sln　　C. vcxproj　　D. cpp

5. 在下面关于 C 语言与 C++关系的说法中，________是错误的。

A. C 语言是 C++的子集　　B. C++对 C 语言进行了改进

C. C++和 C 语言都是面向对象的　　D. C++继承了 C 语言的众多优点

6. 设置一个断点的方法是，将光标移到需要设置断点的行上，然后按________键。

A. F9　　B. F10　　C. F11　　D. F12

7. 在下面关于编译预处理命令的说法中，正确的是________。

A. 一条文件包含命令能包含多个文件

B. 文件包含命令不可以嵌套使用

C. 编译预处理命令是在编译之前被处理的命令

D. 编译预处理命令中的“#”可以省略

8. 使用________可以设置数据输出的宽度。

A. setbase(int n)　　B. setw(int n)

C. setfill(int n)　　D. setprecision(int n)

二、填充题

1. C/C++程序由一个或多个函数组成，但必须要有一个________函数，程序从这个函数开始运行。

2. C/C++程序的语句都是以________结尾的。

3. 考虑到程序的通用性，在 Visual C++中编写程序时，一般除了注释中可以出现汉字外，还能在________中使用汉字。

4. 文件包含命令是以________开始的预处理命令，宏定义命令是以________开始的预处理命令。

5. 在 cout 命令中，使用________格式控制符可以把一个数据以 n 进制的形式输出。

6. 在 C/C++中，头文件的扩展名一般为________。

7. 程序的错误一般分两种：________和________。前者编译器可以发现，而后者编译器无法发现。

8. 在 Visual C++中调试程序时，可以用快捷菜单中的________命令来插入断点和清除断点。

9. C++源程序的扩展名为________。

10. 在 Visual C++中单步调试程序时，不进入函数体内，将一个函数当作一步运行，应选择________命令。

三、简答题

1. C++与 C 语言的主要区别是什么?

2. C/C++程序由哪些部分组成?

3. 判断下列符号中哪些不符合用户自定义的 C/C++标识符命名规则:

abc，a?b，3A，a-b，f(x)，A D，a.txt，D$，s_2，π，Int，double

4. C/C++语言的书写格式有哪些特点?

5. 在#include 命令中将需要包含的头文件放在一对尖括号中，与放在一对引号中的区别是什么?

6. 如果程序能运行，但是运行时结果不正确，最好的调试手段是什么?

第 2 章
基本数据类型、运算符和表达式

电子教案

数据类型是数据的一种属性，决定数据的存储格式、取值范围和相应的操作限制。C/C++的数据类型丰富、运算种类多样、表达式处理灵活，这使得 C/C++程序的处理功能十分强大。本章主要介绍 C/C++的数据类型、数据的定义方法、运算符的运算规则以及表达式的构成等程序设计的基本知识。深入理解并正确运用这些知识，将会为后续章节的学习打下良好基础。

2.1 数据类型

首先观察下面“将华氏温度转换成摄氏温度”的程序：

```
#include "iostream"
using namespace std;
int main()
{
    double f=97;
    c=5/9*(f-32);
    cout<<"摄氏℃="<<c<<endl;
    system("pause");
    return 0;
}
```

这段程序有两个错误：① 程序没有说明变量 c（代表摄氏温度）的数据类型。在 C/C++中，所有变量在使用之前都必须先说明其所属的数据类型。② 修改了前面的错误后，运行程序会发现，无论华氏温度 f 的值是多少，求得的摄氏温度 c 的值始终为 0。原因是：在 C/C++中，5 除以 9 的结果是 0（两个整数相除的结果仍然是整数）。可见，学习 C/C++程序设计，首先必须要正确掌握数据类型的有关知识。

程序处理的对象是数据，而数据有不同的表现形式。如表示产品数量的数值数据，表示产品名称的文本数据，等等。计算机要处理这些数据，首先要将其存放在内存中。不同形式的数据存储格式不同，占用的内存空间不同，可以进行的运算也不同。程序中对各种数据处理之前，首先要定义数据的类型，以便为这些数据分配存储空间，并明确它们可以进行的运算。

2.1.1 数据类型分类

C/C++提供的数据类型可以分为两大类（见图 1.2.1）：一类是基本类型，由系统自动提供，用户可直接使用，如整型（int）、字符型（char）等；另一类为构造类型，是在基本类型的基础上，由系统或用户自定义的，如结构（struct）、类（class）等。

设计程序时，所使用的变量必须指明类型，作用如下：

① 数据类型指定了为数据分配的存储空间大小，不同类型的数据占用的内存空间是不同的。

② 数据类型规定了数据所能进行的运算，

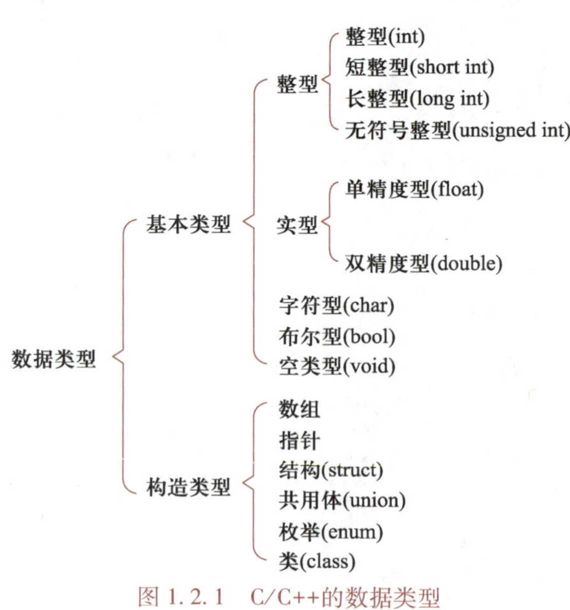

图 1.2.1　C/C++的数据类型

不同类型的数据可以进行的运算种类也不同。

2.1.2 基本数据类型的存储

不同类型的数据占用的内存字节数和表示的数据范围是不同的。表 1.2.1 列出了基本数据类型的数据在内存中占用的字节数和数据范围。

数 据 类 型	所占字节数	范 围	备 注
int	4	$-2^{31} \sim (2^{31}-1)$	
short int	2	$-2^{15} \sim (2^{15}-1)$	简称 short
long int	4	$-2^{31} \sim (2^{31}-1)$	简称 long
unsigned int	4	$0 \sim (2^{32}-1)$	简称 unsigned
float	4	$-3.4\times10^{38} \sim 3.4\times10^{38}$	8 位有效数字
double	8	$-1.7\times10^{308} \sim 1.7\times10^{308}$	16 位有效数字
char	1	$-2^{7} \sim (2^{7}-1)$ 或 $0 \sim (2^{8}-1)$	取值范围视具体编译器而定
bool	1	false(0) 或 true(1)	C++中提供的类型

◀表 1.2.1 基本数据类型数据的内存分配和数据范围

说明：C/C++的 char 类型数据用 1 字节表示，其取值范围取决于具体的编译器。有的编译器 char 类型默认是有符号的，其范围是-128~127；有的编译器 char 类型默认是无符号的，其范围是 0~255。

2.2 变量和常量

数据在程序中可以有两种表现形式，即变量和常量。

2.2.1 变量

变量是在程序运行过程中其值可以改变的量，通常用来存放程序运行过程中的输入数据、计算获得的中间结果或最终结果。变量必须遵循先定义后使用的原则。

1. 变量的定义

形式：

数据类型 变量名 1,变量名 2,…,变量名 *n*;

说明：

① 变量名应符合用户自定义标识符的命名规则。

② 相同类型的变量可以同时定义，相互之间用逗号分隔。

例如：

```
char   c1, c2;            //定义 2 个字符型变量
int    j, k, age;         //定义 3 个整型变量
float  f1, f2;            //定义 2 个实型变量
```

变量占用的内存字节数和取值范围由它们的数据类型决定。上面的变量 c1、c2 各占 1 字节；j、k 和 age 各占 4 字节；f1、f2 各占 4 字节。

2. 变量的初始化

在定义变量的同时指定变量的初值称为变量的初始化，有以下两种表示形式。

形式 1：数据类型　变量名=表达式；

形式 2：数据类型　变量名(表达式)；

例如：

```
int k=35, n(0);          //定义了整型变量 k 和 n,并分别赋初值 35 和 0
char a='A', b='b';       //定义了字符型变量 a 和 b,并分别赋初值'A'和'b'
```

需要说明的是，形式 2 是 C++语言所支持的，但 C 语言并不支持。

3. 变量的引用

引用是 C++对 C 语言的重要扩充。C++允许为某个变量定义别名，这个别名就称为原有变量的“引用”。引用形式如下：

数据类型 & 引用名=已定义的变量名；

例如：

```
int a=3;
int &b=a;
```

这里定义的变量 b 前面有一个特殊的标志“&”，表示 b 是一种特殊的变量，称 b 是变量 a 的引用。

说明：

① 引用变量本身不包括“&”，“&”仅代表该变量是引用的一个特殊标志。

② 引用和被引用的变量是同一个变量的两个名字。

③ 引用是一个虚拟变量，系统并不对其单独分配内存空间。

例如，上例中的 a 和 b 占用同一段内存地址。假设变量 a 在内存中的开始地址为 0x00462001，则变量 b 也从这个地址开始，b 的值同 a 一样，也是 3，如图 1.2.2 所示。引用变量的主要应用将在第 6 章中做具体介绍。

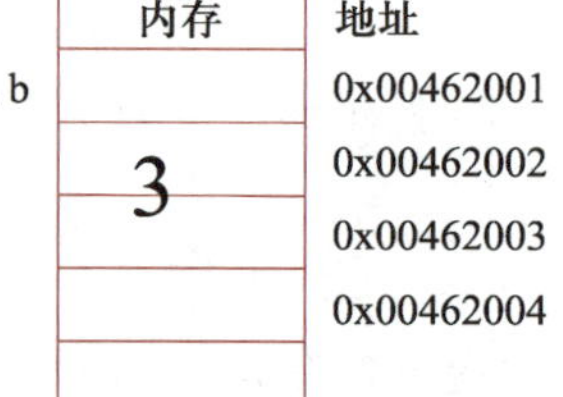

图 1.2.2　引用与被引用的变量

2.2.2　常量

常量是在程序运行过程中其值始终保持不变的量。常量有两种形式：一是以字面值的形式直接出现在程序中，如 3.14、'A'等，称为值常量；二是以符号的形式出现，如例 1.1 中的 PI，称为符号常量。

以下将就基本数据类型的常量表达形式逐一讨论。

1. 整型常量

整型常量有 3 种形式：十进制整型常量、八进制整型常量和十六进制整型常量，如表 1.2.2 所示。

整型常量形式	表示形式	实 例
十进制	以数字 1~9 开始，可使用的符号：0~9	65，-123，+127
八进制	以数字 0 开始，可使用的符号：0~7	0101，-0123，+0177
十六进制	以 0x 或 0X 开始，可使用的符号：0~9 以及 A~F（或 a~f）	0x41，-0X123，+0XFF

◀表 1.2.2 整型常量的 3 种形式

说明：

① 八进制整型常量中不能出现 8 和 9，例如，078、0129 都是错误的。

② 65、0101 和 0x41 这 3 个常量尽管字面形式不同，但却是用不同进制表示的同一个整数；-123、-0123 和-0X123 尽管字面形式基本相同，但表示的却是不同的整数。

③ 整型常量可以是正数，也可以是负数，分别在前面加“+”和“-”表示，其中“+”可以省略。

2. 实型常量

实型常量又称为浮点数，有两种表示形式。

（1）小数形式

由正负号、数字和小数点组成，其中小数点不能缺少，正数符号可以省略。如 1.25、34.0、+1.25、17. 和 .1，其中 17. 等价于 17.0，.1 等价于 0.1。

（2）指数形式

由尾数、指数符号 E（或 e）和指数部分共同构成，其中指数符号 E（或 e）前面的数字称为尾数，后面的数字称为指数。例如，1.25E-5、+1E10、-1E5 都是合法的指数形式的实型常量。1.25E-5 相当于科学记数法的 1.25×10^{-5}。

说明：

① 实型常量只有十进制形式。

② 在指数形式中，E（或 e）前面不能没有尾数，E（或 e）后面的指数必须为整数，且指数不能用圆括号括起来。例如，1E（-3）、E-5、1E2.1 都是错误的表达。

3. 字符型常量

字符型常量是用一对单引号引起来的单个字符。如'A'、'b'、'3'、'+' 等均为字符型常量，在机器内部是以字符的 ASCII 码存储的。

为表示控制符等一些具有特殊功能的符号，C/C++提供了一种称为转义表示的方法，就是用反斜杠加上其他字符来表示一个特殊的功能符号，这种特殊形式的字符型常量称为转义字符。例如，'\n'表示换行，'\"'表示双引号（"）。常用的转义字符及功能如表 1.2.3 所示。

字符形式	功 能
\n	换行
\t	横向跳格（即跳到下一个输出区）
\b	退格
\r	回车（不换行，光标移到本行行首）

◀表 1.2.3 常用的转义字符及功能

续表

字符形式	功能
\\	反斜杠字符
\'	单引号（撇号）字符
\"	双引号字符
\0	空字符，代表字符串的结束符
\ddd	1 到 3 位八进制数所代表的字符，例如，'\101'表示'A'
\xhh	1 到 2 位十六进制数所代表的字符，例如，'\x42'表示'B'

4. 字符串常量

用双引号引起来的字符序列称为字符串常量。例如，"program"、"123"、"a" 等均是字符串常量。

在内存中存储时，按字符串中每个字符的出现顺序逐一存放它们的 ASCII 码，并在这些字符的后面自动存放一个字符串结束符'\0'。所以，字符串常量实际占用的内存空间要比字符串中可见的字符数多 1 个字节。

例如，字符串"string"、"a" 及字符'a'的存储方式如图 1.2.3 所示。

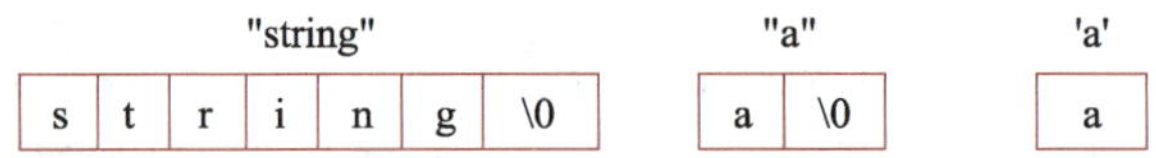

图 1.2.3　字符常量与字符串常量存储示意图

5. 符号常量

如果在程序中经常用到某些常数，或者为了便于阅读、修改程序，更好地理解常数的含义，常常把常数定义成符号常量，也就是为常量规定一个名字。

C/C++中可以用 const 关键字或 define 命令定义符号常量。

（1）用 const 关键字定义符号常量

形式：

```
const  数据类型  符号常量=值常量;
```

例如：

```
const  int  MAX=999;
```

该语句定义了一个整型符号常量 MAX，MAX 的值是 999。

（2）用预处理命令 define 定义符号常量

形式：

```
#define  符号常量名  常量值
```

例如：

```
#define  PI  3.14
```

该命令定义了一个实型符号常量 PI，PI 的值为 3.14。与使用 const 关键字定义符号常量不同，这种定义方式是一条预处理命令，不是语句，所以命令的结尾不能随意加分号，且这种定义不能带类型说明。

注意：

① 定义符号常量后，在程序的其他地方不允许再修改符号常量的值。

② 程序中出现符号常量的地方都将用值常量代替。

③ 为区别于变量，符号常量一般用大写字母表示。

2.3 运算符和表达式

运算符是执行特定操作的符号。C/C++中提供了丰富的运算符，如表 1.2.4 所示。

◀表 1.2.4 C/C++的运算符

优先级	运算符	含义	目数	结合性
1	::	类域	2	左结合
	( )	圆括号		
	[ ]	下标		
	->	指向结构体成员		
	.	结构体成员		
2	!	逻辑非	1	右结合
	~	按位取反		
	++	自增		
	--	自减		
	-	取负		
	+	取正		
	(类型)	类型转换		
	*	取内容		
	&	取地址		
	sizeof	数据类型长度		
	new	动态内存分配		
	delete	释放内存		
3	*	乘法	2	左结合
	/	除法		
	%	求余		
4	+	加法	2	左结合
	-	减法		

续表

优先级	运算符	含义	目数	结合性
5	<<	左移位	2	左结合
	>>	右移位		
6	< 、<= 、> 、>=	小于、小于或等于、大于、大于或等于	2	左结合
7	==	相等	2	左结合
	!=	不相等		
8	&	按位与	2	左结合
9	^	按位异或	2	左结合
10	|	按位或	2	左结合
11	&&	逻辑与	2	左结合
12	||	逻辑或	2	左结合
13	? :	条件	3	右结合
14	=、+=、-=、*=、/=、%=、^=、|=	赋值	2	右结合
15	,	逗号	2	左结合

注：书写运算符时，由两个符号组成的运算符（如++、==等）之间不能随意加空格。

说明：

① 目数是指参与某种运算的操作数个数，分为单目运算符、双目运算符和三目运算符。例如，-2（负 2）中的取负运算符（-）要求一个操作数，故称为单目运算符；而 5-3 中的减法运算符（-）要求两个操作数，故称为双目运算符。

② 优先级规定了不同的运算符同时出现时的运算顺序。一般情况下，目数少的运算符优先级高于目数多的运算符。

③ 结合性规定了优先级相同的运算符连续出现时的运算顺序，分为“从左往右”运算，和“从右往左”运算两种方式，前者称为左结合，后者称为右结合。

根据功能的不同，运算符又可分为算术运算符、关系运算符、逻辑运算符、条件运算符、赋值运算符等。下面对这些种类的运算符逐一进行介绍。

微视频：
算术运算符

2.3.1　运算符

1. 算术运算符

算术运算符是最常见的运算符，不考虑目数的差别，单纯从运算功能划分的运算种类来看，算术运算符是所有运算符中优先级最高的。表 1.2.5 按优先级由高到低的顺序列出了 C/C++ 的算术运算符，表中“结果”一列是基于已有定义：int a=5;而给出的结果值。

说明：

① 求余运算符“%”要求操作数必须都是整型数，其结果是两个整数相除以后得到的

"整余数"。例如，5%3 的值为 2。

运 算 符	含 义	优 先 级	目 数	实 例	结 果
++	自增	2	1	n++	n 为 6
--	自减	2	1	--n	n 为 4
*	乘法	3	2	10 * n	50
/	除法	3	2	n/2	2
%	求余	3	2	n%2	1
+	加法	4	2	n+3	8
-	减法	4	2	n-10	-5

◀表 1.2.5 算术运算符

② 若除法运算符"/"的左右两个操作数都是整型数，则得到的商也为整型数，小数部分一律舍去。例如，10/7 的结果为 1，2/5 的结果为 0。

③ 自增（++）、自减（--）运算是将变量的值增加 1 或减少 1。例如：

j++等价于 j=j+1

j--等价于 j=j-1

自增、自减运算根据运算符和变量的位置关系的不同又分为前置自增、自减运算和后置自增、自减运算。前置运算的执行过程是：先使变量的值增加 1 或减少 1，然后再引用变量的值参与其他运算；后置运算的执行过程是：先引用变量的值，然后再将变量的值增加 1 或减少 1。例如：

```
int j=5,k=5,m,n;
m=j++;      //相当于 m=j;j=j+1; 结果是 j 的值为 6，m 的值为 5
n=++k;      //相当于 k=k+1;n=k; 结果是 k 的值为 6，n 的值为 6
```

2. 关系运算符

微视频：关系运算符

关系运算符也可以称为"比较运算符"，用来比较判断两个数据的大小，运算的结果是"真"或"假"。C 语言中，因为没有提供布尔（bool）类型的数据，所以用 0 表示"假"，用 1 表示"真"；C++中，为了提高程序的可读性，引入 bool 类型，其取值为 true 或 false 两种。为了保持 C++对 C 语言的兼容性，false 可以当作 0 来处理，true 可以当作 1 来处理。

关系运算的结果虽然只能为 1 或 0，但参与关系运算的运算数可以不限于 0 和 1，在进行关系运算时，所有非 0 的数据都当作 1 来处理。

关系运算符的优先级低于算术运算符，共有 6 种，分别如下。

优先级为 6 的有：>（大于）、>=（大于或等于）、<（小于）、<=（小于或等于）

优先级为 7 的有：==（相等）、!=（不相等）

说明：

① 若关系成立，则运算结果为 1（true）；否则运算结果为 0（false）。

② 相等运算符由两个"="组成，不能写成一个"="。

③ 字符型数据参与关系运算时，按 ASCII 值的大小进行比较。

例如：

```
c=='\0'      //判定变量 c 中的字符是不是'\0'
'A'>'B'      //结果为 0
'a'>'A'      //结果为 1
```

微视频：逻辑运算符

3. 逻辑运算符

逻辑运算符通常用来连接关系表达式，用以表达更为复杂的关系。C/C++中，若不考虑目数的因素，从运算种类上划分，逻辑运算符的优先级低于关系运算符。逻辑运算符有 3 种，按优先级由高到低分别如下：

!（逻辑非）　　//单目运算符，优先级高于所有的双目运算符

&&（逻辑与）

‖（逻辑或）

逻辑运算的结果也只有 1（true）和 0（false）两种。假设 x 和 y 代表两个表达式，则逻辑运算的真值表如图 1.2.4 所示。

x	y	x&&y
1	1	1
1	0	0
0	1	0
0	0	0

x	y	x‖y
1	1	1
1	0	1
0	1	1
0	0	0

x	!x
0	1
1	0

图 1.2.4　逻辑运算真值表

说明：

① 对于“&&”运算来说，只有当两个运算数同时为 true 时，结果才为 true，其他情况皆为 false。

② 对于“‖”运算来说，只有当两个运算数同时为 false 时，结果才为 false，其他情况皆为 true。

③ 当多个“‖”连续出现时，从左到右，只要遇到一个值为 true 的运算数，表达式结果就为 true，后续的运算不被执行；当多个“&&”连续出现时，从左到右，只要遇到一个值为 false 的运算数，表达式结果就为 false，后续的运算不被执行。

例如，假设有 a=0,b=6,c=7，则表达式 a++&&b++&&c++运算完成后，整个表达式的值为 false(0)，a 的值为 1，b 和 c 保持原值不变。这是因为“a++”作为后置自增运算，以原值 0 参与“&&”运算，使得整个表达式的值为 0，后续的“b++”和“c++”没有被执行。

④ 特别要注意，C/C++中数据取值范围的表达与数学表达的区别。例如：

```
x>0&&x<2          //判断数学关系 0<x<2 是否成立
```

在 C/C++中一定不能表达为

```
0<x<2
```

思考：如何用 C/C++的表达式表示命题“判断 c 是否为大写字母”。

4. 条件运算符

微视频：
条件运算符

条件运算符是C/C++中唯一的一个三目运算符，其表达形式如下：

```
e1?e2:e3
```

其中，e1、e2、e3 分别代表 3 个表达式。

说明：

① 运算的执行过程为：求 e1 的值，若其值非 0，则计算 e2 的值，并将该值作为整个表达式的值；若 e1 的值为 0，则计算 e3 的值，并将该值作为整个表达式的值。

② e2 和 e3 中只有一个表达式被求值。

③ 条件运算符的结合性自右向左，优先级高于赋值运算符和逗号运算符，低于其他运算符。

例如：

```
max=a>b? a:b
```

根据 a 和 b 的比较结果，决定是取 a 的值还是 b 的值作为条件表达式的值，并将这个值赋值给变量 max，故 max 中存放了 a 和 b 两个数中的大者。

又如，假设有定义“int x=5,y=7;”，试分析以下表达式执行后 x、y 和表达式的结果：

```
x>y? x++:y++
```

在这个条件运算中，因 x>y 的判别结果为 0，故应执行 y++，并将 y++的值作为整个表达式的值，而 x++是不执行的。故计算后，整个表达式的值是 7，变量 y 的值是 8，而 x 的值仍为 5。

5. 赋值运算符

微视频：
赋值运算符

赋值运算符是最常用的运算符之一，赋值运算是使变量获取值的最直接方式。C/C++中的赋值运算分为基本赋值运算和复合赋值运算。基本赋值运算形式如下：

变量=表达式

说明：

① 运算的执行过程为：计算赋值运算符“=”右边表达式的值，并将其赋值给左边的变量，同时也将这个值作为整个赋值表达式的值。

② 赋值运算的结合性自右向左，优先级低于三目的条件运算符。

例如：

a=b=c=3 等价于 a=(b=(c=3))

③ 赋值运算符左右两端的类型可以不一致，此时将右端类型自动转换成左端的类型。

例如，若有定义：

```
int n=3.6;
```

则 n 的值为 3，即只取 3.6 的整数部分。

④ 赋值运算符的左端只能是变量，不能是常量或表达式。例如，下列写法都是错误的：

```
x+y=z;
5=x*y;
```

⑤ 除了基本的赋值运算符以外，赋值运算符“=”和算术运算符还可以组合成复合赋值

运算符。例如，+=、-=、*=、/=和%=等。复合赋值运算（以复合赋值加法运算为例）的形式如下：

变量+=表达式

该形式等价于

变量=变量+表达式

需要注意的是，在复合赋值运算中，右端的表达式必须作为一个整体出现。例如：

a *= b+c 等价于 a=a*(b+c)

6. 逗号运算符

在 C/C++中，逗号也是一个运算符，用于将多个表达式连接成一个表达式，使用形式如下：

e1,e2,e3,…

其中，e1、e2、e3 等均为表达式。

说明：

① 运算的执行过程是：先从左向右依次计算 e1、e2、e3 等的值，然后将最后一个表达式的值作为整个逗号表达式的值。

例如，假设有逗号表达式：

```
j=3,k=j+2,m=k+2
```

则执行该表达式后，j、k、m 的值分别为 3、5、7，而整个表达式的值就取 m 的值 7，即表达式的值为 7。

② 逗号表达式的值并没有多少实际意义，使用逗号运算符的意义在于将多个表达式连接成一个表达式，以适应程序中某个位置的语法要求。例如：

```
for(i=0, j=n; i<j; i++,j--)
```

这里在 for 循环语句中两处使用逗号运算符，第一个逗号运算符用来实现为两个变量赋初值的目的，第二个逗号运算符用来同时实现对两个变量的增量控制。

③ 逗号运算符的优先级是所有运算符中优先级最低的。

2.3.2　表达式

1. 表达式的组成

表达式由变量、常量、运算符、圆括号及函数等按一定规则组合而成。根据运算符的不同，表达式可分为算术表达式、关系表达式、逻辑表达式、条件表达式、赋值表达式等。

无论是什么表达式，经过运算后最终都会得到一个值。表达式的求值需要根据运算符的意义、优先级、结合性以及类型转换等约定共同实现。

2. 表达式求值原则

C/C++中的运算符种类丰富、优先级复杂，使用起来对初学者来说可能会感到困难，但其实在进行表达式求值时还是有规律可循的，大体原则如下。

① 一般情况下，目数越少优先级越高，即单目运算优先于双目运算，而双目运算优先于三目运算。一个特例是，三目的条件运算优先于双目的赋值运算。

② 从运算符种类上来看，优先级由高到低依次为算术运算符、关系运算符、逻辑运算符、条件运算符、赋值运算符、逗号运算符。

③ 单目运算符、条件运算符和赋值运算符的结合性自右向左，其他运算符的结合性自左向右。

④ 可以通过加圆括号的方式来改变运算顺序。

⑤ 在已能确定表达式值的情况下即会停止后面的运算。

3. 表达式书写原则

在程序中书写表达式时，应该遵循语言的规则要求。在 C/C++中，表达式的书写应注意如下几点。

① 乘号不能省略。例如，x 乘以 y 应写成 x * y，不能写成 xy；否则编译器会将其视作一个变量。

② 可以出现多层括号，但均需使用圆括号。

③ 表达式从左到右要在同一基准上书写，无高低之分。

表达式的书写范例如表 1.2.6 所示。

◀表 1.2.6 表达式的书写范例

数学表达式或命题	C/C++表达式
$x \neq y$	x!=y
$\frac{-b+\sqrt{b^2-4ac}}{2a}$	(-b+sqrt(b * b-4 * a * c))/(2 * a)
$\sin 45° + \frac{e^7+\ln 10}{xy}$	sin(45 * 3.14/180)+(exp(7)+log(10))/(x * y)
表示 20≤x<30 的关系式	x>=20 && x<30
字符变量 c 是字母	c>='a' && c<='z' || c>='A' && c<='Z'
将变量 x 和 y 中大者存放在 m 中	m=x>y? x:y

2.3.3 数据类型转换

在 C/C++中，允许双目运算符的两个操作数的数据类型不同。不同类型的数据进行混合运算时，可以通过两种方式进行类型转换：一是系统自动进行的隐式类型转换；二是人为强制进行的显式类型转换。

1. 自动类型转换

自动类型转换又称为隐式转换，是指在不同类型数据进行混合运算时，系统自动先将它们转换成同一类型，然后再进行运算。自动转换规则如下。

① 操作数为字符型或短整型时，系统自动将它们转换成整型。

例如，'a'+'c'的结果是 196，该运算是将两个字符的 ASCII 码值相加，结果为 int 类型。

② 所有的浮点数运算都是以双精度进行的，即使两个 float 单精度变量进行运算，也要先转换成 double，再运算。

例如，假设有定义“float a=2.15,b=3.78;”，则在执行表达式运算 a+b 时，a 和 b 的值都先转换成 double 类型后再计算，结果的类型为 double。

③ 若参与运算的两种数据类型不同，要“按数据长度增加的方向进行转换”，以保证不降低精度，转换规则如图 1.2.5 所示。

图 1.2.5 数据类型转换规则

例如，表达式 'a'-32+2.5＊2 的求值过程中类型转换如下。

① 首先在计算'a'-32 时，先将'a'转换成对应的 ASCII 码 97，然后执行 97-32，得到 int 类型的结果。

② 计算 2.5＊2 时，double 类型与 int 类型的数据混合运算，结果为 double 类型。

③ 'a'-32 运算的结果与 2.5＊2 的运算结果进行加法运算，又涉及 int 类型和 double 类型数据的混合运算，最终结果转换为 double 类型。

2. 强制类型转换

强制类型转换又称为显式转换。在程序中，有时需要把一个变量或表达式的值从一种类型转换成另一种类型，这时需要进行强制类型转换。强制类型转换有以下两种形式。

形式 1：(数据类型)表达式

形式 2：数据类型(表达式)

说明：

① 两种形式均表示将“表达式”强行转换成所要求的“数据类型”，用括号将“表达式”或“数据类型”括起来均可，亦可将数据类型和表达式同时括起来。

② 强制类型转换运算符是单目运算符，其优先级高于所有的双目运算符。

例如，假设有定义：

```
floata=3.5,b=2.0;
```

则(int)a＊b 的值为 6.0。

计算的执行过程为：先执行强制类型转换运算(int)a，取 a 的整数部分 3，然后 3 再与 b 相乘。

思考：(int)(a＊b)的值是多少？

③ 无论是数据类型的自动转换还是强制转换，都只是为了某次运算的需要而对变量的值进行的临时转换，并不会改变数据说明时对该变量定义的类型。

例如，以下程序段：

```
int a=30,b=4;
double x,y;
x=(double)a/b;        //取 a 的值转换成 double 类型后参与运算，a 仍为 int 类型
y=double(a/b);        //将 a/b 的结果转换成 double 类型，a 和 b 仍为 int 类型
```

运算结果：x 的值为 7.5，y 的值为 7.0。

2.3.4 内部函数

在 C/C++中，系统提供了大量的内部函数供用户编程时使用。内部函数按功能可分为数学函数、字符串处理函数、输入输出函数等。表 1.2.7 列出了常用的数学函数。

函数名	含义	实例	结果
cos(x)	余弦函数	cos(0)	1
exp(x)	以 e 为底的指数函数	exp(3)	20.086
fabs(x)	求绝对值	fabs(-3.5)	3.5
log(x)	求以 e 为底的自然对数	log(10)	2.3
pow(x,y)	计算 x^y	pow(2,3)	8.0
sin(x)	正弦函数	sin(0)	0
sqrt(x)	求平方根	sqrt(9)	3

◀表 1.2.7 常用的数学函数

说明：

① 在使用内部函数时，应把该函数对应的头文件通过预处理命令加入程序中。例如，要使用数学函数，应该在程序中加入语句：

```
#include "math.h"
```

② x、y 为函数的参数，它们的类型均为 double 类型；实际使用时，若参数值为合法的非 double 型数据，则 C/C++将它们自动转换成 double。

③ 三角函数的参数应规定为弧度值。

例如，数学表达式

$|a|+e^3+\sin 30^\circ$

书写成 C/C++表达式应为

```
fabs (a)+exp(3)+sin(30*3.14/180)
```

2.4 综合应用

本章介绍了数据类型、运算符和表达式的相关知识，了解了数据在程序中的表现形式，以及不同运算在程序中的作用。在表达式的求值过程中，要根据数据类型的转换约定、优先级、结合性等规则进行计算。通过本章的学习，读者应具备使用表达式描述有关命题以及分析、设计简单程序的能力。

【例 2.1】 用表达式描述下列命题。

(1) 变量 a、b、c 是三角形的三条边。

解：按三角形三边之间的关系可构造如下表达式：

a+b>c && a+c>b && b+c>a

亦可写作

(a+b)>c && (a+c)>b && (b+c)>a

可见，若不确定运算符的优先级，则可以通过加圆括号的方法限定运算顺序。所以，虽然在表 1.2.4 中 C/C++的运算符划分为十几个级别，但初学者不必去硬记这些规定，只需从大的原则出发，从目数规律和运算符大类规律对运算符优先级整体了解，在具体设计程序过程中完全可以通过加圆括号来按设想的要求限定表达式的运算顺序。

（2） ch 是字母。

解：这个命题需要将 ch 的取值范围正确表达出来，要特别注意 C/C++中变量的取值范围的表达与数学表达的区别。正确表达式应为

ch>='A' && ch<='Z' || ch>='a' && ch<='z'

（3） *m* 能且只能被 2 和 3 中的一个数整除。

解 1：(m%3==0)&&(m%2!=0) || (m%2==0)&&(m%3!=0)

解 2：(m%3==0)!=(m%2==0)

解 1 的逻辑很清楚，*m* 能且只能被 2 和 3 中的一个数整除分两种情况，把两种情况分别表达出来；解 2 的逻辑对初学者来说理解起来不如解 1 容易，一个“!=”运算连接两个关系运算的结果，表明左右两个表达式的取值不相等，即 m%3==0 与 m%2==0 不能同时成立，即 *m* 若能被 3 整除，则不能被 2 整除，反之亦然。

【例 2.2】 已知直角三角形的斜边和一条直角边，求三角形的另外一条直角边、周长和面积。

程序代码：例 2.2

程序：

```
#include "iostream"
#include "math.h "
using namespace std;
int main()
{
    float a,b,c,l,s;
    cout<<"输入斜边、直角边的长:";
    cin>>c>>a;
    b=sqrt(c*c-a*a);    //使用系统内部的数学函数 sqrt(),程序开头需要加入文件包含命令
    l=a+b+c;
    s=a*b/2;
    cout<<"计算结果:"<<endl;
    cout<<"另一直角边="<<b<<"\n 周长="<<l<<"\n 面积="<<s<<endl;
    system("pause");
    return 0;
}
```

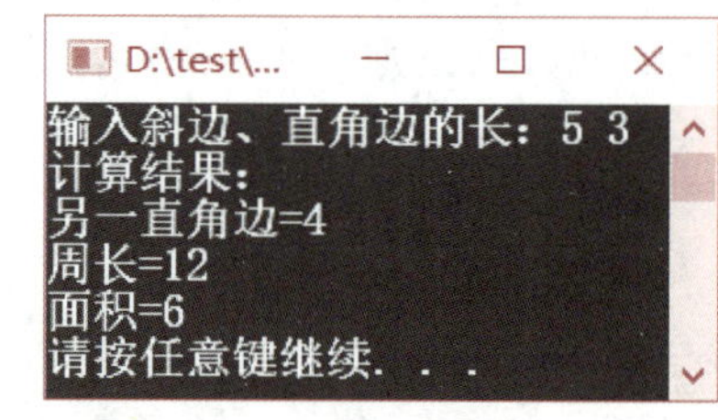

图 1.2.6 例 2.2 程序运行结果

程序运行结果如图 1.2.6 所示。

【例 2.3】 求任意 3 个整数中的最大数。

分析：求两个数中的大数可以通过一个条件运算得到，而 3 个数中的大数则可以两次使用条件运算获得。

程序：

程序代码：例 2.3

```
#include "iostream"
using namespace std;
int main()
{
    float x,y,z,max;
    cout<<"输入三个数据:"<<endl;
    cin>>x>>y>>z;
    max=x>y?x:y;
    max=max>z?max:z;
    cout<<"最大的数据="<<max<<endl;
    system("pause");
    return 0;
}
```

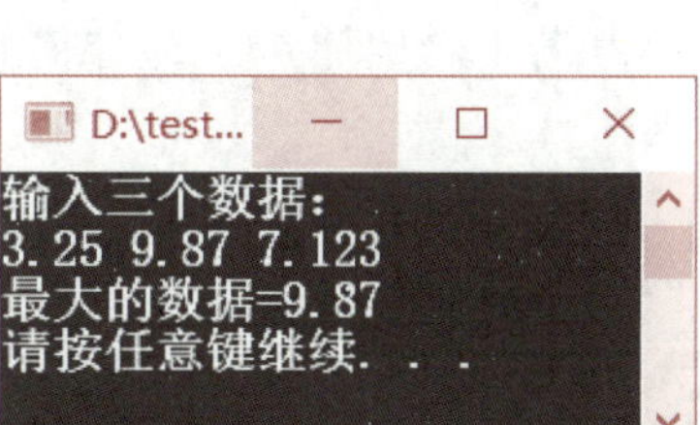

图 1.2.7 例 2.3 程序运行结果

程序运行结果如图 1.2.7 所示。

【例 2.4】 输入一个三位整数，依次输出该数的正（负）号和百位、十位、个位数字。

分析：

① 利用 C/C++中除法运算符“/”作用于两个整数上的运算特点，以及求余运算符“%”的共同作用可以分解整数的不同数位。

② 符号位应设置一个 char 类型的变量单独存放，然后对原整数取绝对值后再进行各个数位的分解。

程序：

程序代码：例 2.4

```
#include "iostream"
#include "math.h"
using namespace std;
int main()
{
    char c1,c2,c3,c4;
    int x;
    cin>>x;
    c4=x>=0?'+':'-';            //x 的符号存入 c4
    x=abs(x);                   //求整数 x 的绝对值
    c3=x%10+48;                 //x%10 为个位数字，加 48 转换为对应字符
    x=x/10;
    c2=x%10+48;
    c1=x/10+48;
```

```
    cout<<"数符    百位数    十位数    个位数"<<endl;
    cout<< c4<<"      "<< c1<<"      "<< c2<<"      "<< c3<<endl;
    system("pause");
    return 0;
}
```

程序运行结果如图 1.2.8 所示。

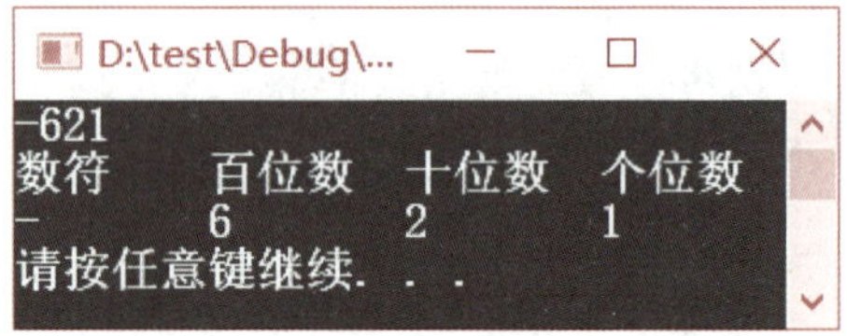

图 1.2.8 例 2.4 程序运行结果

思考：

① 为何求解各个数位的赋值表达式的右端都加了 48？

② 若不希望加 48，应如何修改程序？

习 题

一、选择题

1. 下列可以作为 C/C++的合法整型常量的是________。

A. 1011B　　B. 047　　C. x23　　D. 20H

2. 下列不是 C/C++的合法实型常量的是________。

A. 2.7　　B. 1.0E+3　　C. 3.5E-3.0　　D. 3.4e-5

3. 下列不是 C/C++的合法字符型常量的是________。

A. '\x44'　　B. '\t'　　C. '\\'　　D. "m"

4. 下列可以作为 C/C++合法变量名的是________。

A. #define　　B. float　　C. a12_3　　D. sqrt(x)

5. 以下变量初始化方法不正确的是________。

A. int a(0),b(0);　　B. int a=0,b=0;

C. int a=4,b(0);　　D. int a=b=5;

6. 以下按运算符的优先级由高到低的顺序排列正确的是________。

A. *=、&&、!=、%　　B. *=、%、&&、!=

C. %、!=、&&、*=　　D. &&、!=、%、=

7. 已知 x、y 的数据类型为整型，z 为实型，ch 为字符型，下列合法的表达式是________。

A. z=(y+x)++　　B. x+y=z　　C. y=ch+x　　D. y=z%x

8. 若有 int x;定义语句，则执行表达式“x=(float)7/3”后，x 的值为________。

A. 0　　B. 2.3　　C. 2　　D. 1

9. 若有 int x=13,y=5;定义语句，则表达式“x++, y+=2, x/y”的值为________。

A. 14　　B. 2　　C. 3　　D. 2.6

10. 设整型变量 m、n、a、b、c、d 均为数值 1，执行表达式“（m=a>b）&&（n=c>d）”后，m、n 的值是________。

A. 0，0　　B. 0，1　　C. 1，0　　D. 1，1

二、把下列数学表示式写成 C/C++表达式

1. $x+y\neq a+b$　　2. $(\ln 10+xy)^3$

3. $\dfrac{\sin(\omega\pi)}{\cos 45^\circ+3x^y}$　　4. $e^3+\sqrt{(2x+3y)}$

5. $|x-y|+\dfrac{x+y}{3x}$　　6. $\dfrac{1}{\dfrac{1}{r_1}+\dfrac{1}{r_2}+\dfrac{1}{r_3}}$

三、写出实现下列命题的 C/C++表达式

1. 变量 a 和 b 中只有一个大于 d。

2. 变量 x、y 中至少有一个是 5 的倍数。

3. 直角坐标系中点 (x,y) 为第三象限内的点。

4. d 是不大于 100 的偶数。

5. 将含有 3 位小数的实型变量 x 的值四舍五入到百分位。

6. 对 $n(>0)$ 个人进行分班，每班 $k(>0)$ 个人，最后若剩下不足 k 人，则剩下的人也编成一个班，求要分几个班？

提示：用条件表达式实现。

四、编程题

1. 已知圆柱体的半径 r 和高 h，求该圆柱体的体积。

2. 已知 3 个实型数据，求它们的平均值和最小数。

3. 输入一个三位整数，输出该整数的倒序数。例如，输入 136，输出 631。

提示：先求出整数的各个数位，再组成该整数的倒序数。

4. 输入一个年份，判断并输出该年份是否为闰年。闰年有以下两种情况：

① 年份能被 400 整除，则该年为闰年。

② 年份能被 4 整除，但不能被 100 整除，则该年为闰年。

5. 编写程序求函数 $y=\lg(x^2+3)+\dfrac{\pi}{2}\cos 40^\circ$ 的值。要求输入 x 的值，输出 y 的值。

第 3 章 基本控制结构

电子教案

在程序设计语言中，控制结构用于指明程序的执行流程。C/C++支持结构化程序设计，提供了顺序、选择和循环 3 种基本控制结构，并通过这 3 种控制结构语句的组合、嵌套实现程序逻辑。本章对结构化程序设计的 3 种控制结构分别予以介绍。

微视频：三种控制结构

3.1　顺序结构

顺序结构是结构化程序设计中最简单、最基本的程序结构，也是程序执行流程的默认结构。在顺序结构中，各语句按其出现的先后次序依次执行，没有分支。在图 1.3.1 所示的顺序结构流程图中，程序依次先执行语句 1，再执行语句 2。

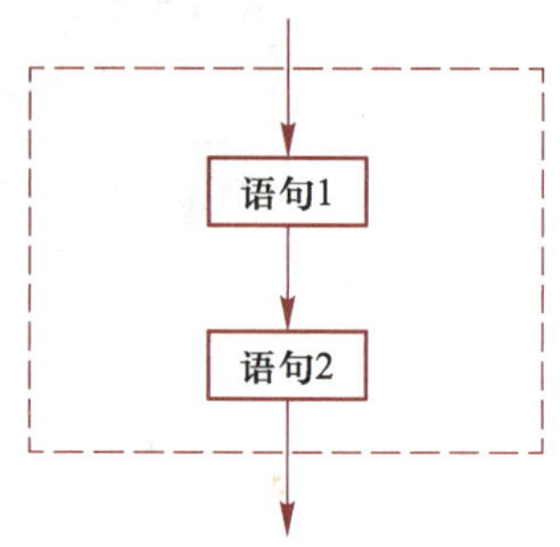

图 1.3.1　顺序结构流程图

3.1.1　引例——计算圆面积

【例 3.1】　输入圆的半径，计算并输出该圆的面积。

对比图 1.3.2（a）和图 1.3.2（b）两个程序可以看到，图 1.3.2（a）中的程序先执行语句①进行圆面积的计算，但此时 r 并没有明确的值，计算 s 的值自然就没有依据了，导致 s 的值也不确定。然后再执行语句②输入圆半径 r，此时对计算 s 已经没有意义了。这种忽略语句顺序的错误是程序设计初学者经常出现的问题。正确的程序如图 1.3.2（b）所示。

简单的程序一般由三部分组成，即输入数据、数据处理、输出结果，如图 1.3.3 所示。对数据的处理是由 C/C++提供的各种控制语句实现的，本章将逐一介绍这些语句。

```
#include <iostream>
using namespace std;
int main()
{
    double r,s;
    s=3.14159*r*r;        //  ①
    cin>>r;               //  ②
    cout<<"s="<<s<<endl;
    system("pause");
    return 0;
}
```

(a) 存在语句顺序错误的程序

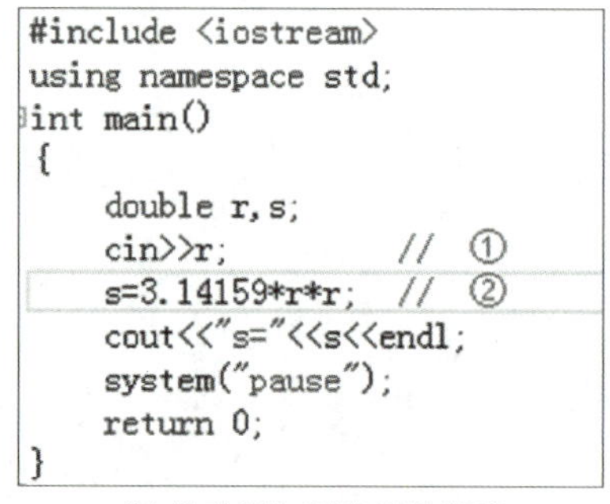

```
#include <iostream>
using namespace std;
int main()
{
    double r,s;
    cin>>r;            //  ①
    s=3.14159*r*r;     //  ②
    cout<<"s="<<s<<endl;
    system("pause");
    return 0;
}
```

(b) 修改语句顺序后的程序

图 1.3.2　例 3.1 程序

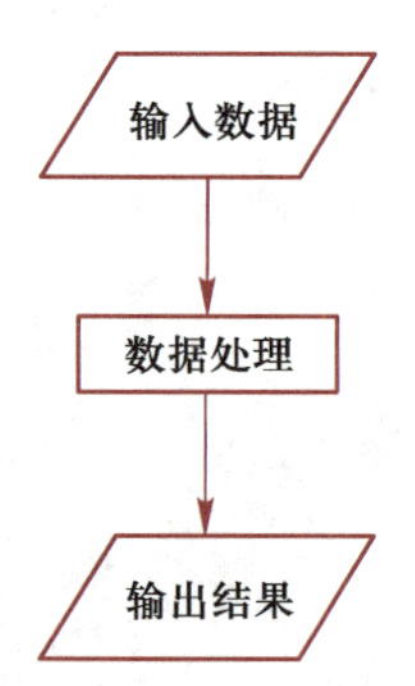

图 1.3.3　简单程序的构成

3.1.2　表达式语句

任何一个表达式的末尾加上分号就可以构成表达式语句，其形式如下：

表达式;

例如：

```
a+b;          //仅计算 a+b 的值，该语句在程序中并无实际意义
sum=a+b;      //计算 a+b 的值，将结果赋值给变量 sum，也称为赋值语句
i++;          //变量 i 自增 1，相当于 i=i+1;的赋值语句
```

赋值语句是最常见的表达式语句。在赋值语句中，如果赋值运算符左右两端的数据类型不一致，则先将右边表达式的数据类型转换为左边变量的数据类型，然后再将转换后的表达

式的值赋给左边的变量。

例如，假设有定义和赋值语句：

```
int a;
a='D';
```

则执行赋值语句后，变量 a 中存放了大写字母'D'的 ASCII 码（68）。

3.1.3 空语句

空语句是只由一个分号组成的语句，其形式如下：

```
;
```

当语法上要求程序的某个位置需要有一条语句，而实际上又不需要执行任何操作时，可在此处使用一条空语句。空语句一般用在循环语句中，用作空循环体。例如：

```
for (m=0, s=0; m<10;s+=m, m++);
```

此处的分号即代表一条空语句，表示循环体不需要执行任何操作，因为该循环语句的循环体“s+=m”在 for 语句的其他位置已经实现了。当然这种循环语句的书写可读性差，不提倡初学者这样书写。

3.1.4 复合语句

复合语句是用花括号括起来的、由多条语句组成的语句组，在语法上相当于一条语句，其形式如下：

```
{
    [变量定义]
    语句组
}
```

当语法上要求程序的某个位置只能有一条语句，而实际上要执行多条语句才能完成某个操作时，可使用复合语句。复合语句经常出现在选择、循环结构中，作为被控制的内嵌语句。

注意：在复合语句中，也允许定义变量，称这种复合语句为分程序。分程序中定义的变量只在此分程序中有效。

3.2 选择结构

在实际应用中，要用计算机处理的问题往往是复杂的，仅有顺序结构远远不够，经常需要根据不同的条件执行不同的操作，这时就需要用到选择结构。选择结构又称为分支结构。

C/C++提供了两种语句形式的选择结构，分别是 if 语句和 switch 语句。

3.2.1 引例——求一元二次方程的实根

【例 3.2】 输入一元二次方程 $ax^2+bx+c=0$ 的系数 a、b、c，计算并输出两个实根 $x1$ 和 $x2$。

分析：方程是否有实根由判别式 b^2-4ac 的值决定，故需要根据条件做不同的处理。

程序：

程序代码：例 3.2

```
#include <iostream>
using namespace std;
int main( )
{
    double a,b,c,d,x1,x2;
    cin>>a>>b>>c;
    d=b*b-4*a*c;
    if (d<0)                    //若判别式小于 0，则无实根
        cout<<"无实根"<<endl;
    else                        //若判别式大于或等于 0，则计算两个实根
    {
        x1=(-b+sqrt(d))/(2*a);
        x2=(-b-sqrt(d))/(2*a);
        cout<<"x1="<<x1<<"    x2="<<x2<<endl;
    }
    system("pause");
    return 0;
}
```

通过该例可以看到，计算机不仅有计算的能力，也有逻辑判断的能力。根据条件进行判断，并决定后续所要进行的操作。

3.2.2　if 语句

if 语句有多种形式，包括单分支、双分支、多分支等。

1. 单分支语句

形式：

```
if (表达式)
  语句
```

语句执行流程如图 1.3.4 所示。当表达式的值非 0（或 true）时，执行语句；否则跳过这条语句，执行后面的内容。

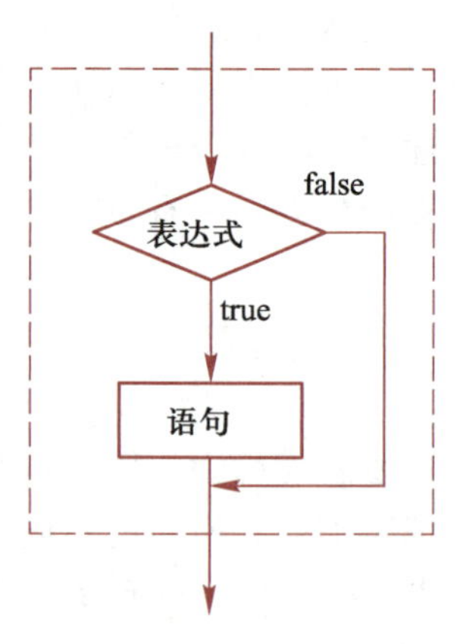

图 1.3.4　单分支 if 语句流程图

说明：

① 表达式可以是任意形式、任意数据类型的表达式，以非 0 值（或 true）表示真，0（或 false）表示假。

② 这里的语句称为 if 语句的内嵌语句，可以是一条简单语句，也可以是一条复合语句。

【例 3.3】　已知两个整数 x 和 y，对这两个数进行处理，使得 x 大于 y。

分析：根据题意要求，当 $x<y$ 时，需进行交换。

两个人交换位置，只要各自去坐对方的位置就可以，这属于直接交换；一瓶酒和一瓶油互换，就不能直接交换，而必须借助一个空瓶子实现交换，这属于间接交换。在C/C++中交换两个数 x 和 y 就需要进行间接交换，如图1.3.5所示。具体过程如下：

① 先将 x 存入中间变量 t。

② 再将 y 赋值给变量 x，取代 x 的原有值。

③ 最后将保存在 t 中的 x 的原始值赋值给变量 y，从而完成 x 与 y 的交换。

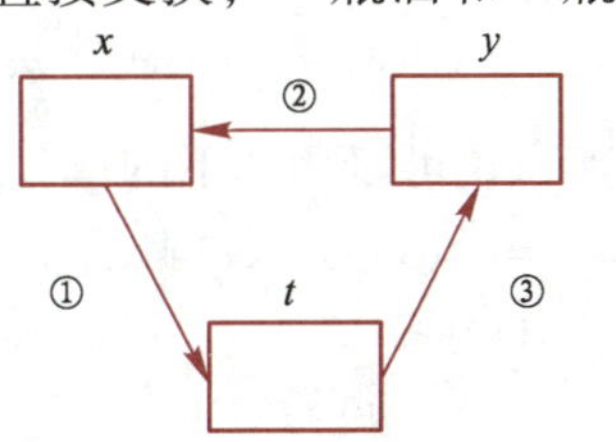

图1.3.5 两个数的交换过程

程序代码：例3.3

程序：

```
#include <iostream>
using namespace std;
int main( )
{
    int x,y,t;
    cout<<"输入 x y"<<endl;
    cin>>x>>y;
    if (x<y)
    {   t=x;   x=y;   y=t;   }                    //x 与 y 交换
    cout<<x<<">"<<y<<endl;
    system("pause");
    return 0;
}
```

2. 双分支语句

形式：

```
if(表达式)
  语句 1
else
  语句 2
```

当表达式的值非0（或true）时，执行语句1，跳过语句2；否则跳过语句1，执行语句2。双分支语句执行流程如图1.3.6所示。有关“表达式”“语句1”和“语句2”的相关说明都与单分支的if语句相同，这里不再重复。

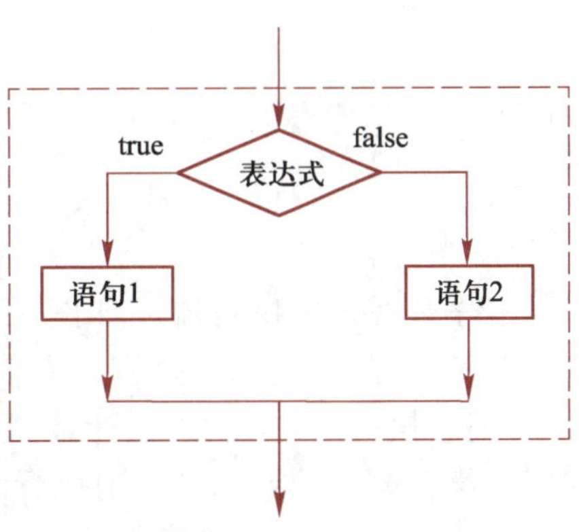

图1.3.6 双分支if语句流程图

【例3.4】 计算分段函数：

$$y=\begin{cases}\sin x+\sqrt{x^2+1}, & x\neq 0\\ \cos x-x^2+3x, & x=0\end{cases}$$

分析：两段分段函数最适合用双分支语句实现。

```
if (x!=0)
    y=sin(x)+sqrt(x*x+1);
```

```
else
    y=cos(x)-x*x+3*x;
```

当然，也可以用如下的单分支语句实现：

```
y=cos(x)-x*x+3*x;
if(x)
    y=sin(x)+sqrt(x*x+1);
```

即先不考虑 x 的取值范围，任意给 y 赋值某一分段函数的值，这里先赋值了 x 为 0 时的分段函数值；然后当 x 非 0 时，再按分段函数修正 y 的取值。

说明：if(x)与 if(x!=0)是等价的；而 if(!x)与 if(x==0)是等价的。

思考：若将上面的单分支实现中的语句按如下形式交换次序：

```
if (x) y=sin(x)+sqrt(x*x+1);
y=cos(x)-x*x+3*x;
```

则分段函数仍能正确实现吗？为什么？

3. 多分支语句

双分支语句只能根据条件的取值决定处理两个分支中的一个。当实际处理的问题有多个条件时，就要用到多分支语句。

形式：

```
if (表达式 1)
  语句 1
else if (表达式 2)
  语句 2
    ⋮
else if (表达式 n)
    语句 n
[else
    语句 n+1]
```

多分支语句的执行流程如图 1.3.7 所示，首先计算“表达式 1”的值，当值非 0（或 true）时，执行语句 1；否则计算“表达式 2”的值，若值非 0（或 true），则执行语句 2；依此类推，若各表达式的值都为 0（或 false），并且有 else 子句，则执行语句 $n+1$，否则不执行任何语句。

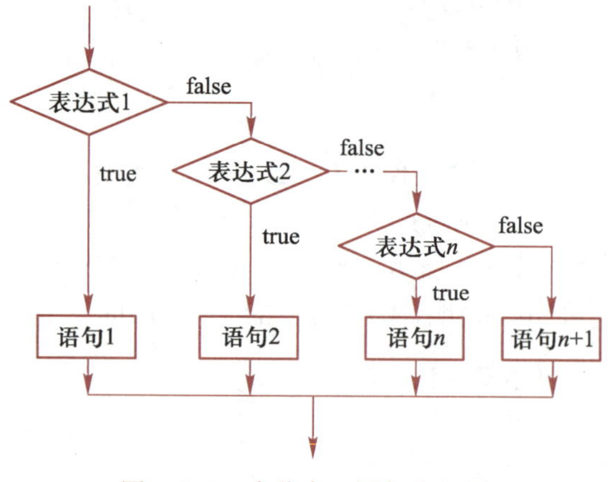

图 1.3.7　多分支 if 语句流程图

注意：

① 程序执行了满足条件的第一个分支后，其余分支不再执行。

② else 与 if 之间要有空格，else if 不能连写成 elseif。

③ 若多分支中有多个表达式同时满足，则只执行第一个与之匹配的语句。因此，要注意多分支中表达式的书写次序，防止某些条件被过滤（见例 3.5 的方法三）。

【例 3.5】 根据某课程的百分制成绩 mark，输出其对应的五级制等级，评定条件如下：

$$
\text{等级}=\begin{cases}\text{优} & \text{mark}\geqslant 90\\ \text{良} & 80\leqslant \text{mark}<90\\ \text{中} & 70\leqslant \text{mark}<80\\ \text{及格} & 60\leqslant \text{mark}<70\\ \text{不及格} & \text{mark}<60\end{cases}
$$

观察如下 3 种方法，思考每种方法的正误；若有错误，指出错误的原因。

方法一

```
if (mark >= 90)
    cout<< "优";
else if (mark >= 80)
    cout<< "良";
else if (mark >= 70)
    cout<< "中";
else if (mark >= 60)
    cout<< "及格";
else
    cout<< "不及格";
```

方法二

```
if (mark >= 90)
    cout<< "优";
else if (80 <= mark && mark < 90)
    cout<< "良";
else if (60 <= mark && mark < 70)
    cout<< "及格";
else if (70 <= mark && mark < 80)
    cout<< "中";
else
    cout<< "不及格";
```

方法三

```
if (mark >= 60)
    cout<< "及格";
else if(mark >= 70)
    cout<< "中";
else if (mark >= 80)
    cout<< "良";
else if (mark >=90)
    cout<< "优";
else
    cout<< "不及格";
```

分析：

① 从语法的角度看，3 种方法都正确。从逻辑角度看，方法一正确且高效。

② 从逻辑的角度看，方法二逻辑正确，但不够简洁。因为第一个 else 已经否定了 mark>=90，即说明 mark<90，所以其后的 if 条件中无须再对 mark<90 做限定。

③ 从逻辑的角度看，方法三逻辑不正确。因为第一个 else 已经否定了 mark>=60，即说明 mark<60，这种情况下不可能再满足其后的 if(mark>=70)。

4. if 语句的嵌套

如果 if 或 else 之后的内嵌语句中又包含一个分支结构，则称这种形式为 if 语句的嵌套形式。例如：

```
if(表达式 1)
    if(表达式 11)
      语句 11
    else
      语句 12
else
    语句 2
```

注意：

① 在 if 语句的嵌套形式中，为了增强程序的可读性，建议采用锯齿形的书写形式。

② C/C++规定，在嵌套的 if 语句中，else 总是和同一层次内它之前的、与其最靠近且不带 else 子句的 if 配对。

观察下面的程序段：

```
if(x>0)
    if(y>0)
        cout<<"x 与 y 均大于 0 ";
    else
        cout<<"x 大于 0, y 小于等于 0 ";
else
    cout<<" x 小于等于 0, y 的值不确定 ";
```

这里的第一个 else 无疑是与 if(y>0)配对的；而第二个 else 虽然也与 if(y>0)最靠近，但因为 if(y>0)已经有了配对的 else，所以第二个 else 只能再向上找没有 else 配对的 if，故与其配对的应该是 if(x>0)。

再观察下面的分支语句：

```
if(x>0)
 {
    if(y>0)
        cout<<"x 与 y 均大于 0 ";
 }
 else
    cout<<"x 小于等于 0, y 的值不确定";
```

这里与 else 最靠近的 if 虽然是 if(y>0)，但因为一对花括号将 if(y>0)控制的语句变成了 if(x>0)的内嵌语句，使得 else 与 if(y>0)不在同一个层次内，故与 else 对应的应该是 if(x>0)。

【例 3.6】 已知 x、y、z 为 3 个整数，要求对它们的值进行重新存放，使得 $x \geq y \geq z$。

分析：在计算机中，要使多个数递增或递减有序，可以通过多次两两比较和有条件地交换来实现。

例如，对 3 个数 x、y、z 进行排序，方法之一，可以通过一个单分支 if 语句和一个嵌套的 if 语句来实现，流程如图 1.3.8 所示。

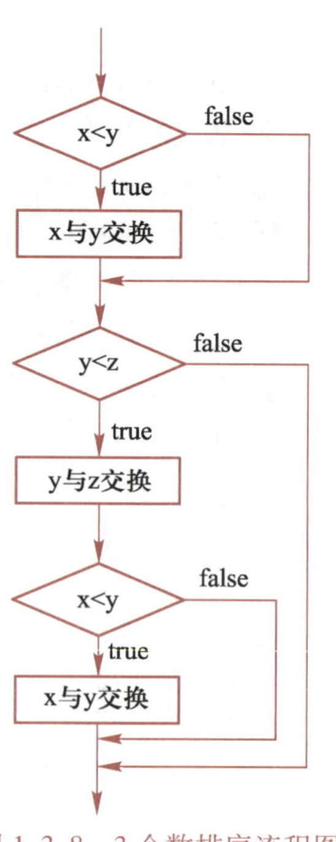

图 1.3.8　3 个数排序流程图

程序：

```
#include <iostream>
using namespace std;
int main()
{
    int x,y,z,t;
```

```
    cout<<"请输入 x y z 三个数"<<endl;
    cin>>x>>y>>z;
    if(x<y)
    {   t=x; x=y; y=t; }            //x 与 y 交换，使得 x≥y
    if(y<z)
    {
        t=y; y=z; z=t;              //y 与 z 交换，使得 y≥z
        if(x<y)                     //此时 y 可能已不是之前的 y，需重新与 x 比较
        { t=x; x=y; y=t;}
    }
    cout<<x<<"≥"<<y<<"≥"<<z<<endl;
    system("pause");
    return 0;
}
```

程序代码：例 3.6

程序运行结果如图 1.3.9 所示。

```
D:\test...
请输入x y z三个数
10 30 20
30≥20≥10
请按任意键继续. . .
```

图 1.3.9 例 3.6 程序运行结果

思考：如何用 3 个并列的单分支 if 语句实现上述程序？

3.2.3 switch 语句

虽然用 if 语句可以实现多分支选择结构，但当分支较多时，程序结构会过于复杂，影响程序的可读性。C/C++还提供了另外一种专门用于描述多分支选择结构的 switch 语句，又称为开关语句。

微视频：switch 语句及应用

形式：

```
switch(表达式)
{
    case  常量 1:语句组 1
                [break;]
    case  常量 2:语句组 2
                [break;]
          ...
    case  常量 n:语句组 n
                [break;]
    [default:语句组 n+1]
}
```

其中，“[ ]”括起来的 break 语句和 default 子句可以省略。

switch 语句的执行顺序是：首先计算 switch 后面表达式的值，然后在 case 子句中查找与表达式值相等的常量的值。若找到，则以此为入口，开始依次执行语句组，直至遇到 break 语句后退出 switch 语句；若没有找到相等的常量值，但 switch 语句中有 default 子句，则执行 default 后的语句组 $n+1$，否则结束 switch 语句。switch 语句（包括 break 语句和 default 语句）的流程如图 1.3.10 所示。

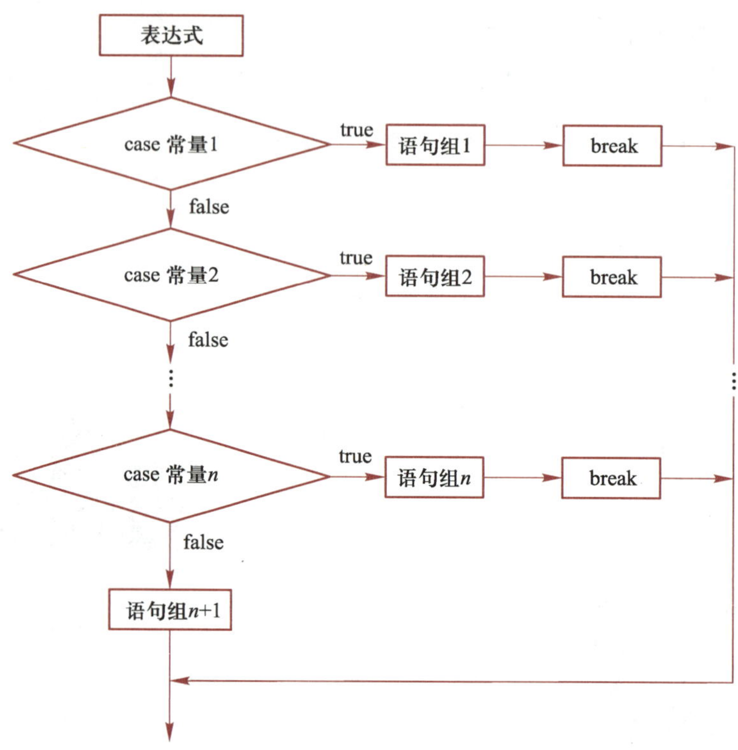

图 1.3.10　switch 语句流程图

说明：

① switch 后面的表达式的值只能是整型、字符型、布尔型或枚举类型。特别需要注意的是，float 或 double 类型的值不能出现在 switch 后面的表达式中。

② 常量的类型应与 switch 后面的表达式的值类型一致。常量的值应互不相同，但不同的常量可以共用同一个语句组。例如：

```
switch(n)                                //假设已知 n 是一个正整数
{
    case 1:
    case 2:
    case 3:cout<<"n<=3"; break;          //n 取不同值时共用最后一个语句
    default: cout<<"n>3";
}
```

当 n 的取值为 1、2、3 时，都执行“case 3:”后面的语句组，再通过其后的 break 语句退出 switch 语句。以“n 取 1”为例，与表达式“n”的值相等的是第 1 个 case 后的常量“1”，所以就从该入口开始执行，直至遇到“case 3:”子句最后的 break 才退出 switch 语句。需要注意的是，switch 语句中只要找到执行入口就开始向下依次执行，直至遇到“break”这个出口；在进入某个 case 子句后，不再进行表达式与后续的 case 之后的常量值是否相等的判别了。

③ 尽管语法上 break 语句可以省略，但从逻辑的角度来说，只要某个 case 子句后有相应

的语句组，其后就应该配有 break 语句；否则就可能无法保证多路分支的正确实现。例如，假设有定义“int score；char grade；”，score 和 grade 分别代表百分制成绩和五级制成绩，则以下缺少 break 语句的 switch 语句，在实现百分制成绩向五级制成绩转化时，无论 score 的值是多少，得到的 grade 的值都是“E”。

```
switch(score/10)
{
    case 10:
    case 9: grade='A';
    case 8: grade='B';
    case 7: grade='C';
    case 6: grade='D';
    default: grade='E';
}
```

④ 每个常量后面的“语句组”代表那个位置可以出现多条语句，而不是像 if 和 else 那样后面只能控制一条语句。

【例 3.7】 输入 1~7 的一个数字，输出其对应星期几的英文表示。

分析：输入的数字可以存放在字符变量中，也可以存放在整型变量中，由于变量的类型不同，在 switch 语句的 case 子句中的常量表达式值的表示形式也不同，要注意常量表达式值的类型应与变量的类型一致。

程序：

程序代码：例 3.7

```
#include<iostream>
using namespace std;
int main( )
{
    char c;
    cout<<"Enter  a  character  of  number  between  1  and  7:";
    cin>>c;
    switch(c)                    //注意 c 是 char 类型的变量
    {
        case '1':cout<<"Monday    "; break;
        case '2':cout<<"Tuesday    "; break;
        case '3':cout<<"Wednesday    "; break;
        case '4':cout<<"Thursday    "; break;
        case '5':cout<<"Friday    "; break;
        case '6':cout<<"Saturday    "; break;
        case '7':cout<<"Sunday    "; break;
        default :cout<<"\n  wrong  number\n";
    }
    system("pause");
```

```
    return 0;
}
```

程序运行结果如图 1.3.11 所示。

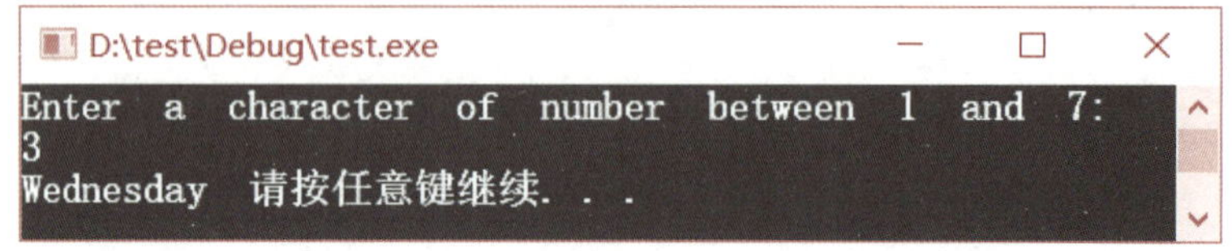

图 1.3.11　例 3.7 程序运行结果

思考：

① 若将变量 c 的类型由字符型改为整型，上述程序的 case 子句应如何修改？

② 若省去程序中的所有 break，程序运行结果会怎样？

3.3　循环结构

计算机最擅长的功能之一，就是按规定的条件重复执行某些操作。例如，按照增长率统计人口；根据各课程的学分、绩点和成绩，统计一组学生中每个学生的平均绩点等。这类问题皆可通过循环结构来方便地实现。使用循环结构编程时，首先要明确两个问题：其一是哪些操作需要重复执行？其二是在什么情况下重复执行这些操作？它们分别对应循环体和循环条件。C/C++提供了 3 种形式的循环语句，分别是 while 语句、do-while 语句以及 for 语句。

3.3.1　引例——求 π 的近似值

早在 1 500 年前，我国古代数学家祖冲之用了 15 年计算出圆周率（π）的小数点后 7 位，即 π=3. 141 592 7。以后的 1 000 多年中，许多数学家为计算圆周率花费了许多精力，将圆周率精确到小数点后 500 多位。第一台电子计算机出现后，圆周率已能精确到小数点后 2 000 多位。1999 年，东京大学采用超级计算机将圆周率精确到小数点后 2 061. 584 3 亿位。

【例 3.8】　利用求圆周率公式之一：

$$\frac{\pi}{4}=1-\frac{1}{3}+\frac{1}{5}-\frac{1}{7}+\frac{1}{9}-\frac{1}{11}+\cdots$$

验证祖冲之计算出的圆周率。要求当某项的绝对值小于 10^{-8} 时停止计算。

分析：

① 所给公式的通项可归纳为

$$t_i=(-1)^{i-1}\frac{1}{2i-1},i=1,2,\cdots$$

程序不断重复累加运算，直到 $|t_i|<10^{-8}$ 时为止。

② 实现程序时要特别注意分数通项的正确表达，因为在 C/C++中，两个整数相除的结果仍为整数。

程序：

```
#include <iostream>
#include <iomanip>
using namespace std;
int main()
{
    double pi(1),t;
    int n(1),s(1);
    do
    {
        n=n+2;                  //某项分母
        t=1.0/n;                //某项绝对值
        s=-s;                   //考虑正负号
        pi=pi+s*t;              //累加和
    }while(t>0.00000001);
    cout<<"π≈ "<<setprecision(8)<<4*pi<<endl;
    //有效数字为8位，1位整数7位小数
    system("pause");
    return 0;
}
```

程序代码：例 3.8

图 1.3.12 例 3.8 程序运行结果

程序运行结果如图 1.3.12 所示。

3.3.2 while 语句

当事先不确知循环次数，而根据条件来决定是否继续循环时，一般使用 while 语句。while 语句的形式如下：

```
while(表达式)
    语句
```

说明：

①“表达式”称为循环条件，可以是任何形式的表达式。

②“语句”称为循环体，可以是简单语句，也可以是复合语句。

③ while(表达式) 的后面没有分号，若出现分号，则代表循环体为空语句。

while 语句的执行顺序是：首先判断表达式的值，若表达式的值非 0，则执行语句，继而再重新判断表达式的值，直至表达式的值为 0（或 false）时结束循环。while 语句流程如图 1.3.13 所示。

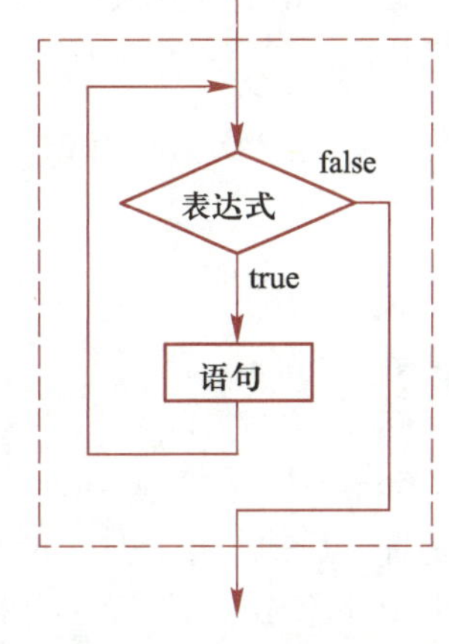

图 1.3.13 while 语句流程图

【例 3.9】 从键盘输入某班若干学生的成绩，当输入为-1 时停止输入，统计该班的平均分。

分析：

① 根据题意，循环体应该包含输入学生成绩、累加成绩、统计人数。因这些功能不是一条语句能完成的，故循环体应为复合语句。

② 根据题意，将“输入的成绩是否为-1”作为循环条件。

程序：

程序代码：例 3.9

```
#include <iostream>
using namespace std;
int main( )
{
    int n=0,mark;              //n 用于人数的计数
    double sum=0;
    cin>>mark;
    while(mark!=-1)
    {
      sum+=mark;
      n++;
      cin>>mark;               //输入下一个学生成绩
    }
    cout<<"平均成绩="<<sum/n<<endl;
    system("pause");
    return 0;
}
```

程序运行结果如图 1.3.14 所示。

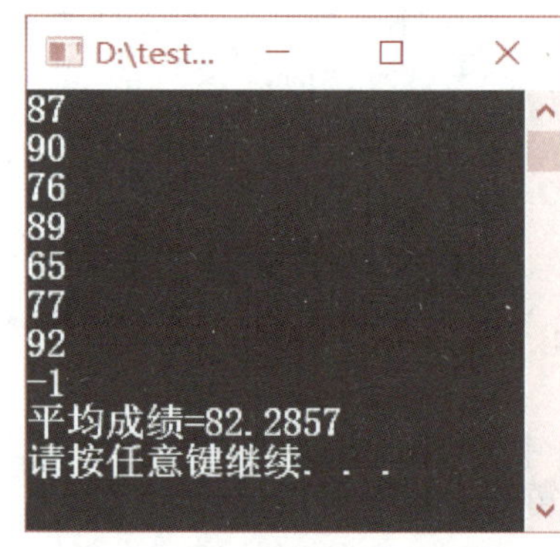

图 1.3.14　例 3.9 程序运行结果

思考：

① 若循环体中少了 cin>>mark;语句，程序会怎样？

② 若循环体不用复合语句（即去掉一对花括号），程序会怎样？

3.3.3　do-while 语句

形式：

```
do
    语句
while (表达式);
```

do-while 语句与 while 语句的区别在于：while 语句先判断循环条件，后执行循环体，故循环体语句有可能一次也不执行；do-while 语句先执行语句后判断循环条件，所以循环体语句至少执行一次。do-while 语句的执行流程如图 1.3.15 所示。

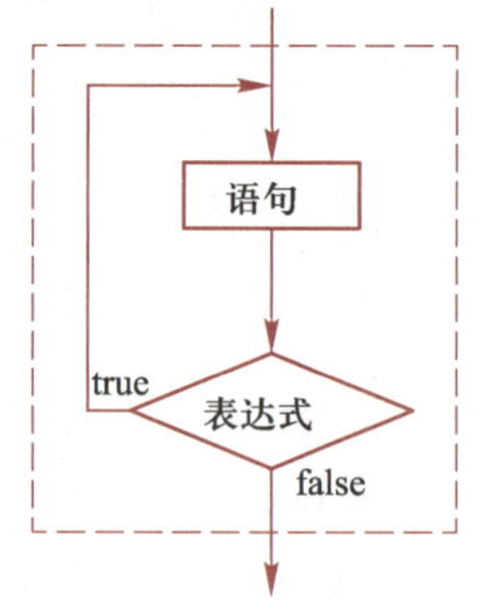

图 1.3.15　do-while 语句流程图

此外，与 while 语句不同，在 do-while 语句中的 while（表达式）后面是有分号的。

【例 3.10】 求自然对数 e 的近似值，要求计算到某一项的值小于 0.000 01 时停止计算。近似公式如下：

$$e=1+\frac{1}{1!}+\frac{1}{2!}+\frac{1}{3!}+\cdots+\frac{1}{n!}\approx 1+\sum_{i=1}^{n}\frac{1}{i!}$$

分析：

① 该题目与前面几个求累加和的例子本质相同，只是通项比较复杂，其中包含了阶乘的计算。

② 当通项 $1/i!$ 的值小于指定的精度要求时，循环结束；否则就将通项累加到求和变量中。

③ 解题关键是找出某项 t_i（其值为 $1/i!$）与前一项 t_{i-1}（其值为 $1/(i-1)!$）的关系，因为 $i!=i(i-1)!$，故可得到如下关系：

$t_i=t_{i-1}/i \quad (i=1,2,3,\cdots)$

程序：

```
#include <iostream>
using namespace std;
int main()
{
    int i=0;
    float t=1,e=0;
    while(t>0.00001)
    {
        e=e+t;                    //累加当前项
        i++;
        t=t/i;                    //根据当前项求下一项
    }
    cout<<"e="<< e<<endl;
    system("pause");
    return 0;
}
```

程序代码：
例 3.10

程序运行结果如图 1.3.16 所示。

```
e=2.71828
请按任意键继续. . .
```

图 1.3.16 例 3.10 程序运行结果

3.3.4 for 语句

for 语句是一种很灵活的循环语句，常用于循环次数已知的循环结构中。在 C/C++中，for 语句也可以替代 while 语句和 do-while 语句，解决循环次数不确定的循环问题。

形式：

```
for (表达式 1; 表达式 2; 表达式 3)
    语句
```

说明：

① 表达式 1、表达式 2 和表达式 3 分别用来表示循环初值、循环条件和循环增量（又称循

环的步长）。

② 这里的语句称为循环体，可以是简单语句，也可以是复合语句，但无论是什么样的语句，循环体语句都只能是一条语句。

for 语句的执行过程如下：

① 计算表达式 1，对循环变量进行初始化。

② 判断表达式 2，决定是否循环。若表达式 2 的值非 0，则执行一次循环体语句；若其值为 0（或 false），则结束循环。

③ 计算表达式 3，改变循环变量的值，然后转回到第②步重新判断循环条件。

for 语句的执行流程如图 1.3.17 所示。

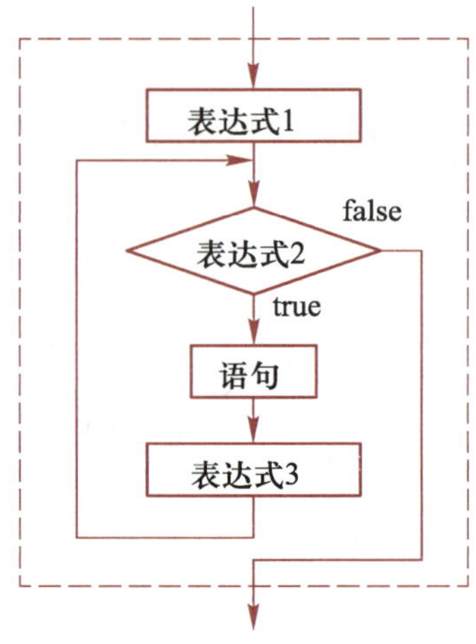

图 1.3.17　for 语句流程图

【例 3.11】 分别利用 for 语句和 while 语句求 $s=1+3+5+\cdots+99$ 的值。

用 for 语句实现的程序：

```
#include <iostream>
using namespace std;
int main( )
{
  int i,s(0);
  for(i=1; i<100; i=i+2)
      s=s+i;
   cout<<"s="<<s<<endl;
   system("pause");
  return 0;
}
```

用 while 语句实现的程序：

```
#include <iostream>
using namespace std;
int main( )
{
  int i,s(0);
  i=1;
  while (i<100)
  {
      s=s+i;
      i=i+2;
  }
  cout<<"s="<<s<<endl;
  system("pause");
  return 0;
```

```
}
```

对比两个程序不难理解，for 语句与如下的 while 语句是等效的。

```
表达式 1;
while(表达式 2)
{
    循环体语句
    表达式 3;
}
```

C/C++还提供了 for 语句的多种变体形式，在这些变体形式中，for 语句中的 3 个表达式都可以省略，而省略的这些表达式皆可转移到其他位置进行相应的表达。

说明：

① 当 for 语句省略了某一个或某几个表达式时，分隔这些表达式的分号不能省略。例如：

```
for( ; ; )
    语句
```

这里省略了 3 个表达式，但括号内的两个分号却不能省略。省略表达式 2，意味着该循环是无条件循环。对于无条件循环来说，为了避免使程序陷入死循环，在循环体内必须要有强制退出循环的语句，这就需要通过 if 语句和 break 语句配合实现。例如，本例程序中的 for 语句可改写为

```
i=1;                        //表达式 1 转移到此处
for( ;   ;)
{
    if(i>=100)              //表达式 2 转移到此处以另外的方式表达
        break;
    s=s+i;
    i=i+2;                  //表达式 3 转移到此处
}
```

② for 语句表示形式中的表达式 1 和表达式 3 都可以是逗号表达式。例如，可以将非循环控制变量赋初值的操作通过逗号表达式一同放在表达式 1 中；也可以将循环体语句通过逗号表达式一同放在表达式 3 中。例如，本例程序中的 for 语句还可改写为

```
for(s=0,i=1; i<100; s=s+i,i=i+2);
```

思考：for 循环的最后为何有个分号？这个分号代表什么意思？

尽管 for 循环语句可以有很多灵活的变体形式，但还是建议初学者采用流程图所示的规范表达，以便于更好地理解 for 循环语句的执行过程。

【例 3.12】 将 ASCII 码表中所有可显示的字符及其对应的 ASCII 码以每行 7 个的形式输出在屏幕上。

分析：

① 在 ASCII 码表中，只有' '（空格）到'~'之间的字符是可显示的字符，它们的编码值范围为 32~126，其余为不可显示的控制字符。实现时通过将编码值赋值给字符变量就可自动转

换成对应的字符。

② 要实现“每行显示 7 个字符”的要求，可以设置一个计数器变量 i，当 i 达到 7 的倍数时便输出一个换行符。

程序代码：
例 3.12

程序：

```
#include <iostream>
using namespace std;
int main( )
{
    int i(0),ascii;
    char c;
    cout<<"\t        ASCII 码对照表"<<endl;
    for(ascii=32;ascii<=126;ascii++)
    {
        c=ascii;
        cout<<c<<"="<<ascii<<'\t';
        i++;
        if (i % 7==0)                    //控制每行显示 7 项
            cout<<endl;
    }
    cout<<endl;
    system("pause");
    return 0;
}
```

程序运行结果如图 1.3.18 所示。

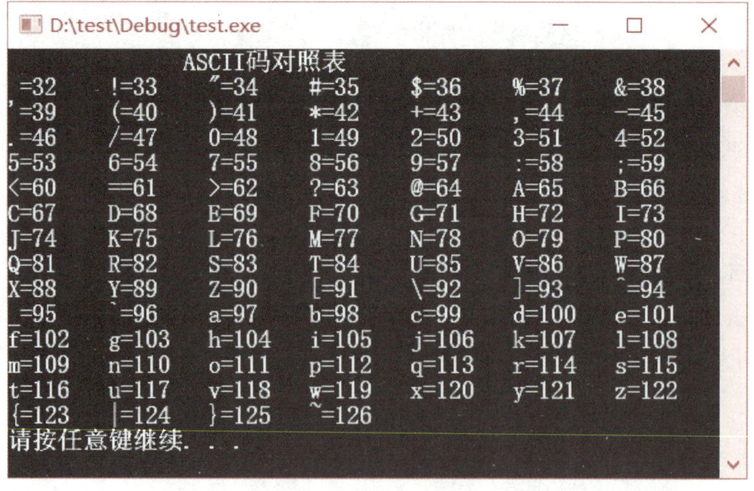

图 1.3.18　例 3.12 程序运行结果

3.3.5 嵌套循环

如果在一个循环语句的循环体中又包含了一个循环语句，就构成了嵌套循环，根据嵌套的层次不同又分为双重循环、三重循环及更多重的循环等。在实际应用中，三种循环语句可以相互嵌套，呈现出多种复杂形式。在编写程序或阅读程序时，要注意正确界定内外层循环。

【例 3.13】 打印“九九乘法表”。

分析：本例可以利用双重循环，用两个循环控制变量分别控制两个乘数的变化，执行流程如图 1.3.19 所示。

程序：

```
#include<iostream>
using namespace std;
int main()
{
  int i,j;
  cout<<"\t 九九乘法表"<<endl;
  cout<<"\t -----------"<<endl;
  for(i=1;i<=9;i++)                    //i 为被乘数
  {
    for(j=1;j<=9;j++)                  //j 为乘数
        cout<<i<<"×"<<j<<"="<<i*j<<'\t';
    cout<<endl;
  }
  system("pause");
  return 0;
}
```

程序运行结果如图 1.3.20 所示。

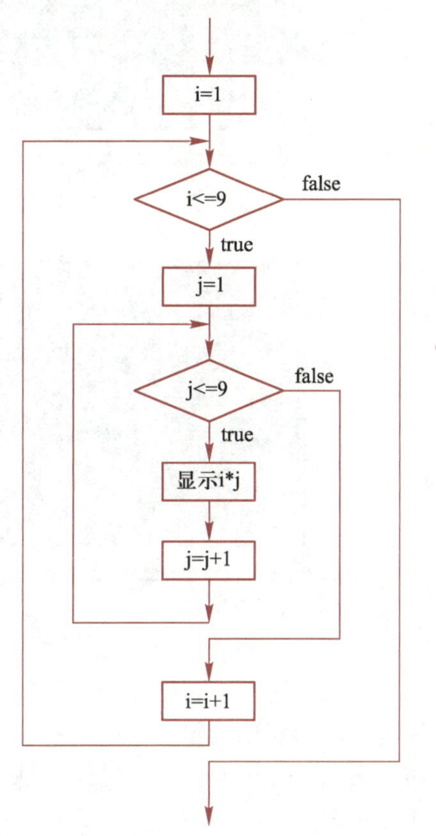

图 1.3.19 九九乘法表执行流程图

程序代码：
例 3.13

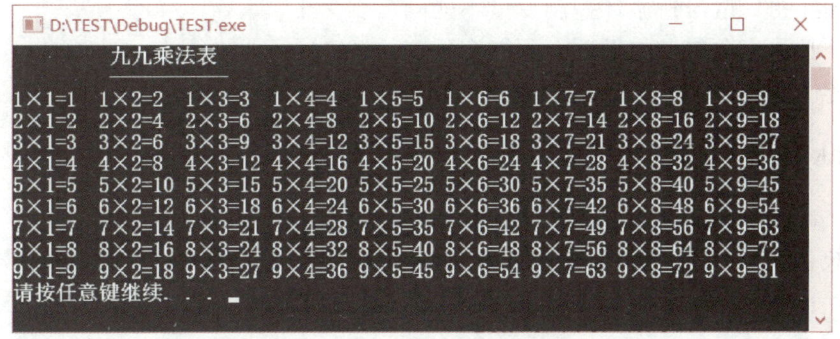

图 1.3.20 例 3.13 程序运行结果

思考：若要分别打印如图 1.3.21 和图 1.3.22 所示的结果，程序如何改动？

```
                    九九乘法表
                    -----------
1×1=1
2×1=2  2×2=4
3×1=3  3×2=6  3×3=9
4×1=4  4×2=8  4×3=12 4×4=16
5×1=5  5×2=10 5×3=15 5×4=20 5×5=25
6×1=6  6×2=12 6×3=18 6×4=24 6×5=30 6×6=36
7×1=7  7×2=14 7×3=21 7×4=28 7×5=35 7×6=42 7×7=49
8×1=8  8×2=16 8×3=24 8×4=32 8×5=40 8×6=48 8×7=56 8×8=64
9×1=9  9×2=18 9×3=27 9×4=36 9×5=45 9×6=54 9×7=63 9×8=72 9×9=81
Press any key to continue
```

图 1.3.21　呈下三角的九九乘法表

```
                    九九乘法表
                    -----------
1×1=1  1×2=2  1×3=3  1×4=4  1×5=5  1×6=6  1×7=7  1×8=8  1×9=9
       2×2=4  2×3=6  2×4=8  2×5=10 2×6=12 2×7=14 2×8=16 2×9=18
              3×3=9  3×4=12 3×5=15 3×6=18 3×7=21 3×8=24 3×9=27
                     4×4=16 4×5=20 4×6=24 4×7=28 4×8=32 4×9=36
                            5×5=25 5×6=30 5×7=35 5×8=40 5×9=45
                                   6×6=36 6×7=42 6×8=48 6×9=54
                                          7×7=49 7×8=56 7×9=63
                                                 8×8=64 8×9=72
                                                        9×9=81
Press any key to continue
```

图 1.3.22　呈上三角的九九乘法表

不难理解，嵌套循环的内层循环体执行的次数等于每一重循环次数的乘积；每一重循环控制变量的变化过程可以通过手表上的时针、分针、秒针的变化帮助理解，当内循环秒针走满一圈时，分针加一，秒针又从头开始走；当分针走满一圈时，时针加一，分针、秒针则从头开始走；依此类推，时针走满一圈，则循环结束；12 小时秒针走动的次数为 12×60×60。对于循环语句的使用，还要注意以下问题：

① 内循环控制变量与外循环控制变量不能同名。

② 外循环必须完全包含内循环，不能交叉。

③ 若循环体内有 if 语句，或 if 语句内有循环语句，也不允许有交叉。

3.3.6　break 和 continue 语句

break 和 continue 语句主要用在循环体中（break 也可用在 switch 语句中），但它们在循环语句中的作用有所不同。break 语句用于退出所在层次的循环；而 continue 语句用于跳过本次循环的余下语句，提前结束本次循环，进入下一次循环。两者的执行流程如图 1.3.23 所示。

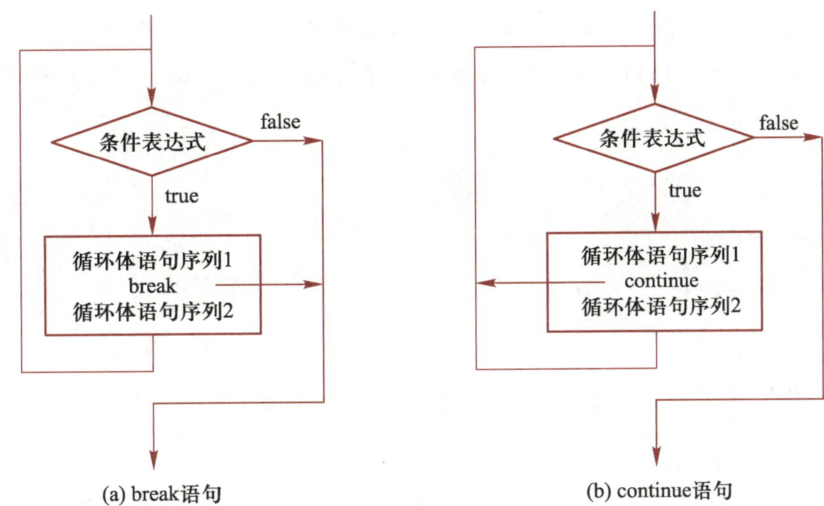

图 1.3.23 break 语句和 continue 语句在循环语句中的执行流程示意图

【例 3.14】 对比表 1.3.1 中两个程序段的运行结果，分析程序的作用，并理解 break 和 continue 语句的区别。

◀表 1.3.1 break 和 continue 语句比较示例

循环体内用 break 语句	循环体内用 continue 语句

for (int i = 20; i >=1; i--)
{
    if (i % 6 == 0) break;
    cout<< i;
}
	for (int i = 20; i >=1; i--)
	{
	    if (i % 6 == 0) continue;
	    cout<< i;
	}

运行结果： 20 19	运行结果： 20 19 17 16 15 14 13 11 10 9 8 7 5 4 3 2 1 功能：显示 20 到 1 之间非 6 的倍数的数

分析：

① 使用 break 语句的程序段的功能是，从 20 开始递减输出不能被 6 整除的自然数，遇到第一个能被 6 整除的数则停止输出。

② 使用 continue 语句的程序段的功能是，从 20 开始递减输出不能被 6 整除的所有自然数。

③ 通过对比两个程序段，可以通俗理解为：break 语句相当于使循环断路，而 continue 语句相当于使循环短路。

微视频：素数判别

【例 3.15】 求 2~100 的所有素数，并且以每行 8 个素数的形式输出。

分析：

① 素数就是除了 1 和该数本身以外，不能被其他任何整数整除的数，所以要判别某数 m 是否为素数，最简单的方法就是依次用 $j=2\sim m-1$ 去除 m，只要 j 的一个取值能整除 m，即可

判断出 m 不是素数，退出循环；若 j 的所有取值都不能整除 m，则说明 m 是素数。

② 若求 2～100 的所有素数，则需要将①的过程重复多次，控制 m 在 2～100 变化，所以程序需要使用嵌套循环。

程序：

程序代码：例 3.15

```
#include <iostream>
using namespace std;
int main( )
{
    int m,j,countm(0);
    for( m=2;m<=100;m++)
    {
        for (j=2; j <=m-1; j++)
            if (m% j == 0)              //找到第一个能被 m 整除的数，即提前退出内循环
                break;
        if (j==m)                       //若内循环正常（非提前）退出，说明 m 是素数
        {
            cout<<m<<'\t';
            countm++;
            if (countm % 8 ==0) cout<<endl;
        }
    }
    system("pause");
    return 0;
}
```

程序运行结果如图 1.3.24 所示。

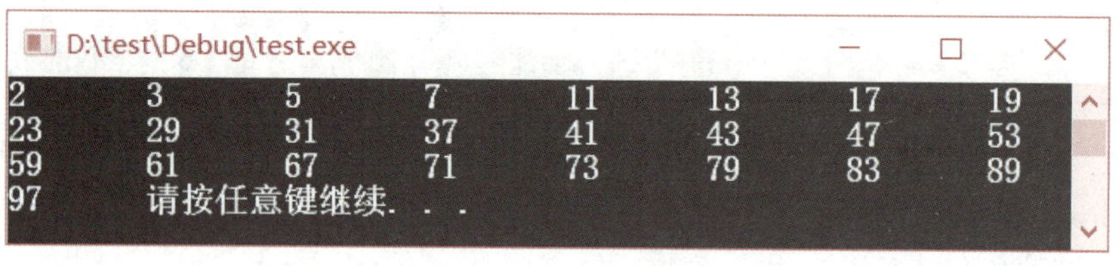

图 1.3.24　例 3.15 程序运行结果

思考：

① 若要提高运行效率，程序可以进一步优化，只要在 $2\sim\sqrt{m}$ 找不到 m 的因子，就可判定 m 是素数，请据此优化程序。

② 为何 if (j==m)成立就能说明 m 是素数？

③ 如果将例中的 break 语句改为 continue 语句，程序还是正确的吗？

3.4 综合应用

本章介绍了构成结构化程序设计的 3 种基本结构：顺序、选择、循环，它们是程序设计的基础，希望读者能熟练掌握。

首先要明确，程序中的语句是有顺序的。设计程序时不能忽略语句之间的顺序关系而简单地将语句罗列在一起。

选择结构提供了 if 和 switch 两种语句形式。if 语句有单分支、双分支和多分支形式；switch 语句专门用于多分支的情况，但由于其表达上的限制比较严格，所以使用时要特别注意对 switch 后面的表达式的正确构造。

循环结构提供了 3 种语句形式。一般来说，for 语句多用于循环次数已知的情况，而 while 或 do-while 语句多用于循环次数未知的情况。从执行过程来看，for 语句和 while 语句属于先判断后执行的循环，而 do-while 语句属于先执行后判断的循环。

本节将结合 3 种控制结构着重介绍一些常用算法。

1. 求最大值（或最小值）

【例 3.16】 从键盘输入一组数据，以输入 0 作为结束标志，求这组数据中的最大值。

分析：

① 求一组数中的最大值，如果事先知道这组数的数据范围，可以先假设一个比这个范围内的最小值还要小的数作为最大值 max 的初值；若无法知道数据范围，则取第一个数为最大值的初值。

② 通过循环语句将这组数中的每个数与 max 进行比较，若这个数大于 max，则用该数替换 max。

程序：

程序代码：例 3.16

```
#include <iostream>
using namespace std;
int main()
{
    int m,max;
    cout<<"输入数 m"<<endl;
    cin>>m;
    max=m;
    while (cin>>m,m!=0)        //先输入 m，再判断 m 是否为 0
        if (m>max) max=m;
    cout<<"最大值="<<max<<endl;
    system("pause");
    return 0;
}
```

程序运行结果如图 1.3.25 所示。

```
D:\TEST...
输入数m
34
56
2
4
9
-1
0
最大值=56
请按任意键继续. . .
```

图 1.3.25　例 3.16 程序运行结果

2. 求最大公约数

微视频：求最大公约数

【例 3.17】 输入两个自然数，求它们的最大公约数。

分析：求两个自然数 m 和 n 的最大公约数，通常采用辗转相除的欧几里得算法。算法描述如下：

① 对两数 m、n 进行比较并交换，使得 $m>n$。

② 求 m 除以 n 的余数 r。

③ 若 $r=0$，则 n 即为最大公约数，算法结束；否则继续进行下一步。

④ 令 $n \to m$，$r \to n$，转到②。

可见，求最大公约数需要通过循环来实现，而终止循环的条件是两数相除的余数为 0。执行流程如图 1.3.26 所示。

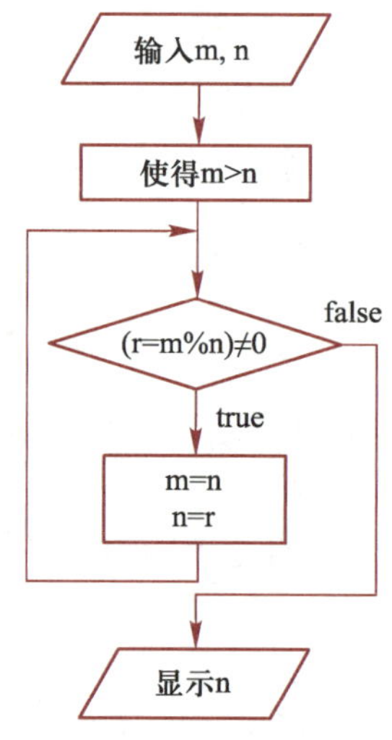

图 1.3.26　求最大公约数流程图

程序：

程序代码：例 3.17

```
#include <iostream>
using namespace std;
int main( )
{
    int m, n, t, r;
    cout<<"请输入 m n "<<endl;
    cin>>m>>n;
    if(m<n)
    {
        t=m; m=n; n=t;
    }
    while((r=m%n)!=0)                    //注意内层括号不能少
    {
        m=n;n=r;
    }
    cout<<"最大公约数为 "<<n<<endl;       //退出循环时 n 为最大公约数
    system("pause");
```

```
    return 0;
}
```

程序运行结果如图 1.3.27 所示。

图 1.3.27 例 3.17 程序运行结果

思考：若程序中不对 m 和 n 进行大小的比较与交换，会影响程序结果吗？

3. 枚举法

枚举法亦称穷举法或试凑法，是指利用计算机的高速运算能力，将程序中可能出现的各种情况一一罗列出来，直到所有情况验证完毕。若某种情况符合条件，则得到一个答案；若全部情况验证完毕后均不符合条件，则问题无解。枚举法虽然是一种比较耗时的算法，但利用计算机快速运算的优点可以忽略耗时的缺点。

【例 3.18】 逻辑推理侦破案件。某天晚上，张三在家中遇害，侦查员在侦查过程中发现 A、B、C、D 四人到过现场。审讯四人的供词如下：

A 说："我没有杀人。"

B 说："C 是凶手。"

C 说："杀人者是 D。"

D 说："C 在冤枉好人。"

侦查员经过判断认定，四人中有三人说的是真话，一人说的是假话；同时还判断出四人中有且只有一人是凶手，请问凶手是谁？

下面结合枚举法介绍两种不同的实现方法，以帮助大家拓展解决问题的思路。

方法 1：

① 用 0 表示不是凶手，1 表示是凶手，则每个人的取值范围就是 0 和 1；四人供词形成的关系表达式如表 1.3.2 所示。

◀表 1.3.2 四人的供词和表达式表示

嫌 疑 人	供 词	关系表达式
A	我没有杀人	A==0
B	C 是凶手	C==1
C	杀人者是 D	D==1
D	C 在冤枉好人	D==0

② 侦查员的判断形成的逻辑表达式如表 1.3.3 所示。

▶表 1.3.3 侦查员的判断和逻辑表达式表示

侦查员的判断	逻辑表达式
四人中三人说的是真话	(A==0) +(C==1)+ (D==1)+ (D==0)==3
四人中有且只有一人是凶手	A+B+C+D==1

③ 在每个人的取值范围为 0 和 1 的所有可能中进行搜索，表 1.3.3 的组合条件同时满足时，取值为 1 的人即为凶手。

程序：

```
#include <iostream>
using namespace std;
int main( )
{
    int a,b,c,d;
    for( a=0;a<=1;a++)
        for( b=0;b<=1;b++)
            for( c=0;c<=1;c++)
                for( d=0;d<=1;d++)
                    if(( (a==0)+(c==1)+(d==1)+(d==0))==3 && ((a+b+c+d)==1))
                    {
                          cout << "值是 1 的为凶手：" << endl;
                          cout << a << b << c << d << endl;
                    }
    system("pause");
    return 0;
}
```

程序运行结果如图 1.3.28 所示。

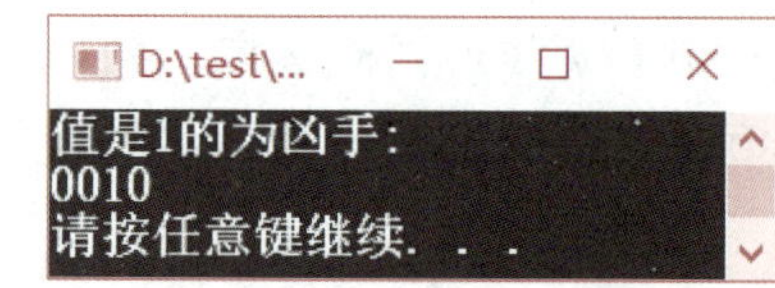

图 1.3.28　例 3.18 程序运行结果 1

方法 2：

① 用 murderer 表示凶手，则其取值范围是'A'~'D'。四人供词形成的关系表达式如表 1.3.4 所示。

▶表 1.3.4 四人的供词和表达式表示

嫌疑人	供　词	关系表达式
A	我没有杀人	murderer!='A'
B	C 是凶手	murderer=='C'
C	杀人者是 D	murderer=='D'
D	C 在冤枉好人	murderer!='D'

② 侦查员的判断形成的逻辑表达式如表 1.3.5 所示。

◀表 1.3.5　侦查员的判断和逻辑表达式表示

侦查员的判断	逻辑表达式
四人中三人说的是真话	(murderer!='A')+(murderer=='C')+(murderer=='D')+(murderer!='D')==3

③ 在 murderer 的取值范围内进行搜索，满足表 1.3.5 所示条件的 murderer 的取值即为真正的凶手。

程序：

```
#include <iostream>
using namespace std;
int main()
{
    char murderer;
    for(murderer='A';murderer<='D';murderer++)
        if((murderer!='A')+(murderer=='C')+(murderer=='D')+ (murderer!='D')==3)
            cout<<"凶手是:"<<murderer<<endl;
    system("pause");
    return 0;
}
```

凶手是: C
请按任意键继续. . .

图 1.3.29　例 3.18 程序运行结果 2

程序运行结果如图 1.3.29 所示。

【例 3.19】 某专业有 A、B、C 三门课程的考试需安排时间。考试时间安排在周一到周六，要求先考 A 课程，再考 B 课程，最后考 C 课程。为减轻学生负担，一天只能安排一门课程的考试；为防止学生过早离校，最后一门课程必须安排在周五或周六，请列出安排考试的所有方案。

分析：解决该问题的关键是，根据要求确定每门课程考试安排的日期范围。据题意判断得知，第一门课程最晚应安排在周四考，第二门课程最晚安排在周五考，用枚举法逐一罗列筛选出符合要求的安排。

程序代码：例 3.19

程序：

```
#include <iostream>
using namespace std;
int main()
{
    int a,b,c;
    cout << "A   B   C" << endl;
    for(a=1;a<=4;a++)
        for(b=a+1;b<=5;b++)            //b 后于 a 考
            for(c=5;c<=6;c++)
                if (b<c)               //排除 b=c 的情况,不能在同一天考
                    cout << a << '\t'<<b <<'\t'<< c << endl;
    system("pause");
```

```
    return 0;
}
```

程序运行结果如图 1.3.30 所示。

从上面两个例子可以看到，枚举法解决问题的关键在于以下三点：

① 确定搜索范围，不遗漏、同时也避免出现问题求解范围之外的情况。

② 确定满足的条件，把所要求的条件用正确的逻辑表达出来。

③ 为提高程序效率，根据解决问题的情况，尽量减少循环嵌套的层数及每层循环的次数。

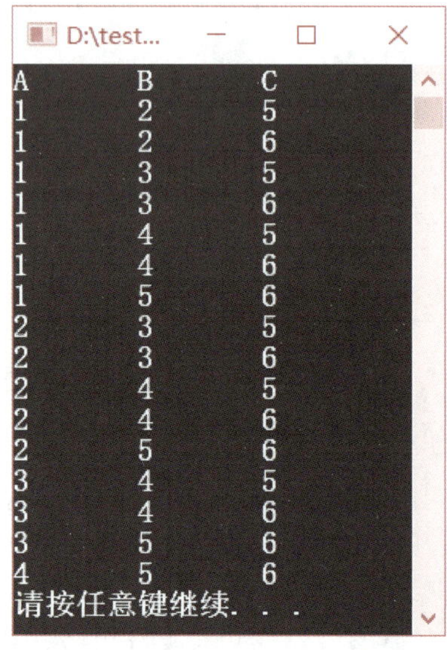

图 1.3.30　例 3.19 程序运行结果

思考：百元买百鸡问题是典型的枚举法求解问题。假定小鸡每只售价 0.5 元，公鸡每只 2 元，母鸡每只 3 元。现在要用 100 元钱买 100 只鸡，请编程列出所有可能的购鸡方案。

分析：设购买母鸡、公鸡、小鸡的只数分别为 x、y、z，根据题目的约束条件，列出方程：

$x+y+z=100$

$3x+2y+0.5z=100$

请分别利用三重循环和双重循环实现程序，并对两种方法的效率进行比较。

4. 迭代法

迭代法是用计算机解决问题的一种基本方法。它利用计算机的高速运算特点，通过重复执行一组指令或步骤来求解问题，在每次执行这组指令或步骤时，都从变量的原值推出它的一个新值。迭代法的基本思想就是，把一个复杂的计算过程转化为简单过程的多次重复，每次重复都是在旧值的基础上递推出新值，并由新值代替旧值。

【例 3.20】 利用牛顿迭代法求方程 $f(x)=3x^3-4x^2-5x+13=0$ 的近似根。

牛顿迭代公式为

$$x_{n+1}=x_n-\frac{f(x_n)}{f'(x_n)}\quad(n=0,1,2,\cdots)$$

$f'(x_n)$ 是 $f(x_n)$ 的导数。

分析：

① 根据题意，求解方程 $f(x)$ 根的问题可以转化为，不断重复利用简单的牛顿迭代公式，根据前一次 x 的值 x_n 求解下一个 x_{n+1} 的过程。

② 在迭代法中，除了明确迭代关系式之外，对迭代过程的控制也是一个关键，如果没有控制，迭代就会无休止进行下去。在牛顿迭代法中，$|x_1-x_0|$ 是否小于某一求解精度 ε 可以作为迭代控制条件。

③ 可以从任意 x_0 出发，利用迭代公式求得 x_1，若 $|x_1-x_0|\leqslant\varepsilon$，则 x_1 为方程的近似根，迭

代结束；否则，先用 x_1 取代 x_0，再由 x_0通过迭代公式求得新的 x_1……经过若干次迭代后，达到精度要求，即求得方程的近似根。迭代示意如图 1.3.31 所示，执行流程如图 1.3.32 所示。

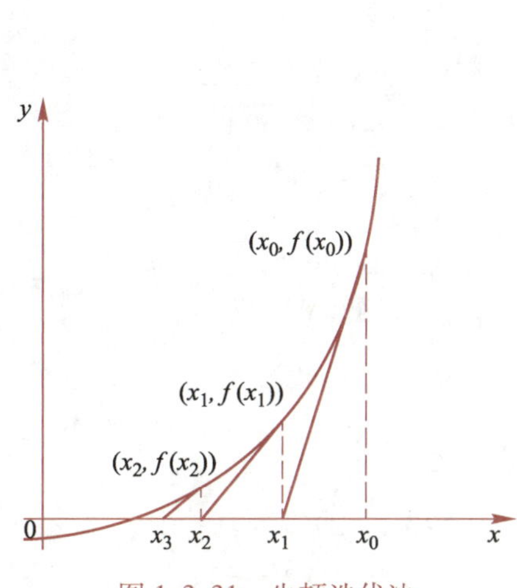

图 1.3.31 牛顿迭代法

x1=初值
x0=x1
根据公式求x1
|x1−x0|>精度
true
false
x1为求得的根

图 1.3.32 牛顿迭代法流程图

程序：

```
#define eps 1.0e-5                          //定义求解精度
#include <iostream>
using namespace std;
int main( )
{
    double x0,x1, f1x,fx;
    x1=1;                                   //假设初值为 1
    do
    {
        x0=x1;                              //新值取代旧值
        fx=3*x0*x0*x0-4*x0*x0-5*x0+13;      //求方程 f(x0)的值
        f1x=9*x0*x0-8*x0-5;                 //求 f(x0)的导数
        x1=x0-fx/f1x;                       //利用迭代公式求新值
    } while (fabs(x1-x0)>eps);              //未达精度时继续迭代
    cout<<"方程的根是 "<<x1<<endl;
    system("pause");
    return 0;
}
```

程序运行结果如图 1.3.33 所示。

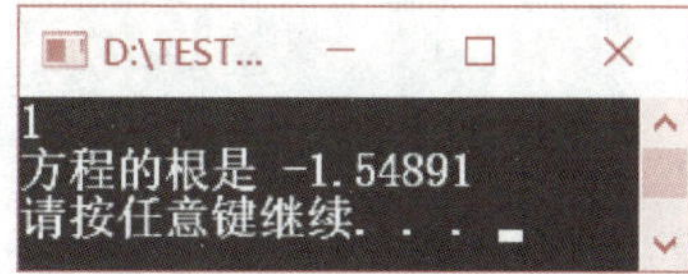

图 1.3.33 例 3.20 程序运行结果

习　题

一、选择题

1．为避免嵌套的 if–else 语句的二义性，C/C++规定 else 总是与________组成配对关系。

A. 缩排位置相同的 if　　B. 在其之前未配对的 if

C. 在其之前未配对的最近的 if　　D. 同一行上的 if

2. 设有函数关系：

$$y=\begin{cases}-1, & x<0\\ 0, & x=0\\ 1, & x>0\end{cases}$$

下面________选项不能正确表示上述关系。

A.
```
if (x<=0)
 if (x<0) y= -1;
     else y=0;
else y=1;
```

B.
```
y=1;
if (x<=0)
  if(x<0) y=-1;
  else y=0;
```

C.
```
y= -1;
if(x>=0)
   if(x==0) y=0;
   else y=1;
```

D.
```
y=-1;
if(x!=0)
  if(x>0) y=1;
  else y=0;
```

3. 若有定义“int a=7;”，则下面程序段对应的输出结果是________。

```
switch(a%5)
{
    case  0 : cout<<a++;
    case  1 : cout<<++a;
    case  2 : cout<<a--;
    case  3 : cout<< --a;
    default:  cout<< "其他值";
}
```

A. 其他值　　B. 5

C. 7　　D. 75 其他值

4. 以下程序段中循环体语句“k++;”执行的次数为________次。

```
for(k=0,m=4; m; m-=2)
    for(n=1;n<4;n++)
        k++;
```

A. 16　　B. 12　　C. 6　　D. 8

5. 执行下面程序段后，变量 k 的值为________。

```
for(k=0,m=1;m<4;m++)
{
    for(n=1;n<5;n++)
        if(m*n%3==0) continue;
    k++;
}
```

A. 1　　B. 3　　C. 6　　D. 12

6. 下面叙述正确的是________。

A. for 循环只能用于循环次数已经确定的情况

B. for 循环同 do-while 循环一样，先执行循环体，再判断循环条件

C. 不论哪种形式的循环语句，都可以从循环体内转到循环体外

D. for 循环体内不可以出现 while 语句

7. 下面语句中不是死循环的是________。

A.
```
int i=100;
while (1)
{
    i=i%100+1;
    if(i==20) break;
}
```

B.
```
int i,sum(0);
for(i=1;;i++) sum++;
```

C.
```
int k=0;
do {
        ++k;
} while (k>=0);
```

D.
```
int s=3379;
while (s++%2+3%2) s++;
```

8. 若输入字符串"ABC"，下面程序段的输出为________。

```
char c;
while (cin>>c,c!='\n')
    cout<<c+2;
```

A. 222　　B. CDE　　C. 676869　　D. 333

9. 以下程序段的输出结果是________。

```
for(i=4;i<=10;i++)
{
    if (i%3==0) continue;
    cout<<i;
}
```

A. 45　　B. 457810　　C. 69　　D. 678910

二、阅读程序，写出程序功能或运行结果

1. 试说明下面程序段的功能。

```
while(1)
{
    cin>>m>>n;
    if(m>0 && n>0) break;
}
```

2. 若有变量定义“int count=0, m=1;”，试写出执行以下程序段后 count 的值。

```
do
{
    if(m%5) continue;
    count++;
}while(++m<=100);
```

3. 写出以下程序的运行结果。

```
#include <iostream>
using namespace std;
int  main()
{
    int  m, n(4), k;
    long int t,s=0;
    for (m=1; m<=n; m++)
    {
        for(t=1,k=1; k<=m; k++)
            t *=m;
        s+=t;
    }
    cout<<"s="<<s;
    system("pause");
    return 0;
}
```

4. 若输入"AB20dfz5."，写出下面程序的输出结果。

```
#include <iostream>
using namespace std;
int main()
{
    char  c;
    while(cin>>c,c!='.')
    {
        if (c>='a'&&c<'z') c+=1;
```

```
            if(c=='z') c='a';
            cout<<c;
        }
        system("pause");
        return 0;
    }
```

5. 写出以下程序的运行结果。

```
#include <iostream>
#include <iomanip>
using namespace std;
int main()
{
    int i,j;
    for (i=4;i>=1;i--)
    {
        cout<<setw(i+5)<<'';
        for(j=1;j<=4-i;j++)
            cout<<' * '<<' ';
        cout<<endl;
    }
    system("pause");
    return 0;
}
```

三、程序填空

1. 下面的程序用来检查“输入的算术表达式中的括号是否配对”，并显示相应的结果。本程序边输入，边检查，以输入'?'作为表达式输入的结束符。

```
#include <iostream>
using namespace std;
int  main()
{
    int count(0);
    char c;
    cout<<"请输入表达式,以输入?表示结束"<<endl;
    while(cin>>c,c!='?')
    {
      if(c=='(')
        count++;
      else if(________)
        count--;
```

```
    }
    if (________)
        cout<<"左右括号配对"<<endl;
    else if (________)
        cout<<"左括号多于右括号 "<<count<<" 个"<<endl;
    else
        cout<<"右括号多于左括号 "<<________<<" 个"<<endl;
    system("pause");
    return 0;
}
```

2. 用辗转相减法求两个正整数 *m* 和 *n* 的最大公约数。

提示：求两个数的差，判别差是否为 0。若差不为 0，用小的数和差组成新的数对再求差，直到差为 0 时为止。最后那一组相同的数即为最大公约数。

```
#include <iostream>
using namespace std;
int main()
{
    int  m, n;________;
    while(m-n!=0)
        if(m>n) ________;
        else  ________;
    cout<<"gcd(m,n)="<<m<<endl;
    system("pause");
    return 0;
}
```

3. 求 100 的阶乘的末尾包含多少个 0? 程序通过找出 1~100 的所有整数中包含 5 这个因子的个数来求解。如 100=5×5×4，则 100 中含 5 的因子个数为 2，在求阶乘过程中会在末尾产生 2 个 0。

```
#include <iostream>
using namespace std;
int  main()
{
    int  m, n, k=0;
    for (m=5;m<=100;)
    {
        ________;
        while(n%5==0)
        {
            k++;
```

```
            ________;
        }
        ________;
    }
    cout<<"100! 包含"<<k<<"个 0 ";
    system("pause");
    return 0;
}
```

四、编程题

1. 编写程序，实现下列分段函数的求值：

$$y=\begin{cases}|x| & (x<5)\\ 3x^2-2x+1 & (5\leqslant x<20)\\ x/5 & (x\geqslant 20)\end{cases}$$

2. 某医药公司在销售某药品时采用阶梯药价进行促销。若药品购买数量不足 20 盒，则每盒单价 30 元；若购买数量满 20 盒不足 40 盒，则每盒单价按 9 折计算；若购买数量满 40 盒不足 60 盒，则每盒单价按 85 折计算；若购买数量满 60 盒不足 100 盒，则每盒单价按 8 折计算；若购买数量超过 100 盒，则每盒单价按 75 折计算。输入购买药品的数量，输出支付的费用。要求用 switch 语句实现。

3. 编写程序，统计有多少个三位整数满足条件：各个数位的数字之和等于 5 。

4. 鸡兔同笼，共有 30 个头，90 只脚，求笼中鸡兔各有多少只？

5. 利用格里高利公式求 π 的近似值，公式为

$$\pi/4\approx 1-1/3+1/5-1/7+\cdots$$

要求某一项的值小于 10^{-4} 停止计算。

6. 编写程序，求出方程 $x^2+2x=y^3$（其中 $1\leqslant x\leqslant 100$，$1\leqslant y\leqslant 100$）的所有整数解。

7. 输入一个英文句子(以句号结束)，要求将句中单词分行打印显示，试编写这个程序。

8. 一个整数加上 100 后是一个完全平方数，再加上 168 后又是一个完全平方数，编写程序求 1 000 以内满足条件的数。

（提示：所谓完全平方数，是指这个数是某个整数的平方）

第 4 章 数组

电子教案

数组是一组类型相同的数据按照一定规则组成的集合，它是一种基础的且非常重要的数据结构，具有简单、直观、方便批量处理等特点。在实际应用中，数组的使用非常广泛，例如，用整型或实型数组可以存储并处理一组学生的成绩数据；用字符型数组可以存储并处理一段文本数据；用二维数组可以存储矩阵，进行矩阵运算；用二维数组还可以存储图像像素，从而对图片或视频进行处理；等等。

在计算机中，当需要处理大量同类型的数据时，数组和循环语句配合使用，可对数据进行批量处理，从而有效提高程序的编码效率。

4.1 一维数组

4.1.1 引例——求学生的平均成绩

前几章的程序中使用的 char、int、float 和 double 类型的数据，都是基本类型的变量，它们都是通过一个命名的变量来存取一个数据。然而，在实际应用中经常需要处理同一性质的成批数据，对于这样的需求，该如何高效地处理呢？下面通过一个引例讨论这个问题。

【例 4.1】 求一个班 100 个学生的平均成绩，并统计高于平均分的学生人数。

用简单变量求平均成绩，程序部分代码如下：

```
aver = 0;
for (i = 1; i<=100; i++)
{
        cout<<"输入第" <<i << "位学生的成绩";
        cin>> mark;
        aver += mark;
}
aver = aver / 100;
```

现在针对例 4.1 的问题，若要统计高于平均分的学生数，程序该如何修改呢？上面程序段中的变量 mark 是简单变量，只能存放一个学生的成绩。在循环体内每次循环输入一个新学生的成绩时，就把前一个学生的成绩覆盖了。若要统计高于平均分的学生数，必须再重复输入这 100 个学生的成绩。这样带来以下两个问题：

① 输入数据的工作量成倍增加。

② 若不小心输入有误，使得本次输入的成绩与上次不同，则统计结果不正确。

为此，引入数组来解决此问题，数组变量 mark 声明为

```
int mark[100];
```

用数组求平均分及高于平均分的学生数的程序如下：

程序代码：例 4.1

```
#include <iostream>
using namespace std;
int main()
{
    int mark[100],i,overn(0);          //mark[100]定义了有 100 个元素的数组
    double aver(0);
    for (i = 0; i<100;i++)
    {
        mark[i]=rand()% 101;           //随机产生 0~100 的数据代替输入成绩
        aver += mark[i];
    }
```

```
    aver = aver / 100;
    for(i = 0;i<100;i++)                    //本循环语句统计高于平均分的学生数
        if (mark[i] >= aver)
            overn++;
    cout<<"平均分为:"<<aver<<"高于平均分的人数有:"<< overn<<endl;
    system("pause");
    return 0;
}
```

程序运行结果如图 1.4.1 所示。可见，通过数组存储数据避免了使用简单变量重复输入的问题，同时，数组配合循环语句来批量处理数据有效提高了编码效率。

说明：

① 为方便调试程序，通常对一组数据的输入可通过随机函数 rand( )来模拟实现，该函数随机产生 0～32 767 的整数。本例产生 0～100 的成绩，可使用语句

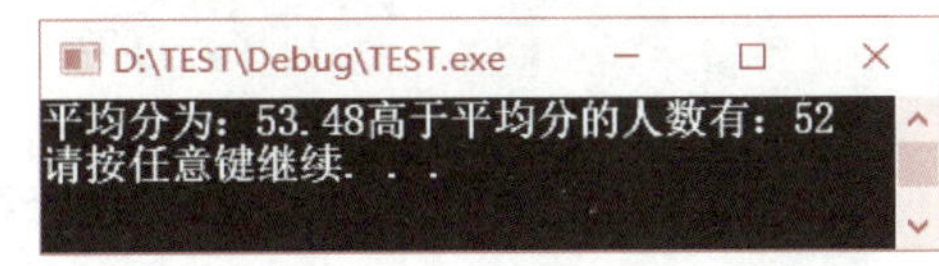

图 1.4.1　例 4.1 程序运行结果

```
mark[i]=rand()% 101;
```

② rand( )产生的只是一个伪随机数，即多次运行会产生完全相同的一组数据。要每次产生不同的随机数，需要在每次产生随机序列前先指定不同的随机数种子，然后再调用 rand( )函数。产生随机数种子需调用系统函数 srand( )，例如：

```
srand((unsigned)time(NULL));        //生成种子
```

这里以 time（即当前时间）函数的值作为种子，种子不同，再去调用 rand( )函数就会产生不同的序列。使用系统函数 time( )，需要配合文件包含命令：#include <time.h>。

4.1.2　一维数组的定义和初始化

1. 一维数组的定义

形式：

数据类型 数组名[整型常量表达式]；

说明：

① 数组是一种复杂的数据类型，由多个被称为元素的分量构成，这些元素共用一个数组名，通过不同的下标相互区分。

② 数组元素依次存放在一段连续的内存区域中，而这段内存的首地址被存放于数组名中，由于这段内存是由系统分配的，不能更改，故数组名代表了一个地址常量。

③“整型常量表达式”指出了数组的大小，即数组所包含的元素个数，注意此处不可以出现变量。

④ 在 C/C++中，数组的起始下标为 0，最大下标是所含元素个数减 1。

例如，例 4.1 中定义的数组

```
int mark[100];
```

数组 mark 是包含 100 个元素的整型数组，下标范围为 0～99；mark 数组的各元素分别用

mark[0]，mark[1]，mark[2]，…，mark[99]表示。

mark 数组的内存分配如图 1.4.2 所示。假设数组被分配在 1 000 开始的内存区域，则数组名 mark 中存放了该数组的首地址，即 1 000，这也是元素 mark[0]的存放地址。每个 int 类型的数据在内存占 4 字节，故 mark[1]的地址为 1 004，mark[i]的地址为 1 000+i×4。有关地址的概念将在第 5 章详细介绍。

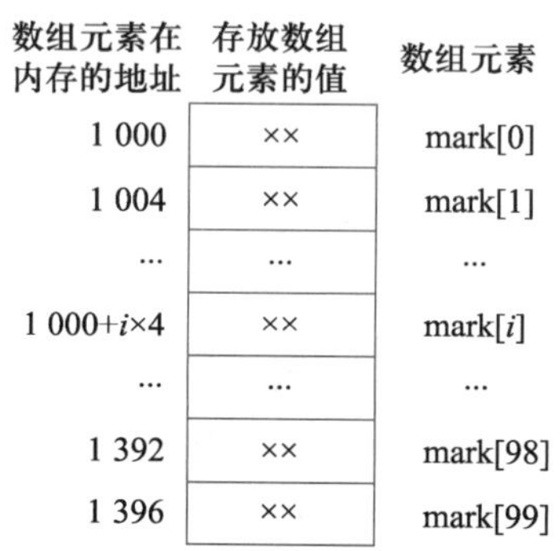

图 1.4.2 mark 数组内存分配示意图

又如，以下数组的定义都是合法的：

```
const int s=10;
int a[s];                    //s 是符号常量
float f[5];                  //具有 5 个元素的单精度类型数组
```

但如下数组的定义则存在错误：

```
int s=10;
int a[s];              //C/C++中不允许用变量定义数组的大小
float b[3.4]           //不允许数组长度为实数
```

2. 一维数组的初始化

在定义数组的同时为数组元素赋初值，称为数组的初始化。

形式：

数据类型 数组名[整型常量表达式]={常数 1,常数 2,…,常数 n}；

说明：

① 初始化数组时需将元素组织在一对花括号中，元素间用逗号分隔。例如：

```
int a[6]={1,3,5,7,9,11};      //a[0]~a[5]元素依次为{ }内对应的值
```

② 如果初始化时给出了所有元素的初值，则数组的长度可省略。例如：

```
int a[ ]={1,3,5,7,9,11};      //未指明数组长度,由数据个数决定为 6
```

③ 如果初始化时只给出了部分元素的初值，则未给出初值的元素默认是 0（对数值型数组而言）。

```
int b[12]={1,2};      //b[0]、b[1]元素的初值为 1 和 2，其余元素系统自动赋 0 值
```

以下对数组的操作都存在错误：

① int a[10]; a={1,3,5,7,9};

错误原因：不允许用赋值语句对数组名赋值，因为数组名是地址常量，不能被修改。

② int a[10]；a[10]={1,3,5,7,9}；

错误原因：赋值语句中的a[10]表示下标为10的元素，该数组的下标范围为0~9，数组下标越界；同时给一个元素赋值也不允许出现由花括号括起的常数表。

③ int c[3]={1,2,3,4}；

错误原因：花括号内的常量个数超过数组定义的长度。

3. 数组元素的引用

一般而言，对数值型数组（包括int、float、double类型的数组）的操作中，除了做函数参数时可以通过数组名对数组进行整体引用外，其他情况下必须以元素的形式对数组进行操作。

数组元素的引用形式如下：

数组名[下标]

说明：

① 下标为整型常量或整型表达式，表示对应元素在数组中的顺序。下标以0为起始计数，最大值为数组个数减1。

② 元素可以像其他基本数据类型的数据一样参与相应的操作。

例如，已知有如下的定义：

```
int  a[10]={1,2,3,4,5,6,7,8,9,10};
```

则以下操作是正确的：

```
cout<<a[a[3]];
```

这里，元素a[3]的值是4，未超出数组的合法下标范围，故a[3]这个元素也可以像一般的int类型数据一样再去作为元素的下标，所以访问a[a[3]]就相当于访问a[4]。

当对数组元素进行操作时，经常遇到下标越界的问题，即下标的值超过数组有效下标的范围。C/C++中，当数组下标越界时，编译器并不指出错误，程序还可以运行，但结果往往不正确，这会给调试程序带来很大的困惑。所以提醒初学者，使用数组时一定要注意不要使用越界的下标。

【例4.2】 理解如下程序的运行结果。

```
#include <iostream>
using namespace std;
int main()
{
    int  a[10]={10,20,30,40,50,60,70,80,90,100};
    cout<<"a[0]="<<a[0]<<" a[9]="<<a[9]<<endl;            //显示a[0]和a[9]的值
    cout<<"a[-1]="<<a[-1]<<" a[10]="<<a[10]<<endl;        //显示a[-1]和a[10]的值
    system("pause");
  return 0;
}
```

程序运行结果如图 1.4.3 所示。数组 a 在内存中的存储示意如图 1.4.4 所示。数组下标合法范围为 0~9，而程序中引用了非法元素 a[-1]和 a[10]，从程序运行结果看，它们的值是非数组存储区域中的无意义的值。

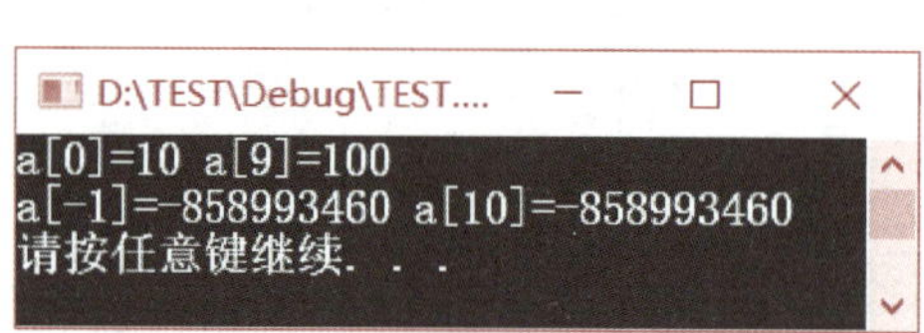

图 1.4.3　例 4.2 程序运行结果

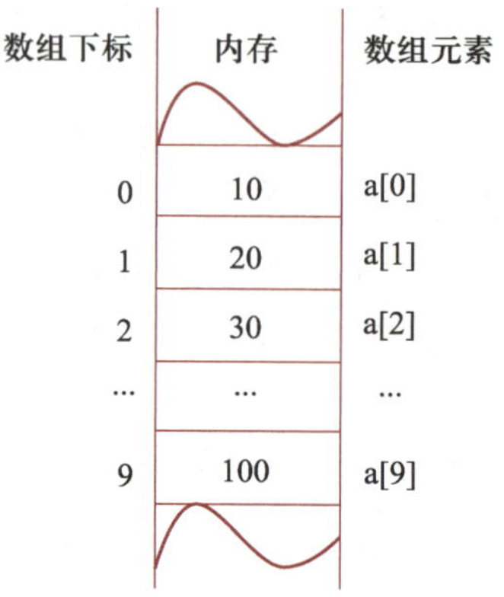

图 1.4.4　数组 a 的存储示意图

4.1.3　一维数组的常见操作

用循环控制变量控制数组下标的变化，从而实现对数组元素的批量处理，这体现了计算机处理大量数据的便利。下面对数组的输入、输出、求最值等常见操作进行介绍。

1. 数组的输入

使数组元素获得数据的方法除了初始化之外，还可以通过以下 3 种方式实现。

假设有定义“int a[N],j;”，其中，N 是已定义过的符号常量。

(1) 键盘输入

实现输入的语句如下：

```
for(j=0;j<N;j++)
    cin>>a[j];
```

这种方法要求每次运行程序都要从键盘输入数据，每按一次 Enter 键就会将输入的数据送给对应的数组元素。此方法效率比较低，适合少量数据的场合。

(2) 自动产生有规律的数据或随机数

如下程序段生成 N 个数的斐波那契数列：

```
a[0]=1; a[1]=1;
for(j=2;j<N;j++)
    a[j]=a[j-2]+a[j-1];
```

如下程序段生成 100 以内的随机数：

```
for(j=2;j<N;j++)
    a[j]=rand()%100;
```

这种方法自动产生数据，比较方便，适合有规律的数据或程序调试时需要大量数据的情况。

(3) 通过数据文件读入一批数据

这种方法在应用软件开发中经常使用，将在第 8 章中介绍。

2. 数组的输出

假设有定义“int a[N],j;”，其中，N 是已定义过的符号常量。

```
for(j=0;j<N;j++)
    cout<<a[j];
```

这段程序输出的各元素之间没有分隔符，所有数据都连在一起。在实际应用的输出中，往往通过换行符、制表符、空格符等分隔输出的数据；有特殊需求时还要考虑使用其他的格式控制符。

3. 求数组的最值（最大或最小值）

【例 4.3】 求一个一维数组中的最小元素，并将最小元素与第一个元素交换。

分析：

① 在数组中求最小元素的方法类似于摆擂台：取第一个数为最小元素（擂主）的初值。然后将数组中每一个元素与最小元素比较，若某元素小于最小元素，则将最小元素替换为该元素。

② 若要实现最小元素与第一个元素的交换，则需要在求最小元素的同时记录最小元素的下标，最后再交换两个元素，如图 1.4.5 所示。其中 min 表示最小元素，imin 表示最小元素的数组下标。

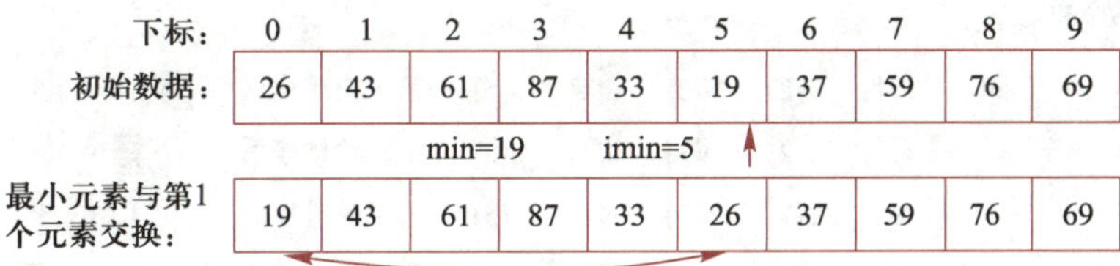

图 1.4.5 求数组中的最小元素，并将其与首元素交换

部分代码如下：

```
max=a[0];                 //min 为存放最小元素的变量，先假设首元素最小
imin=0;                   //imin 代表最小元素的数组下标
for(j=1; j<N; j++)        //其余每一个元素与最小元素比较
    if(a[j]<min)
    {
        min=a[j];         //最小元素被替换
        imin=j;           //记录最小元素的下标
    }
t = a[0];                 //交换最小元素与首元素
a[0] = min;
a[imin] = t;
```

4.1.4　数组排序

排序是指将无序的数据元素按由小到大或由大到小的顺序重新排列，形成有序序列的过程。排序算法很多，如选择法、冒泡法、插入法、归并法、快速排序法等，这里仅介绍选择法和冒泡法排序。

1. 选择法排序

选择法排序是一种简单的排序算法。对 N 个数的序列，按递增次序排序的算法思想如下：

微视频：选择法排序

① 从待排序的 N 个数中找到最小元素的下标，将最小元素与排序区间的首元素交换位置；通过此轮排序，首元素的位置已确定好。

② 在余下的 $N-1$ 个元素中再按步骤①的方法找出其中最小元素的下标，并将最小元素与这 $N-1$ 个元素中的首元素交换位置。

③ 依此类推，待排序区间的元素个数再减少一个，然后重复步骤②，直到整个序列递增有序为止。

【例 4.4】 对存放在数组中的 6 个整数，用选择法按递增顺序排序。

分析：

① 按选择法排序的过程可通过图 1.4.6 直观地示意出来。图右边有边框线和有底纹的数据分别代表某轮排序中交换的两个数据。

每一轮参加排序的个数													
							原始数据	8	6	9	3	2	7
6	a[0]	a[1]	a[2]	a[3]	a[4]	a[5]	第一轮排序后	2	6	9	3	8	7
5		a[1]	a[2]	a[3]	a[4]	a[5]	第二轮排序后	2	3	9	6	8	7
4			a[2]	a[3]	a[4]	a[5]	第三轮排序后	2	3	6	9	8	7
3				a[3]	a[4]	a[5]	第四轮排序后	2	3	6	7	8	9
2					a[4]	a[5]	第五轮排序后	2	3	6	7	8	9

图 1.4.6　选择法排序过程示意图

② 某一轮排序中交换最小元素与区间首元素的方法可参照例 4.3。

程序：

程序代码：例 4.4

```
#define N 6
#include <iostream>
using namespace std;
int main( )
{
    int i, j, t, imin, a[N] = {8,6,9,3,2,7};
    cout<<"排序前:";
    for(i=0;i<N;i++)
        cout<<a[i]<<" ";            //显示排序前的数
```

```
    for (i=0; i<N-1; i++)                  //有 N 个数，需进行 N-1 轮排序
    {
        imin = i;                          //对第 i 轮排序，假定区间首元素（即第 i 个元素）最小
        for (j=i+1;j<N;j++)                //在待排序区间中找最小元素的下标
            if(a[j] < a[imin])
                imin = j;
        t = a[i];
        a[i] = a[imin];
        a[imin] = t;
    }
    cout<<"\n排序后:";
    for(i=0;i<N;i++)
        cout<<a[i]<<" ";
    cout<<endl;
    system("pause");
    return 0;
}
```

程序运行结果如图 1.4.7 所示。

图 1.4.7　例 4.4 程序运行结果

2. 冒泡法排序

冒泡法排序也是一种简单的排序算法，其基本思想是基于“前后相邻的两个元素依次比较，不满足排序规则就交换”的思路，一轮下来最后一个元素或第一个元素（取决于比较的方向）的位置就确定好了，然后对余下尚未排序的元素重复相同的做法，直到所有元素都有序。例如，冒泡法实现递增排序的一轮排序过程为：从左向右，相邻的两个元素依次比较，若前面的元素大于后面紧邻的元素，则交换这两个元素。

微视频：
冒泡法排序

【例 4.5】　对包含 N 个整数的数组 a，用冒泡法对其进行递增排序。

分析：

① 按冒泡法排序的思想首先进行第一轮排序：即通过 $a[0]$ 与 $a[1]$、$a[1]$ 与 $a[2]$……$a[N-2]$ 与 $a[N-1]$ 共 $N-1$ 次两两比较，如果前面的元素比后面的元素大，就交换这两个相邻的元素，最终的结果是将最大元素存放在 $a[N-1]$ 中。

② 对尚未排序的 $a[0]$ ~ $a[N-2]$ 的 $N-1$ 个元素重复①的操作，将次大元素存放在 $a[N-2]$ 中。

③ 依此类推，直到所有元素都递增有序为止。

以 6 个元素为例的冒泡排序过程如图 1.4.8 所示。

每一轮参加排序的个数							原始数据	8 6 9 3 2 7
6	a[0]	a[1]	a[2]	a[3]	a[4]	a[5]	第一轮排序	6 8 3 2 7 9
5	a[0]	a[1]	a[2]	a[3]	a[4]		第二轮排序	6 3 2 7 8 9
4	a[0]	a[1]	a[2]	a[3]			第三轮排序	3 2 6 7 8 9
3	a[0]	a[1]	a[2]				第四轮排序	2 3 6 7 8 9
2	a[0]	a[1]					第五轮排序	2 3 6 7 8 9

图 1.4.8　冒泡法排序过程示意图

程序：

程序代码：例 4.5

```
#define N 6
#include <iostream>
using namespace std;
int main( )
{
    int i, j, t, a[N]={8,6,9,3,2,7};
    cout<<"排序前:";
    for(i=0;i<N;i++)
        cout<<a[i]<<"  ";
    for(i=0;i<N-1;i++)              //N 个数需进行 N-1 轮排序
    {
        for (j=0;j<N-1-i;j++)       //相邻元素两两比较，不满足排序规则便交换
            if(a[j]>a[j+1])
            {
                t=a[j];
                a[j]=a[j+1];
                a[j+1]=t;
            }
        cout<<"\n 第"<<i+1<<"轮排序后:";
        for(j=0;j<N;j++)            //显示某轮排序后的结果
            cout<<a[j]<<"  ";
    }
    cout<<endl;
    system("pause");
    return 0;
}
```

程序运行结果如图 1.4.9（a）所示。

思考：含有 N 个元素的数组，用冒泡法排序时一定需要 $N-1$ 轮排序吗？答案是否定的。事实上，某轮排序过程中，若已没有数组元素发生交换了，就说明数组已经有序，至此便不必再继续后续的排序了。为此，可以增加一个逻辑变量来判断数组是否已有序。

排序过程可优化如下：

```
for (i=0; i<N-1; i++)
{
    tag=1;                          //设置逻辑变量 tag 的初值
    for (j=0;j<N-1-i; j++)
        if(a[j] > a[j+1])           //进行两个相邻元素的比较
        {
            t = a[j]; a[j]=a[j+1];a[j+1]=t;
            tag=0;                  //若有元素交换，修改 tag 的值
        }
    if (tag) break;                 //若某轮没有元素交换，数组已有序，提前结束排序
    cout<<"\n 第 "<<i+1<<"轮排序   ";
    for(j=0;j<N;j++)
        cout<<a[j]<<" ";
}
```

优化后的运行结果如图 1.4.9（b）所示。可见，排序由 5 轮减少为 4 轮，效率提高了。

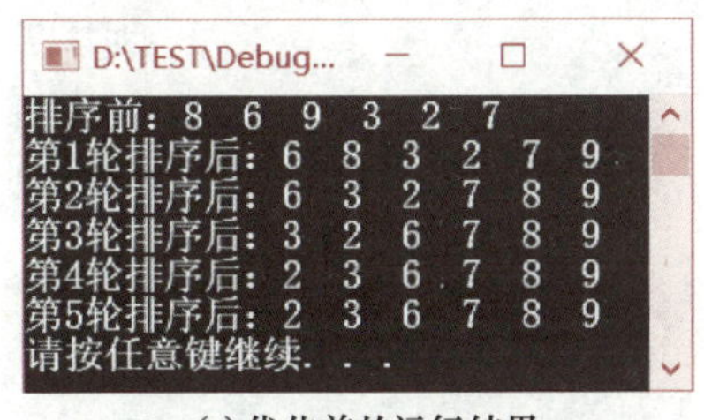

(a) 优化前的运行结果

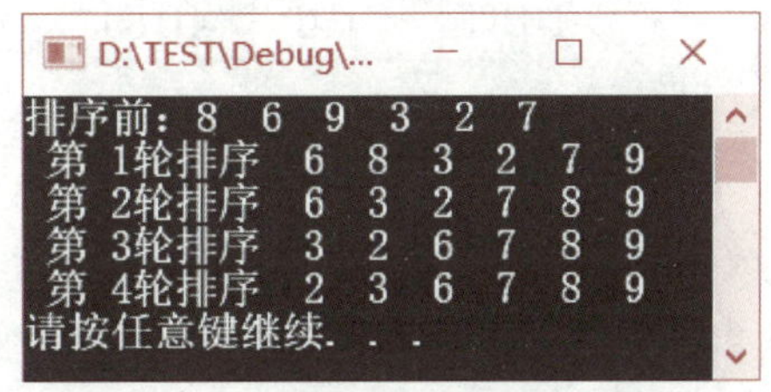

(b) 优化后的运行结果

图 1.4.9　例 4.5 程序运行结果

4.2　二维数组

一维数组是用一个下标确定各元素在数组中的顺序，相当于一个线性表，而二维数组相当于一个矩阵，需要用行、列两个下标来描述。同样，多维数组需要用多个下标共同来描述。例如，用三维数组描述一本书的内容，则可以分别用页号、行号、列号来代表书中字符的下标。

本节将介绍二维数组，多维数组可以类比二维数组自行理解。实际应用中，最常用的是一维数组和二维数组。

4.2.1　二维数组的定义和初始化

1. 二维数组的定义

形式：

数据类型　数组名[常量表达式 1][常量表达式 2]；

说明：

① 常量表达式 1 代表二维数组的行数，常量表达式 2 代表二维数组的列数。

② 同一维数组的规定一样，二维数组的行、列下标都从 0 开始，最大下标均比行、列数小 1。例如：

```
float a[2][3];
```

定义了一个 float 类型的数组 a，该数组在逻辑上具有 2 行 3 列，如图 1.4.10（a）所示。

虽然二维数组在逻辑上组织为行、列形式，但在物理存储中，仍是以线性形式存储在一段连续的内存空间上，而且是"按行存放的"，即第一行的元素存放完毕，再存放第二行元素，如图 1.4.10（b）所示。每个元素在内存中的排列序号可以通过以下公式计算：

序号 = 当前行号×每行列数+当前列号

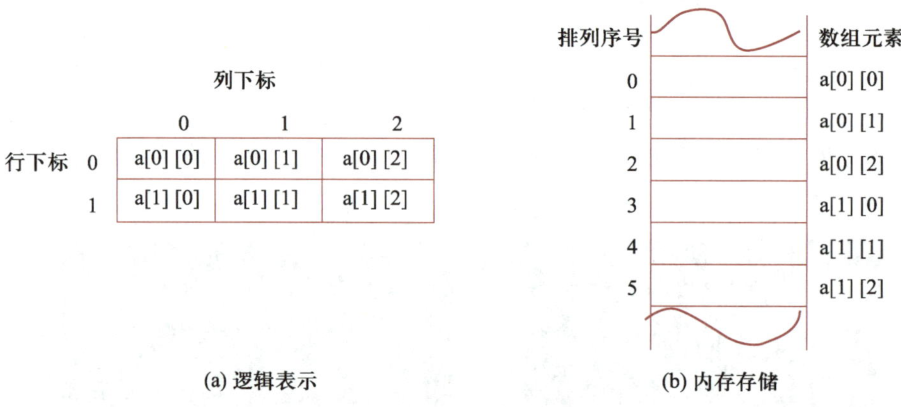

(a) 逻辑表示　　(b) 内存存储

图 1.4.10　二维数组的逻辑表示与内存存储

这里序号是从 0 开始计数的。例如，a[1][2]元素对应的序号为 1×3+2=5，序号为 5 代表的是数组中的第 6 个元素。

2. 二维数组的初始化

（1）按在内存中的排列顺序对所有元素赋初值

例如：

```
int  a[2][3]={10,20,30,40,50,60};
```

此时也可以省略第一维的长度说明，即

```
int  a[][3]={10,20,30,40,50,60};
```

数组中各元素的值如图 1.4.11 所示。若元素较多时，这种初始化方法易遗漏数据，可以采用按行初始化的方法。

$$a=\begin{pmatrix}10 & 20 & 30\\ 40 & 50 & 60\end{pmatrix}$$

图 1.4.11　数组 a 的各元素值

（2）按行给所有元素赋初值，每一行的数据组织在一对花括号内

例如：

```
int  a[2][3]={{10,20,30},{40,50,60}};
```

这种初始化方法使得元素和值的对应关系更清晰，一目了然。

（3）按行给部分元素赋初值，未被赋值的元素初值自动置为 0

例如：

```
int  b[3][4]={{1,2},{0,3,4},{0,0,5}}
```

数组 b 中各元素的值如图 1.4.12 所示。

（4）按行赋初值也可以省略第一维的长度，此时行数自动按内层花括号的个数取值

例如：

```
int c[ ][3]={{1},{ },{2}};
```

数组 c 中各元素的值如图 1.4.13 所示。

$$b=\begin{pmatrix}1&2&0&0\\0&3&4&0\\0&0&5&0\end{pmatrix}$$

图 1.4.12　数组 b 的各元素值

$$c=\begin{pmatrix}1&0&0\\0&0&0\\2&0&0\end{pmatrix}$$

图 1.4.13　数组 c 的各元素值

4.2.2　二维数组的基本操作

1. 输入输出

在二维数组中，为了直观地输入或显示数组的逻辑形式，可通过循环有效地控制输入和输出。

【例 4.6】 输入两个矩阵 ***A***、***B***，求它们的和，并以矩阵形式显示结果。

$$\boldsymbol{A}=\begin{vmatrix}3&5&7\\12&13&6\end{vmatrix}\quad \boldsymbol{B}=\begin{vmatrix}4&8&10\\6&13&16\end{vmatrix}$$

分析：

① ***A***、***B*** 矩阵相加，其实质是将两矩阵行、列对应元素两两相加，两个矩阵能相加的条件是有相同的行、列数。

② 以矩阵形式输出结果时，要注意每行内容输出完毕后要输出一个换行控制符。

程序：

程序代码：例 4.6

```
#include <iostream>
using namespace std;
int main( )
{
    int a[2][3],b[2][3],c[2][3],i,j;
    cout<<"输入 A 矩阵"<<endl;
    for (i = 0; i<2;i++)
        for(j=0; j<3; j++)
            cin>>a[i][j];
    cout<<"输入 B 矩阵"<<endl;
    for (i = 0; i<2; i++)
        for(j = 0; j<3; j++)
            cin>>b[i][j];
```

```
    for (i = 0; i<2; i++)               //求两个矩阵的和，需对应位置的两个元素相加
        for(j =0; j<3; j++)
            c[i][j]=a[i][j]+b[i][j];
    cout<<"C=A+B 的结果为:"<<endl;
    for (i = 0; i<2; i++)
    {
        for(j=0; j<3; j++)
            cout<<c[i][j]<<" ";
        cout<<endl;                     //内循环结束后输出换行符
    }
    system("pause");
    return 0;
}
```

程序运行结果如图 1.4.14 所示。

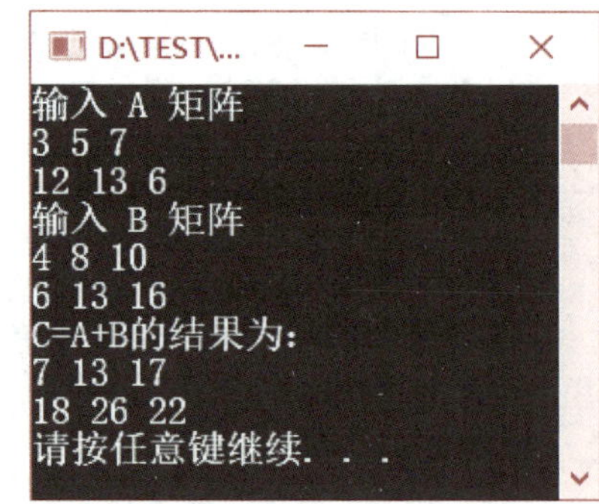

图 1.4.14　例 4.6 程序运行结果

2. 求二维数组中的最大（或最小）元素及下标

分析：与一维数组求最大值的方法相同，不同的是：二维数组有两个下标标识数组元素，因此要用两重循环来求得。先假定第一个元素为最大值，同时记录其行、列下标。然后利用双重循环将每个元素逐一与最大值比较，若某元素比最大值大，则最大值被该元素取代，同时也替换最大值所对应的行、列下标。求最小值的方法与此相同。

【例 4.7】 对一个 3×3 的方阵，求其最大元素及该元素所对应的下标。要求数组元素的值通过初始化方法给出。

程序：

```
#include <iostream>
using namespace std;
int main()
{
    int a[][3]={{34,56,43},{99,456,23},{11,76,234}},i,j;
    int max,imax,jmax;
    max=a[0][0];
    imax=0;
    jmax=0;
    for (i = 0; i<3; i++)
        for(j=0; j<3; j++)
            if(a[i][j]>max)
            {max=a[i][j]; imax=i; jmax=j;}
    cout<<"最大值为 "<<max<<" 最大值行下标 "<<imax;
    cout<<"最大值列下标 "<<jmax<<endl;
```

```
    system("pause");
    return 0;
}
```

程序运行结果如图 1.4.15 所示。

最大值为 456
最大值行下标 1
最大值列下标 1
请按任意键继续. . .

图 1.4.15 例 4.7 程序运行结果

3. 矩阵相乘

【例 4.8】 求两个矩阵 $\boldsymbol{A}_{MN}$ 和 $\boldsymbol{B}_{NP}$ 的乘积。

分析：$\boldsymbol{A}_{MN}$ 和 $\boldsymbol{B}_{NP}$ 的乘积 $\boldsymbol{C}$ 是一个 $M\times P$ 阶的矩阵，它的第 i 行第 j 列元素可以通过下面的公式求得：

$$c_{ij} = \sum_{k=0}^{N-1} a_{ik} b_{kj}$$

例如，有如下两个矩阵 $\boldsymbol{A}$、$\boldsymbol{B}$：

$$\boldsymbol{A}=\begin{vmatrix}3 & 5 & 7\\ 4 & 6 & 8\end{vmatrix} \quad \boldsymbol{B}=\begin{vmatrix}1 & 4 & 7 & 10\\ 2 & 5 & 8 & 11\\ 3 & 6 & 9 & 12\end{vmatrix}$$

则

$$\boldsymbol{C}=\begin{vmatrix}34 & \times & \times & \times\\ \times & \times & \times & \times\end{vmatrix}$$

$\boldsymbol{C}_{00}$ 元素可通过下面公式计算求得：

$$c_{00}=a_{00}\times b_{00}+a_{01}\times b_{10}+a_{02}\times b_{20}=34$$

对应的代码如下：

```
s=0;
for(k=0; k<3; k++)
    s=s+a[0][k] * b[k][0];
c[0][0]=s;
```

这段代码只求得了 $\boldsymbol{C}$ 矩阵的第一个元素。要求得 $\boldsymbol{C}$ 矩阵的所有元素，还需要将这段形式的代码嵌套到一个双重循环中，故整个程序的完整实现需要用到三重循环。

程序：

程序代码：例 4.8

```
#include <iostream>
using namespace std;
#define   M   2                    //A 矩阵的行数
#define   N   3                    //A 矩阵的列数、B 矩阵的行数
#define   P   4                    //B 矩阵的列数
int main()
{
    int a[M][N]={{3,5,7},{4,6,8}},b[N][P]={{1,4,7,10},{2,5,8,11},{3,6,9,12}};
    int c[M][P],i, j, k, s;
    for(i=0; i<M; i++)          //结果矩阵的行数
        for(j=0; j<P; j++)      //结果矩阵的列数
```

```
        {
            s=0;
            for(k=0; k<N; k++)
                s+=a[i][k] * b[k][j];
            c[i][j] = s;
        }
    for(i=0;i<M;i++) //输出相乘后的结果 C 矩阵
    {
        for(j=0;j<P;j++)
            cout<<c[i][j]<<" ";
        cout<<endl;
    }
    system("pause");
    return 0;
}
```

程序运行结果如图 1.4.16 所示。

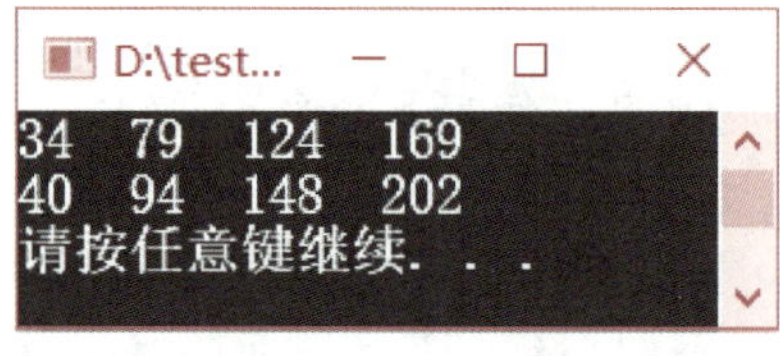

图 1.4.16 例 4.8 程序运行结果

4.3 字符数组

计算机不但能处理数值型数据，也能处理字符型数据。字符型数据常量包括两种：用单引号引起来的单个字符或转义符，例如'A'、'0'、'\t'；用双引号引起来的字符串常量，例如"C/C++"、"Fortran"、"ABCD"等。为便于处理，系统自动在字符串常量的最后加入一个结束标记符'\0'。

C 语言中没有专门的字符串变量，但提供了用字符数组和字符指针来处理字符串的方法，本节介绍字符数组，字符指针将在第 5 章介绍。

4.3.1 字符数组的使用

微视频：
应用字符数组处理字符串

常用的字符数组有一维字符数组和二维字符数组。一维字符数组用来存放若干个字符，也可以存放一个字符串，而二维字符数组则可以存放一组相关的字符串。

虽然字符数组可以用来存放若干字符，但为了操作方便，在实际应用中，字符数组通常用来存储和处理字符串。字符数组中存放的是若干字符还是字符串，取决于末尾有没有'\0'字符串结束标记符。在 C/C++中，对字符和字符串的初始化、输入输出操作都是不同的，详见表 1.4.1。

▶表 1.4.1 字符数组存储字符与存储字符串的区别

	存放字符	存放字符串
定义	char s[8]; //最多可以存放 8 个字符	char s[8]; //最多可以存放 7 个字符，要为最后存放'\0'预留一个字符空间
存储	C | h | i | n | a | | |	C | h | i | n | a | \0 | | |

续表

	存放字符	存放字符串
初始化	char s[5]={'C', 'h', 'i', 'n', 'a'}; C h i n a	char s[8]= "China"; 或 char s[8]={ "China"}; C h i n a \0

输入	int n;
	cin >>n;
	for (i=0;i<n;i++)
	cin>>s[i];
	//通过循环逐字符输入，n 应小于或等于字符数组的长度
		cin>>s;
		或 gets(s);

赋值	s[0]='C'; s[1]= 'h'; s[2]= 'i'; s[3]= 'n'; s[4]= 'a'; //只能逐个对数组元素赋值	s[0]='C'; s[1]= 'h'; s[2]= 'i'; s[3]= 'n'; s[4]= 'a'; s[5]= '\0'; //逐元素赋值后末尾增加一个值为 '\0'的元素
处理	例如，把小写字母转换成大写字母	

	for(i=0;i<n;i++)
	if(s[i]>= 'a' && s[i]<= 'z')
	s[i]=s[i] -'a'+'A';
	//按实际字符个数 n 逐一处理
		for(i=0;s[i]!= '\0';i++)
		if(s[i]>= 'a' && s[i]<= 'z')
		s[i]=s[i] - 'a'+ 'A';
		//逐一处理字符，直到遇到'\0'为止

输出	for(i=0;i<n;i++)
	cout<<s[i];
	//按实际字符个数 n 逐一输出
		cout<<s;或 puts(s);
		//字符串整体输出

		for(i=0;s[i]!= '\0';i++)
		cout<<s[i];
		//逐字符输出，但不建议使用此方式

说明：

① 字符数组的每个元素占一个字节，存放一个西文字符或转义字符；若存放中文字符，则每个中文字符占两个字节，只能以字符串形式存放。

② 当输入的字符串长度超过字符数组定义的长度时，将自动存储到后面的内存单元中，这会影响程序的安全性。

③ 当要处理几个相关字符串时，为了处理的方便，可将它们存放在一个二维字符数组中，这类数组可称为字符串数组。由于二维数组要统一定义列数，所以这时必须按要处理的字符串中的最大长度来定义二维数组的列数。例如，假设有定义：

```
char a[5][8]={"COBOL","FORTRAN","PASCAL"," BASIC","C/C++"};
```

则数组 a 中存放的内容如图 1.4.17 所示。

	a[i][0]	a[i][1]	a[i][2]	a[i][3]	a[i][4]	a[i][5]	a[i][6]	a[i][7]
a[0]	C	O	B	O	L	\0		
a[1]	F	O	R	T	R	A	N	\0
a[2]	P	A	S	C	A	L	\0	
a[3]	B	A	S	I	C	\0		
a[4]	C	/	C	+	+	\0		

图 1.4.17　数组 a 的内容

4.3.2　字符串处理函数

C/C++提供了常规的字符串处理函数，用于实现字符串的输入、输出、大小写转换等，实现字符串间的复制、连接、比较等功能，详见表 1.4.2。

假设有如下定义：

```
char  s[80],s1[]="AAAAA",s2[]="ABCDE",s3[]="asdfgh";
```

表中的实例结果是基于上面的定义得到的。

▶表 1.4.2 字符串处理函数

函数调用形式	功　能	实　例
gets(str)	从键盘输入字符串	gets(s);　　//输入：abcdefgh
puts(str)	在显示屏显示字符串	puts(s);　　//显示：abcdefgh
strlen(str)	求字符串 str 的长度，不包括结束符'\0'	len=strlen(s);　　//len 的值为 8
strcpy(str1, str2)	把 str2 的内容复制到 str1 中	strcpy(s,s1); //s 的内容为 "AAAAA"
strcat(str1,str2)	将 str2 字符串内容连接到 str1 字符串内容的后面	strcat(s1,s2); //s1 的内容为 "AAAAABCDE"
strcmp(str1,str2)	比较 str1 和 str2 字符串的大小，以-1、0、1 分别表示 str1 小于、等于、大于 str2	strcmp("ABCD","BD"); //结果为-1
strlwr(str)	将字符串中的大写字母转换成小写字母	strlwr(s2);　//s2 的内容为"abcde"
strupr(str)	将字符串中的小写字母转换成大写字母	strupr(s3);　//s3 的内容为"ASDFGH"

说明：

① 字符串处理函数中的参数 str、str1、str2 可以是字符数组名或字符指针名（字符指针将在第 5 章介绍）。

② 字符串输入可以使用 cin，也可以使用 gets()。两者的区别是：使用 cin 输入时，字符串中不能带有空格符或制表符，否则只能提取空格符或制表符前面的内容到字符串中；使用 gets()函数输入时，字符串中可以带有这两个符号。例如，假设有定义 char str[100]；语句，若从键盘输入 Hello world!，使用如下语句段：

```
cin >> str;
puts(str);
```

屏幕上看到的输出结果是 Hello。若使用如下语句段：

```
gets(str);
puts(str);
```

屏幕上看到的输出结果是 Hello world!。

【例 4.9】 编程检验用户输入的密码是否正确，若不正确，则继续输入，直到正确为止，假定密码为"pass"。

程序：

```
#include <iostream>
#include "string.h"
using namespace std;
int main( )
{
    char s[80];
    while(1)
    {
        gets(s);
        if(strcmp(s,"pass"))            //等价于 if(strcmp(s,"pass")==0)
            puts("Invalid password.");
        else
            break;
    }
    puts("密码正确,恭喜成功!");
    system("pause");
    return 0;
}
```

图 1.4.18　例 4.9 程序运行结果

程序运行结果如图 1.4.18 所示。可见，该程序只有输入 pass 方能结束，输入其他的字符串都会提示“Invalid password.”，并要求重新输入。

【例 4.10】 编程实现两个字符串的连接，即实现 strcat( ) 函数的功能。

分析：进行字符串处理时有两个关键点。

① 循环次数不是由定义的数组长度来决定的（因为文本的长度往往是可变的，定义数组的长度仅代表了数组能处理的文本的最大容量），循环结束的条件应该用当前字符是否已是字符串结束符'\0'来判定。

② 要让字符数组中能存放一个字符串，则这串字符的末尾一定要有'\0'。连接两个字符串需要通过用户处理构建一个新的字符串，一定要保证最终将一个'\0'自动或人为地加到该字符

数组的末尾。

程序代码：例 4.10

程序：

```
#include <iostream>
using namespace std;
int main( )
{
    int i,j;
    char str1[100],str2[50];
    gets(str1);
    gets(str2);
    i=0;
    while(str1[i]!='\0')        //查找 str1 的结尾，让变量 i 指示到该串的结束标识符'\0'
        i++;
    j=0;
    while(str2[j]!='\0')        //将 str2 的内容依次复制到 str1 从末尾'\0'开始的位置后面
    {
        str1[i]=str2[j];
        i++;
        j++;
    }
    str1[i]='\0';               //复制时 str2 中的'\0'并未复制到 str1 的后面，故需在其末尾添加'\0'
    puts(str1);
    system("pause");
    return 0;
}
```

```
D:\test\...
Hello
world
Helloworld
请按任意键继续. . .
```

图 1.4.19　例 4.10 程序运行结果

程序运行结果如图 1.4.19 所示。

思考：程序中若去掉“str1[i]='\0';”这条语句，运行结果会怎样？

4.3.3　常见字符串处理的“安全函数”

本节仅为使用高版本 VS 编译器的读者所补充，其他读者可以跳过本节的学习。

目前，在高版本 VS 编译器中使用 4.3.2 节介绍的标准函数时，会出现函数不能被识别或函数已被弃用的相关提示，取而代之的是要求使用微软公司自己定义的“安全函数”。

在使用 gets( )、strcpy( )、strcat( )等 C 语言自带的标准函数时，会存在一个不安全的缺陷，这个缺陷可能会导致数组或者缓冲区的溢出。以 gets( )函数为例，在进行字符串读取时，gets( )函数只知道数组存放字符串的开始地址，但并不做数组长度的检查。若输入的字符串超过了定义的数组长度，则会导致缓冲区溢出，若这些超出长度的字符占用了系统存放其他数据的空间，则那些数据将会被覆盖，从而可能导致程序出现崩溃。为消除这种不安全的隐患，微软公司自己定义了这些函数的“升级版”函数，即所谓的“安全函数”，这些“安全函数”

在读取或操作字符串时隐式指定或显式要求指明长度，这样可以使得超长的字符被过滤掉，避免了数组或者缓冲区的溢出。

表 1.4.3 对比了常用的安全函数和原标准函数的使用。需要注意的是，这些安全函数是微软公司自己定义的，所以它们仅适用于 VS 编译器，在其他编译器下不能使用。

◀表 1.4.3 常用的安全函数与原标准函数的使用对比

原标准函数	安全函数	参数对比说明
gets(str)	gets_s(str) gets_s(str,len)	str 为字符数组名或字符指针；len 为要读取的字符串中所包含的字符数（含'\0'在内）
strcpy(str1,str2)	strcpy_s(str1,str2) strcpy_s(str1,len,str2)	str1 和 str2 为字符数组名或字符指针；len 为复制到 str1 中的字符串所包含的字符数（含'\0'在内）
strcat(str1,str2)	strcat_s (str1,str2) strcat_s (str1,len,str2)	str1 和 str2 为字符数组名或字符指针；len 为合并后的字符串中包含的字符数（含'\0'在内）
strlwr(str)	_strlwr_s(str) _strlwr_s(str,len)	str 为字符数组名或字符指针；len 为要转换的字符串中所包含的字符数（含'\0'在内）
strupr(str)	_strupr_s(str) _strupr_s(str,len)	str 为字符数组名或字符指针；len 为要转换的字符串中所包含的字符数（含'\0'在内）

说明：

① 表中所列举的几个安全函数都提供了参数个数不同的两种形式。

② 如果字符串是以字符数组存储的，则两种形式的安全函数都可使用。省略长度这个参数时，默认处理的字符串长度即为数组定义的长度。

③ 如果字符串是以字符指针存储的，则只能使用带有“指定长度”参数的函数形式。例如，假设有定义：

```
char str1[30],str2[10];
```

则以下的函数调用形式都是允许的：

```
gets_s(str1,20);
gets_s(str2);                //未指定长度时，输入的字符个数最多为 9 个（比定义的长度少 1 个）
strcat_s(str1,str2);         //连接后 str1 中包含的字符不能超过 29 个（需要有一个元素存放'\0'）
```

④ 在标准函数中，gets()函数已被 C11 标准废除，即在支持该标准的高版本 VS 编译器下必须使用安全函数 gets_s()，而其他的标准函数并未被废除，也可以通过修改编译器的“SDL 检查”设置，使得可以在高版本 VS 中使用标准函数。修改编译器设置的具体步骤如下：

（1）在菜单栏中选择“项目”|“×××属性”（×××为创建的项目名称），如图 1.4.20 所示。

（2）在弹出的对话框中，依次选择“配置属性”→C/C++→“常规”→“SDL 检查”选项，将后面的“是”改为“否”即可，如图 1.4.21 所示。

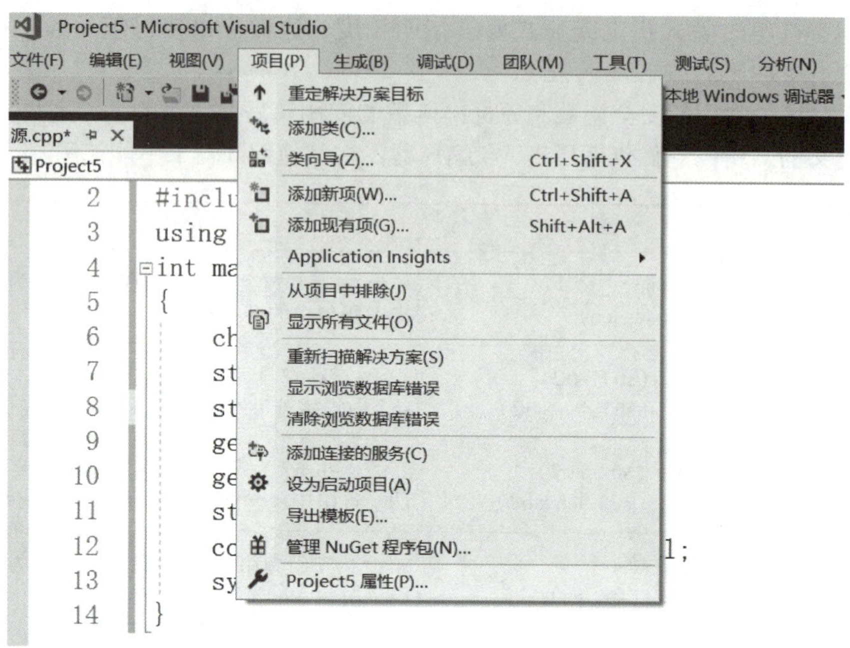

图 1.4.20　项目属性设置

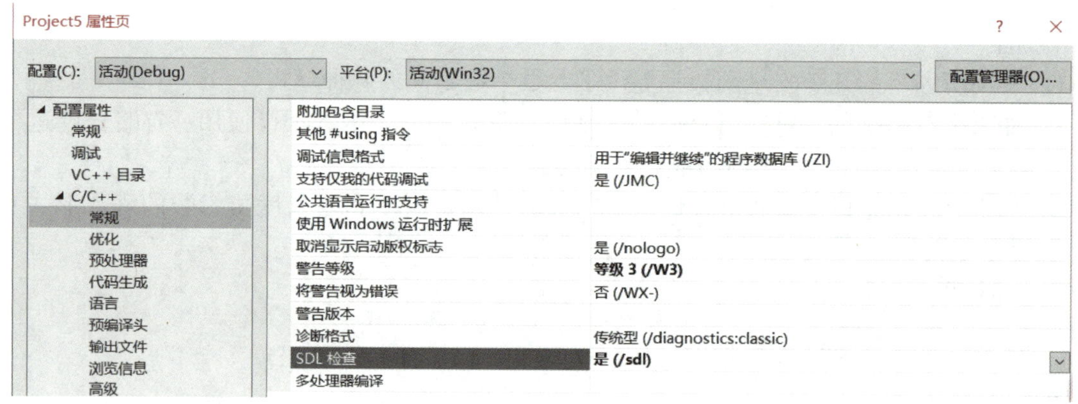

图 1.4.21　“SDL 检查”选项设置

4.4　综合应用

数组是程序设计中最常用的数据结构。循环和数组结合使用，可以很方便地对大量的数据进行批量处理，从而提高编码效率。本章重点介绍了一维数组、二维数组以及字符数组的相关概念、基本操作和常用算法。下面将通过一些综合应用的例子，进一步使大家加深对这些知识的理解。

1. 插入数据

在一个有序数组中，插入一个数，要求插入新数后数组依旧有序。插入的基本思想如下：

① 查找新数在数组中的插入位置 k。

② 从 k 开始向后的所有元素均向后移动一位，以便为新数的插入留出位置，需注意的是这个移动要从最后一个元素开始，如图 1.4.22 所示。

③ 第 k 个元素的位置空出，将新数插入其中。

微视频：数组元素的插入

【例 4.11】 编写程序，产生如图 1.4.22 所示的递增有序序列，将其存放于数组 a 中，并将输入的新数 x 插入该数组中，要求插入后的数组仍保持有序。

程序：

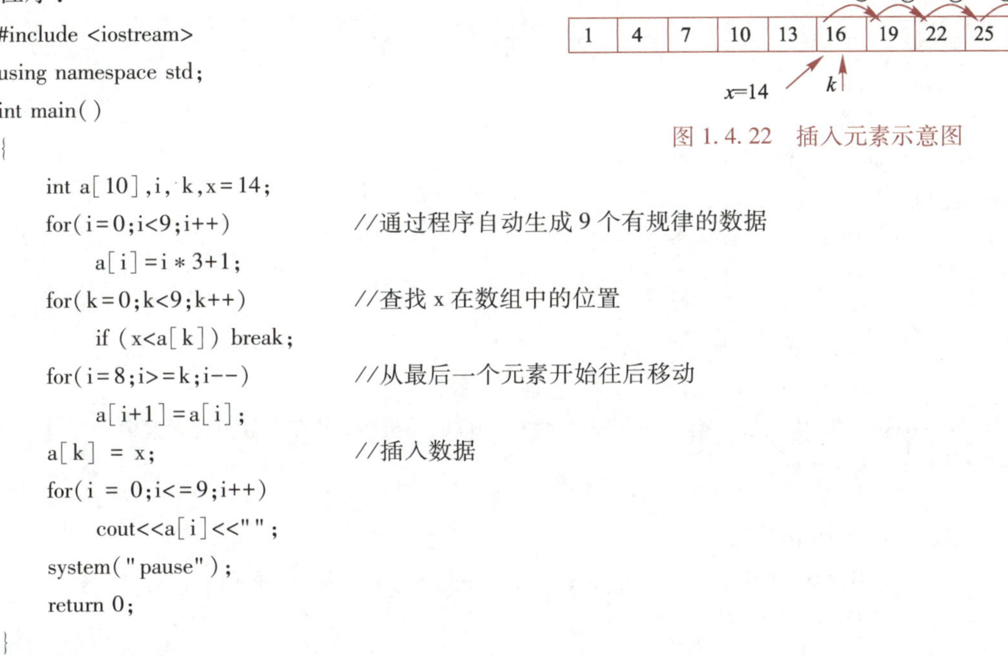

图 1.4.22 插入元素示意图

```
#include <iostream>
using namespace std;
int main( )
{
    int a[10],i, k,x=14;
    for(i=0;i<9;i++)            //通过程序自动生成 9 个有规律的数据
        a[i]=i*3+1;
    for(k=0;k<9;k++)            //查找 x 在数组中的位置
        if (x<a[k]) break;
    for(i=8;i>=k;i--)           //从最后一个元素开始往后移动
        a[i+1]=a[i];
    a[k] = x;                   //插入数据
    for(i = 0;i<=9;i++)
        cout<<a[i]<<" ";
    system("pause");
    return 0;
}
```

程序运行结果如图 1.4.23 所示。

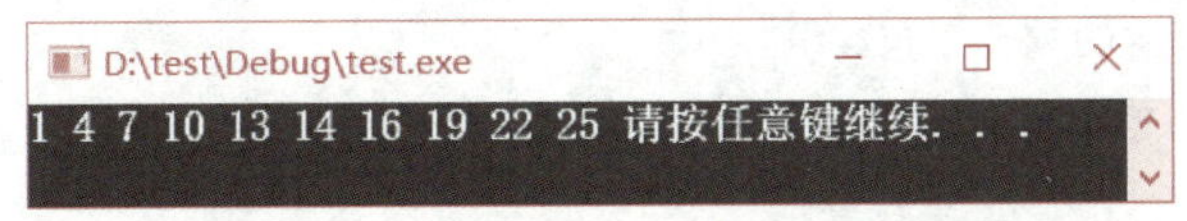

图 1.4.23 例 4.11 程序运行结果

思考：若移动 k 后面的元素时不是从最后一个元素开始，而是从第 k 个元素开始向后移动，程序结果会如何？

2. 删除数据

微视频：数组元素的删除

【例 4.12】 随机生成 10 个互不相同的整数（取值范围 1~100），将这些数据存放在一维数组中，要求从该数组中删除最大元素。

分析：

① 随机产生若干个互不相同的数并存入数组中，这是个相对复杂的问题，需将每次产生的随机数 x 和数组中现有的元素一一比较，若发现相同的元素，则 x 需重新产生；否则才能将其放入数组中。

② 题目要求的删除操作首先需要从 10 个数中找出最大元素的下标位置 k，然后从下标为 $k+1$ 开始到最后的所有元素均向前移动一位，以便将最大元素覆盖。

删除操作示意如图 1.4.24 所示。

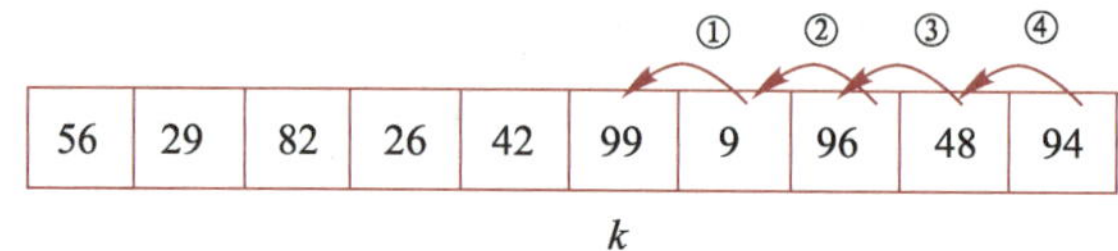

图 1.4.24　删除操作示意图

程序：

```
#include <iostream>
#include <time.h>
using namespace std;
int main( )
{
    int a[10],i, k,maxi,x;
    srand( (unsigned)time(NULL));          //生成随机数种子
    a[0]=rand() % 100+1;                   //产生 1~100 的随机数，并存入数组首元素中
    for(i=1;i<10;i++)
    {
        x=rand() % 100+1;
        for (k=0;k<i;k++)                  //查找数组中是否存在与新产生的数 x 相同的元素
            if(x==a[k])
                break;
            if(k==i)
//无相同元素，则将产生的数 x 存入数组
                a[i]=x;
            else
//有相同元素，则重新产生 x
                i--;
    }
    cout<<"显示产生的 10 个互不相同的数"<<endl;
    for(i = 0;i<10;i++)
        cout<<a[i]<<" ";
    cout<<endl;
    maxi=0;
    for(i=1;i<10;i++)                      //查找最大值的位置 maxi
```

程序代码：
例 4.12

```
        if (a[maxi]<a[i]) maxi=i;
    cout<<"最大数 " <<a[maxi]<<endl;
    for(i=maxi;i<9;i++)              //最大值后面的元素往前移一位
        a[i] = a[i+1];
    cout<<"显示删除最大数后的结果"<<endl;
    for(i = 0;i<9;i++)
        cout<<a[i]<<" ";
    cout<<endl;
    system("pause");
    return 0;
}
```

```
D:\TEST\Debug...
显示产生的10个互不相同的数
44 41 61 93 76 64 33 98 8 90
最大数 98
显示删除最大数后的结果
44 41 61 93 76 64 33 8 90
请按任意键继续. . .
```

图 1.4.25　例 4.12 程序运行结果

程序运行结果如图 1.4.25 所示。

思考：在产生互不相同的随机数的循环语句中，else 后面为何要执行语句“i--;”？

3. 二分法查找

微视频：二分法查找

在数组的插入和删除操作中都涉及查找元素的过程，而前面两个例子中的查找采用的都是顺序查找，即从数组的首元素开始，依次向后逐一查找。顺序查找的缺点是查找效率较低，若希望在数据量较大的一组数据中尽快找到某个数据，则可以采用高效的二分法查找。但二分法查找的前提是数组必须有序。

二分法查找的算法思想是：通过不断地将要查找的数据与数组的中间元素进行比较，根据比较的结果将接下来的查找区间缩小为原来区间的一半；这样的过程不断重复，直到找到所需元素或者查找区间已没有元素时为止。图 1.4.26 示意了在包含 N（$N=11$）个元素的递增数组 a 中，查找数据 key（key=21）的二分法查找过程。算法描述如下：

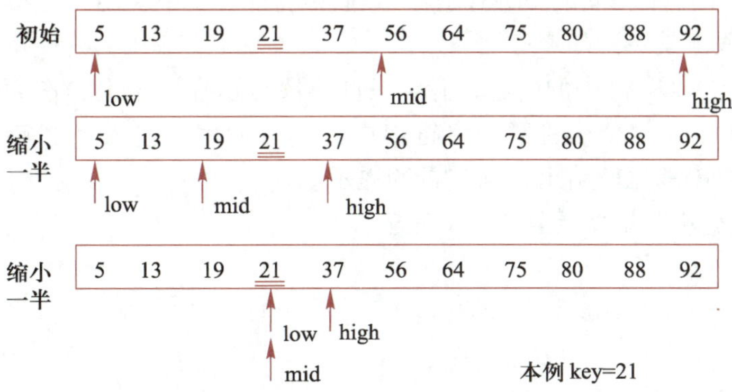

图 1.4.26　二分法查找示意图

① 开始假设待查区间的下界 low 为 0，上界 high 为 $N-1$。

② 求待查区间中间元素的下标 mid =（low+high）/2，key 和 a[mid]进行比较。

③ 若 key 与 a[mid]相同，则查找完毕，退出查找；若 key 大于 a[mid]，则继续查找的范围应为 a[mid]后面的元素，修改查找区间的下界：low=mid+1；若 key 小于 a[mid]，则继续

查找的范围应为 a[mid]前面的元素，修改查找区间的上界：high = mid−1。

④ 重复②③步，直到找到 key 或 low>high。若 low>high，说明查找区间已无元素，则可知 key 不在数组中。其中，第③步可用如下程序段实现：

```
if(key==a[mid])
    break;
else if(key>a[mid])
    low=mid+1;
else
    high=mid-1;
```

完整程序请读者自行编制。

思考：若数组是递减有序的，则上面第③步的代码应该如何修改？

微视频：古诗接句程序分析

4. 诗词接句游戏

唐诗是中华传统文化的瑰宝。通过本章数组知识的学习，可以利用字符数组存储诗句，利用字符串处理的方法及系统函数实现诗词接句游戏，将传统文化的学习与计算机编程技术相结合，在课程学习的同时体会诗词之美。

【例 4.13】 在一个二维字符数组中存放若干条五言诗或七言诗，程序要求机器随机给出诗的上句，然后由用户给出下句。通过判断，机器给出用户所接诗句正确与否的提示。若用户回答错误，则机器提示相应信息后，给出正确的下句。

分析：

① 一维字符数组可以存放一个字符串，二维字符数组可以存放多个字符串，限于目前所学内容，本例通过初始化的方法将 N 条七言诗或五言诗诗句（上下句合一起算一条诗句）存放在一个二维字符数组 s 中，其中一行存放一条诗句（含上下句）。

② 随机产生 N 个互不相同的整数存放于一维整型数组 a 中，用作二维字符数组 s 的行下标，以便可以随机取出某一诗句。

③ 随机取 s[i]($0 \leq i < N$)中的内容，并将其前半段显示在屏幕上，作为机器给出的诗句上句，而将后半段复制到一个代表答案的字符串中，然后请用户输入该上句对应的下句。通过用户回答与答案字符串的比较给出正确与否的提示。

④ 第③步内容不断重复直至全部测试完毕。

程序：

```
#define N 5
#include <time.h>
#include <iostream>
using namespace std;
int main()
{
    char ans[15], key[15];
    char s[N][30] = { "晴川历历汉阳树芳草萋萋鹦鹉洲","愿君多采撷此物最相思","洛阳亲友如相问一片冰心在玉壶","随风潜入夜润物细无声","晓看红湿处花重锦官城" };
```

```
    int i, m, n,len;
    int a[N];
    //a 数组存放 s 的行下标，其取值范围为 0~N-1
    srand(time(NULL));
    for (m = 0; m < N;)
//该循环产生 0~N-1 不重复的随机数并存放于 a 中
    {
        n = rand() % N;
        for (i = 0; i < m; i++)
//判断新产生的随机数 n 与 a 中原有的 m 个数是否相同
            if (a[i] == n)
                break;
        if (i == m)                    //新产生的随机数若与原 m 个数皆不同，则存入数组 a
        {
            a[m] = n;
            m++;
        }
    }
    for (n = 0; n < N; n++)            //循环进行 N 条接句游戏测试
    {
        len = strlen(s[a[n]]);         //求第 a[n]条诗所含的字符数
        for (i = 0; i < len / 2; i++)  //将 s[a[n]]的上句显示在屏幕上
            cout << s[a[n]][i];
        strcpy(key, s[a[n]] + len / 2);  //将 s[a[n]]的下句复制到答案字符串 key 中
        cout << "\n 请输入下句:" << endl;
        cin >> ans;                    //输入用户的接句
        if (strcmp(ans, key) == 0)     //比较用户的接句与答案
            cout << "答对了，你真棒!" << endl;
        else
        {
            cout << "很遗憾，继续努力!" << endl;
            cout << "正确的应为:" << endl;
            cout << key << endl;
        }
    }
    system("pause");
    return 0;
}
```

程序代码：
例 4.13

程序运行结果如图 1.4.27 所示。程序灵活运用了字符数组存储字符串的特点及处理字符串的方法对诗词接句游戏进行设计，目前阶段通过数组初始化进行少量诗句的测试，随着后

续内容的讲解，我们还将在第 6 章和第 8 章中对该游戏进行改进和完善。

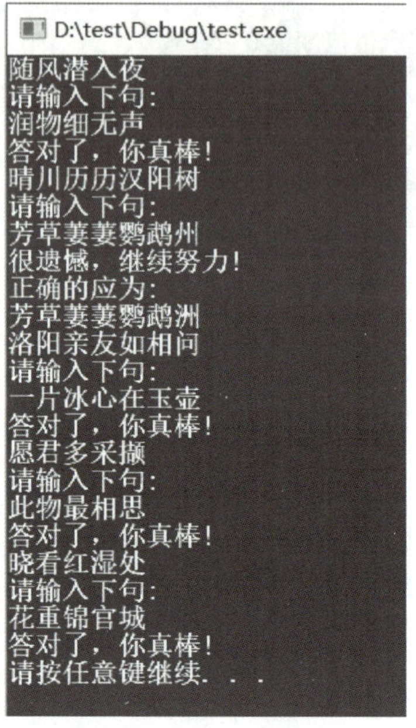

图 1.4.27　例 4.13 程序运行结果

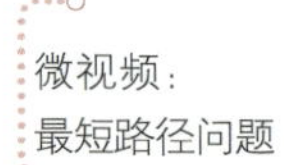

5. 最短路径——弗洛伊德算法

现实生活中的许多问题需要用表格形式存储数据，这种情况采用二维数组处理最直观，如五子棋游戏、扫雷游戏等。这里介绍一个数据结构的常见应用问题，利用二维数组通过弗洛伊德算法求解两城市间的最短距离。

【例 4.14】 假设 A、B、C、D 这 4 个城市之间共有 8 条单向的公路连通，一个城市到另一个城市之间的距离用连线旁的数字表示，如图 1.4.28 所示。求任意两个城市间的最短距离。

分析：

① 该问题处理的数据是 4 个城市之间的距离，可用图 1.4.29 的形式表示每两个城市之间的距离，其中，城市与自己的距离为 0；两个不连通的城市间距离用∞表示无穷远。

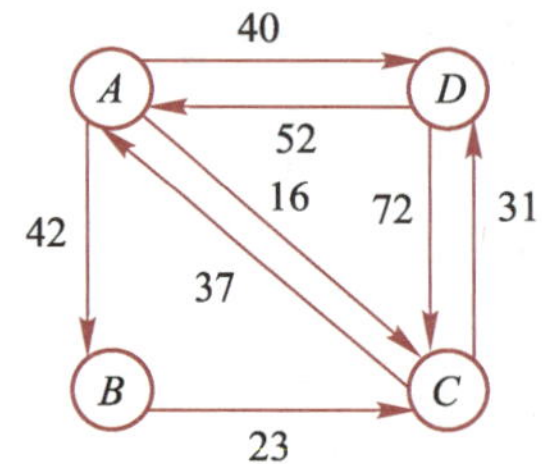

图 1.4.28　四城市间公路连通图

	A	*B*	*C*	*D*
A	0	42	16	40
B	∞	0	23	∞
C	37	∞	0	31
D	52	∞	72	0

图 1.4.29　四城市间初始距离存储图

② 图 1.4.29 中的数字可用一个二维数组表示，行、列下标确定数字在二维数组中的位置，数字的值是两个城市间的距离。例如，本题可使用二维数组 e[4][4]存放 4 个城市间的距

离，其中 e[0][0]代表 *A* 城市和自身的距离，e[0][1]代表 *A* 城市与 *B* 城市间的距离。

③ 本例采用弗洛伊德算法求任意两城市间最短距离。该算法的核心是对每对城市（顶点）*i* 和 *j*，检查是否存在城市（顶点）*k*，使得从 *i* 到 *k*，再从 *k* 到 *j* 比原有距离（路径）更短。如存在 *k*，则用更短路径更新原有路径。如，以允许经过 *A* 为例，求任意两个城市之间的最短距离可以用如下代码实现：

```
for (i = 0; i < N; i++)//N 代表城市的数量
   for (j = 0; j < N; j++)
       if (e[i][j] > e[i][0] + e[0][j])
           e[i][j] = e[i][0] + e[0][j];
```

以经过 *A* 做中转，更新后的四城市间距离存储示意如图 1.4.30 所示。再推而广之，以允许经过的所有城市作为中转，最终更新后的四城市间距离存储示意如图 1.4.31 所示。

④ 具体程序实现时，定义符号常量 MAX 代表两个道路不连通的城市间的距离∞。

	A	*B*	*C*	*D*
A	0	42	16	40
B	∞	0	23	∞
C	37	*79*	0	31
D	52	*94*	*68*	0

图 1.4.30　以 *A* 城市做中转的更新距离

	A	*B*	*C*	*D*
A	0	42	16	40
B	*60*	0	23	*54*
C	37	*79*	0	31
D	52	*94*	*68*	0

图 1.4.31　以任意城市作为中转更新的最短距离

程序：

程序代码：例 4.14

```
#define N 4                          //N 表示城市数
#define M 8                          //M 表示路径数
#include <iostream>
using namespace std;
#define MAX 1000000                  //定义 MAX 是一个很大的数，代表两点距离的无穷大
int main()
{
    int e[N][N], i, j, k, st, en, d;
    for (i = 0; i < N; i++)          //初始化路径距离
        for (j = 0; j < N; j++)
            if (i == j)
                e[i][j] = 0;
            else
                e[i][j] = MAX;
    for (i = 1; i <= M; i++)         //输入起点、终点及路径距离
    {
        cin >> st >> en >> d;        //st 为起点下标，en 为终点下标，d 为两城市间距离
        e[st][en] = d;
```

```
    }
    for (k = 0; k < N; k++)          //在i和j两点间插入点k，更新i、j两点间最短距离
        for (i = 0; i < N; i++)
            for (j = 0; j < N; j++)
                if (e[i][j] > e[i][k] + e[k][j])
                    e[i][j] = e[i][k] + e[k][j];
    for (i = 0; i < N; i++)
    {
        for (j = 0; j < N; j++)
            cout << (char)('A' + i) << "->" << (char)('A' + j) << ":" << e[i][j] << '\t';
        cout << endl;
    }
    system("pause");
    return 0;
}
```

程序运行结果如图 1.4.32 所示。

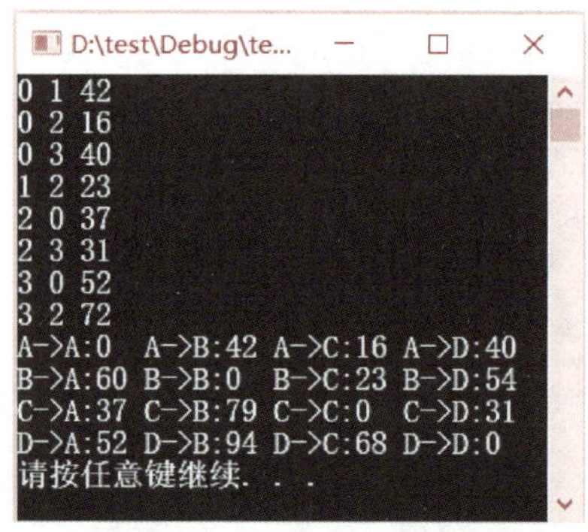

图 1.4.32　例 4.14 程序运行结果

习　题

一、选择题

1. 假设有定义语句“int a[ ]={1,8,2,8,3,8,4,8,5,8};”，则数组 a 的大小是________。

A. 10　　B. 不确定　　C. 11　　D. 有语法错误

2. 对初始化语句 int a[10]={6,7,8,9,10};理解正确的是________。

A. 将 5 个初值依次赋给 a[1]至 a[5]

B. 将 5 个初值依次赋给 a[0]至 a[4]

C. 将 5 个初值依次赋给 a[6]至 a[10]

D. 因为数组长度与初值的个数不相同，所以此语句不正确

3. 如下数组定义语句中正确的是________。

A. int a[3,4];　　B. int n=3,m=4,int a[n][m];

C. int a[3][4];　　D. int a(3)(4);

4. 以下不能对二维数组 a 正确初始化的语句是________。

A. int a[2][]={{1},{2}};　　B. int a[2][3]={1,2,3,4,5,6};

C. int a[2][3]={1};　　D. int a[2][3]={{1},{2}};

5. 若有定义 “int b[ ][3]={{1},{3,2},{4,5,6},{0}};”，则 b[2][2] 的值是________。

A. 0　　B. 5

C. 6　　D. 2

6. 要使字符数组 str 具有初值 “Lucky” 并能正确处理，正确的定义语句是________。

A. char str[]={'L','u','c','k','y'};　　B. char str[5]={'L','u','c','k','y'};

C. char str []="Lucky";　　D. char str [5]="Lucky";

7. 要比较两个字符数组 a、b 中字符串是否相等，下面正确的表达是________。

A. a==b　　B. strcmp(a,b)==0

C. strcpy(a,b)　　D. strcmp(a,b)=0

8. 若有定义 “char a[20]="abc";”，则执行语句 “cout<<strlen(a);” 之后的输出结果是________。

A. 3　　B. 4　　C. 20　　D. 19

9. 假设有如下定义，则执行语句 “strcpy(str, strcat(a, b));” 之后，str 的内容是________。

```
char a[20]="abcd", b[]="ABCD", str[20]="xyz";
```

A. xyzabcdABCD　　B. ABCDabcd

C. xyz　　D. abcdABCD

10. 下面描述错误的是________。

A. gets()函数可以输入包含空格的字符串

B. cin 可以输入包含空格的字符串

C. puts()函数可以输出包含空格的字符串

D. cout 可以输出包含空格的字符串

二、阅读程序，写出程序运行结果

1.
```
#include<iostream>
using namespace std;
int main()
{
    int i,b[]={1,2,3,4,5,6,7,8,9},s=0;
    for(i=0; i<9; i++)
    {
```

```
            if(i%2)
                s+=b[i];
            if(i%3)
                s-= b[i];
        }
        cout<<"s="<<s<<endl;
        system("pause");
        return 0;
    }
```

2.
```
#include <iostream>
using namespace std;
int main()
{
    char str[15]="12345abcd67890";
    int  i,s=0;
    for(i=0;str[i]>='0' && str[i]<='9';i+=2)
        s=s*10+str[i]-'0';
    cout<<s<<endl;
    system("pause");
    return 0;
}
```

3. 输入100和8

```
#include <iostream>
using  namespace std;
int main()
{
    char  b[17]="0123456789ABCDEF";
    int  i=0, h,n, c[10];
    long int  m;
    cin>>m>>h;
    do
    {
        c[i++]=m % h;
    }while((m= m/h)!=0);
    for(--i; i>=0; --i)
    {
        n=c[i];
        cout<<b[n];
    }
    system("pause");
```

```
    return 0;
}
```

三、程序填空

1. 利用一维数组输出 Fibonacci 数列的前 20 项，每行显示 5 个数，每个数之间用一个空格分隔。Fibonacci 数列前两项的值均为 1，从第三项起，每一项的值为其前两项的和。

```
#include <iostream>
using namespace std;
int main( )
{
    int i;
    int x[20] = ________;
    for(i=2;i<20;i++)
        ________;
    for(i=0;i<20;i++)
    {
        if(i%5==0) cout<<endl;
        cout<<________;
    }
    cout<<endl;
    system("pause");
    return 0;
}
```

2. 以下程序的功能是，将数组 a 中每 4 个相邻元素的平均值存放于数组 b 中。

```
#include <iostream>
using namespace std;
int main( )
{
    int  a[10], m, n;
    float  b[7];
    for(m=0; m<10; m++)
        cin>>a[m];
    for(m=0;m<7;m++)
    {
        ________;
        for(n=m; ________; n++)
            b[m]=b[m]+a[n];
        ________;
    }
```

```
    for( m=0;m<7;m++)
        cout<< b[m]<<" ";
    system("pause");
    return 0;
}
```

3. 已知数组 a 和 b 都是递增有序的，试将其合并后放入数组 c 中，使 c 也递增有序。例如，假设 a 数组中存放的数据是{2,5,9}，b 数组中存放的数据是{3,4,8,21}，则合并后的数组 c 的内容为{2,3,4,5,8,9,21}。

```
#include <iostream>
using   namespace std;
#define   M   10
#define   N   8
int main()
{
    int a[M], b[N],c[M+N],j(0),k(0),l(0);
    for(k=0; k<M; k++) cin>>a[k];
    for(k=0; k<N; k++) cin>>b[k];
    ________;
    while(l<M+N && ________)
    {
        if(a[j]<b[k])
            c[l++]=a[j++];
        else
            ________;
    }
    while(l<M+N && ________)
        c[l++]=b[k++];
    while(l<M+N && ________)
        c[l++]=a[j++];
    for(l=0;l<M+N;l++)
        cout<<c[l]<<"";
    system("pause");
    return 0;
}
```

四、编程题

1. 随机产生 20 个三位正整数，统计并输出其中包含的奇数和偶数的个数。

2. 利用随机数生成两个矩阵（前者取值范围为 30~70，后者取值范围为 101~135，数据不一定与以下内容相同）。

$$\boldsymbol{A}=\begin{vmatrix} 35 & 67 & 52 & 50 \\ 33 & 47 & 66 & 39 \\ 47 & 56 & 66 & 41 \\ 30 & 69 & 55 & 38 \end{vmatrix} \qquad \boldsymbol{B}=\begin{vmatrix} 103 & 115 & 125 & 101 \\ 133 & 127 & 132 & 135 \\ 111 & 103 & 134 & 118 \\ 123 & 109 & 113 & 130 \end{vmatrix}$$

要求：

（1）将两个矩阵相加的结果放入 $\boldsymbol{C}$ 矩阵中。

（2）统计 $\boldsymbol{C}$ 矩阵中的最大值及其行、列下标。

（3）将 $\boldsymbol{A}$ 矩阵第 1 行与第 3 行对应元素交换位置，即第 1 行元素放到第 3 行，第 3 行元素放到第 1 行。

（4）求 $\boldsymbol{A}$ 矩阵两条对角线元素之和。

3. 编写程序，将一个字符串的内容复制到另一个字符数组中。要求不能直接调用 strcpy( ) 函数。

4. 编写程序，将一串字符倒序存放到另一个字符数组中。

5. 编写程序，将某一指定字符从一个已知的字符串中删除，需考虑存在多个指定字符的情况。

第 5 章 指针

电子教案

指针是 C/C++中一种重要的数据类型，也是特色之一。合理使用指针，可以获得高质量的目标代码，提高程序的运行效率。但指针也存在着直观性、安全性相对较差的缺点，使用时需要特别注意。

本章介绍指针的基本概念、运算以及指针与数组的关系，第 6 章还将就指针与函数的关系做进一步讨论。

5.1　指针的概念

指针可以通俗地理解为内存地址，在 C/C++中，指针通常是指指针变量，它是用来存放内存地址的特殊变量。

5.1.1　地址与指针

1. 变量的地址和取地址运算符（&）

在程序运行时，任何一个数据在内存中都要占用一定的空间。数据的类型不同，占用的字节数也不同。例如，int 类型的变量在内存中占用 4 个字节，而 double 类型的变量则占用 8 个字节。将变量占用内存空间的首个字节的地址称为变量的地址。例如，图 1.5.1 中变量 x 占用 4 个字节，假定第一个字节的地址是 1001，则变量 x 的地址就是 1001。

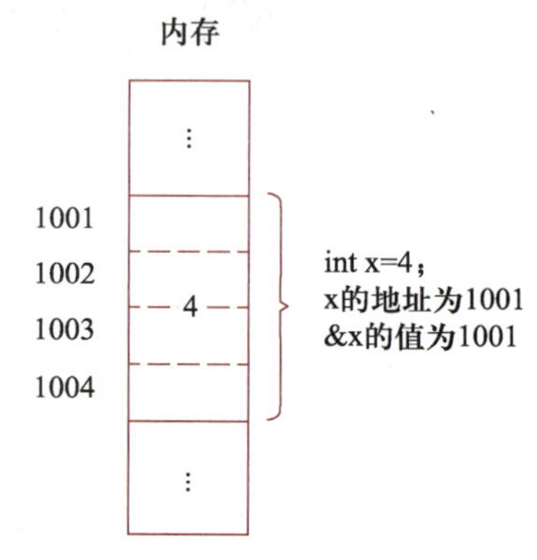

图 1.5.1　变量的地址

需要注意的是：在程序设计阶段，一个变量的地址是无法确定的。只有程序运行时系统才会为变量分配存储空间，并且可以通过取地址运算符“&”获得该变量的地址。

“&”称为取地址运算符，是一个单目运算符，使用形式如下：

& 变量

例如，图 1.5.1 中变量 x 的地址是 1001，可以通过 &x 获得 x 的地址，即 &x 的值为 1001。

2. 指针的定义和初始化

指针是一种特殊类型的变量，用于存放另一个变量的地址。其定义形式如下：

数据类型　*标识符;

例如：

```
int *x;
char *p;
```

说明：

①“*”后面的标识符是指针变量名，“*”本身不是变量名的组成部分。

② 指针定义中的数据类型不是指针本身的类型，而是指针所指对象的数据类型，例如，有定义语句：

```
double *p;
```

则指针变量 p 可以指向 double 类型的变量。

指针同其他类型的变量一样，也可以在定义的同时赋初值，称为指针变量的初始化。例如：

```
float d=1.5, *p=&d;
```

等价于

```
float d=1.5, *p;
p=&d;
```

上述初始化使得指针 p 中存放了变量 d 的地址，这时可称 p 指向 d，它们之间的关系可用图 1.5.2 表示。

图 1.5.2 指针变量及其所指向的变量

注意：语句 float *p=&d;的作用是将变量 d 的地址 &d 初始化给 p，而不是给 *p，p 前面的“*”只表示 p 是一个指针变量。

3. 变量的间接访问和取内容运算符（*）

当一个变量被一个指针指向后，访问这个变量就可以有两种方式：一是通过变量名访问，称为直接访问；二是通过指针访问，称为间接访问。

间接访问时，使用取内容运算符“*”。“*”运算符的作用是根据地址取内容，其形式如下：

```
* 地址
```

例如，在图 1.5.2 中，指针 p 指向变量 d，p 中存放变量 d 的内存地址，可通过 *p 间接访问变量 d，因此，访问变量 d 有两种形式：d 和 *p，即 d 与 *p 等价。

注意：&d 表示变量 d 的地址，*(&d)取到的就是 d 的值，p 是指向 d 的指针，*p 的值也就是 d 的值，因此 *(&d)、*p 与 d 等价。

【例 5.1】 指针用法示例。

程序：

```
#include "iostream"
using namespace std;
int main()
{
    int x,y, *p=&x, *q=&y;              //p 指向 x，q 指向 y
    cin>>x;
    cin>> *q;                           //输入数据到 q 所指向的变量 y
    *p= *p+100;                         //间接访问变量 x
    y=y+200;                            //直接访问变量 y
    cout<<x<<" "<<&x<<endl;             //输出 x 的值、x 的地址
    cout<<p<<" " << *p<<endl;           //输出 p 的值、p 所指向的变量 x 的值
    cout<<y<<" "<<&y<<endl;             //输出 y 的值、y 的地址
    cout<<q<<" "<< *q<<endl;            //输出 q 的值、q 所指向的变量 y 的值
    system("pause");return 0;
}
```

程序运行结果如图 1.5.3 所示。

注意：语句 int ＊p=&x;与＊p=＊p+100;中“＊”的含义不同。前者是在变量定义的同时给变量 p 本身赋值，“＊”只代表 p 是一个指针变量；后者则是给 p 指向的对象赋值，“＊”表示取 p 指向的内存单元的值，即取 x 的值。

```
3 4
103 0077F964
0077F964 103
204 0077F958
0077F958 204
请按任意键继续. . .
```

图 1.5.3　例 5.1 程序运行结果

5.1.2　指针运算

除了取地址运算符（&）和取内容运算符（＊）之外，指针还可以参与赋值、比较以及个别的算术运算。

1. 赋值运算

如果一个指针没有一个确定的指向而进行取内容运算，则运行程序会出现异常。为指针变量赋值，使其有明确的指向，是使用指针变量的前提。对指针进行赋值的常见方法有以下几种。

① 把符号常量 NULL 赋给指针。

NULL 是系统定义的符号常量，其值为 0。如果一个指针的值为 0，表示它不指向任何对象。

注意：执行语句 int ＊p=NULL;之后，p 不指向任何对象，故此时不能对 p 进行取内容的操作。

② 把一个变量的地址赋给指针。

例如，执行语句 int x,＊p=&x;之后，p 指向 x。

注意：不要把一个变量的地址赋给所指对象类型与变量类型不同的指针；否则编译时会出现错误，例如，应避免如下问题：

```
int  x;
float ＊q=&x;
```

③ 把一个指针的值赋给另一个同类型的指针。例如：

```
int x,＊p=&x,＊q;
q=p;
```

注意：只能在所指对象类型相同的指针之间进行赋值，且要求赋值的一方已经有明确的指向，而赋值的结果是两个指针指向同一个对象。

【例 5.2】　指针运算示例。

程序：

```
#include "iostream"
using namespace std;
int main()
{
    int a,b,＊p1=&a,＊p2=&b,＊p;
    cin>>a>>b;
```

```
    cout<<*p1<<" "<<*p2<<endl;          //输出 p1 和 p2 所指向的变量的值
    cout<<a<<" "<<b<<endl;
    p=p1;p1=p2;p2=p;                    //交换两个指针
    cout<<*p1<<" "<<*p2<<endl;          //输出 p1 和 p2 所指向变量的值
    cout<<a<<" "<<b<<endl;
    system("pause");
    return 0;
}
```

程序运行结果如图 1.5.4 所示。交换前后的指针变化如图 1.5.5 和图 1.5.6 所示。

图 1.5.4 例 5.2 程序运行结果

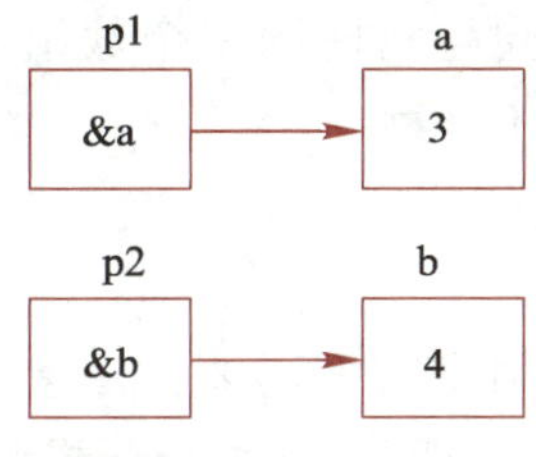

图 1.5.5 指针交换前

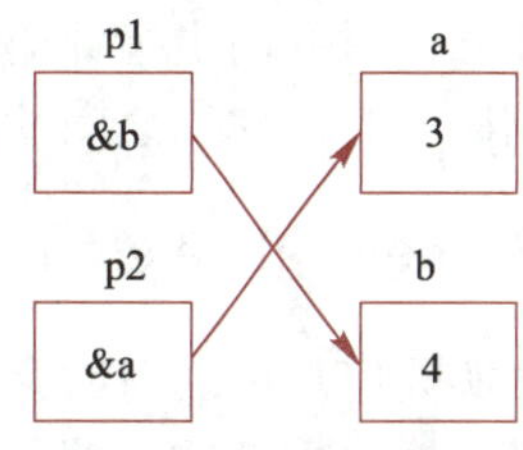

图 1.5.6 指针交换后

除了上面 3 种赋值方法外，C++中还提供了“new”运算，用以实现动态存储空间分配，这也为指针变量的赋值提供了另外一种途径，5.1.3 节中将专门介绍这种方法。

2. 自增、自减运算

指针变量可以通过自增、自减运算（有前置和后置两种形式），使其指向后一个数据或前一个数据。假设 p 为已定义过的指针变量，则自增、自减运算形式包括++p、p++、--p、p--。

注意：对指针进行自增或者自减运算，并不表示指针的值加 1 或者减 1，而是表示指针的值变成后一个或者前一个变量的地址，即向后或者向前移动所指对象占用的字节数。例如，若有语句：

```
int a=2, *p=&a;
```

假设变量 a 的地址为 1000，当执行 p++后，p 指向变量 a 后面的那个 int 类型的数据，因为 a 在内存中占 4 字节，后面那个数据的地址为 1000+sizeof(int)= 1004。所以当执行 p++后，p 的值为 1004。

指针的自增或者自减运算还可以与取内容运算符结合使用，使用时要注意单目运算符的结合性是自右向左进行的。例如，*p++等价于*(p++)。可见，上述运算中改变的是 p 的指向，而非 p 所指向的内容。

思考：对比*p++和(*p)++各自的运算过程。

3. 加、减整数的运算

指针可以加、减一个整数，以指向其后面或前面指定位置的数据。形式如下：

p+n 或者 p-n(p 为指针变量,n 为整数)

p+n 或者 p-n 指向 p 所指变量的后面（或前面）第 n 个数据。例如，若有定义：

```
float f, *p=&f;
```

假设 f 的地址为 2000，则 p 的值为 2000，p+5 的值应为 2000+5×sizeof(float)= 2000+5×4=2020。

注意：计算 p+n 或者 p-n 后，p 本身的值并没有发生改变。

4. 指针相减

两个相同类型的指针变量可以进行相减运算，相减的结果不是简单地求两个地址之间的差值，而是求这两个地址之间能存放的数据个数（数据类型为指针所指对象的类型）。

例如，若有定义：

```
int *p1, *p2;
```

并假设 p1 指向 1000，p2 指向 1008，则 p2-p1 的值为(1008-1000)/sizeof(int)= 2。

注意：只有两个指针类型相同且指向同一个数组，或者指向用 new 运算符申请的一段连续存储区域时，它们之间的相减才有意义。

5.1.3 new 和 delete 运算符

在实际应用中，有时会无法预见数据需要占用多大的内存空间，这就需要在程序运行时根据具体情况向系统申请分配存储空间，这种分配机制称为动态存储分配。C++提供的 new 和 delete 运算符是实现动态分配存储空间的运算符。

1. new 运算符

new 运算符用于向系统申请动态存储空间，并把首地址作为运算结果。其形式如下：

```
指针=new 数据类型;          //为指定类型的数据申请内存,并把首地址赋给指针
指针=new 数据类型(初值);    //申请内存的同时将括号内的“初值”放入该段内存
```

例如，语句 double *p=new double(10);向系统申请存放 1 个 double 型数据（8 字节）的空间，并把首地址赋给 p；同时将初值 10 存放到 p 所指向的这段内存，即 *p 的值为 10，可以用 *p 代表 p 所指向的动态变量。

new 运算还可以用来申请动态数组，使用形式如下：

```
指针=new 数据类型[数组长度];
```

例如，语句 int *p=new int[10];向系统动态申请 1 个包含 10 个元素的 int 型的数组。

2. delete 运算符

delete 用于释放由 new 申请的动态存储空间，其形式如下：

```
delete 指针;                //释放指针所指的那个变量
```

或

```
delete []指针;              //释放指针所指的那个动态数组,不必给出数组长度
```

【例 5.3】 指针运算示例。

程序：

程序代码：例 5.3

```
#include "iostream"
using namespace std;
int main()
{
```

```
    int *p=new int[10],i;                    //申请 10 个 int 型变量的存储空间，并让 p 指向它
    int *q=p+5;                              //让 q 指向 p 所指变量后的第 5 个变量
    int *t=p;
    for(i=0;i<10;i++)                        //初始化动态数组
        *t++=i;
    cout<<"q="<<q<<" *q="<<*q<<endl;         //输出 q 的值和 q 指向的元素值
    q++;                                     //让 q 指向下一个变量
    cout<<"(q++)="<<q<<" *(q++)="<<*q<<endl;    //输出 q++后的值和指向的元素值
    cout<<"(q-p)="<<q-p<<endl;               //输出 q-p 的值
    delete []p;                              //删除 p 所指向的存储区域
    system("pause"); return 0;
}
```

程序运行结果如图 1.5.7 所示。

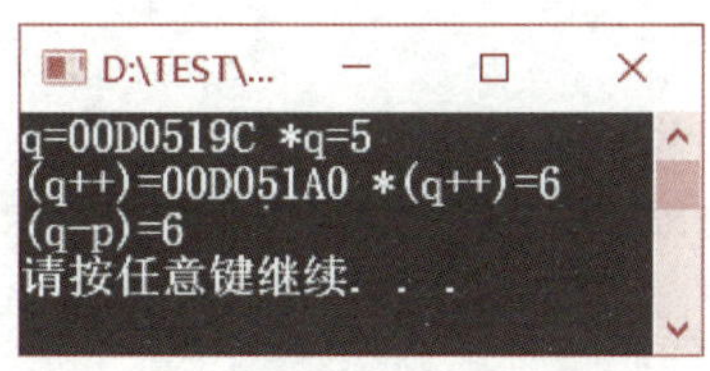

图 1.5.7 例 5.3 程序运行结果

5.2 指针和数组

指针可以指向基本类型的变量，也可以指向数组及数组元素，因而数组元素的访问除了下标法之外，还多了一种指针法。与下标法相比，指针法直观性上差一些，但某些情况下，执行效率可能更高。

5.2.1 指针和一维数组

通过对第 4 章数组的学习，我们知道，数组在内存中占用一段连续的存储区域，数组名就是这段存储区域的首地址。如果将数组名（或首元素的地址）赋值给一个指针变量，就可以通过指针变量引用数组元素。例如，有变量定义：

```
int a[6]={10,20,30,40,50,60},*p=a;          //也可以用 &a[0]给 p 赋值
```

则指针变量 p 中存储的就是数组 a 的首地址，p 与数组 a 的关系如图 1.5.8 所示。结合前面有关指针运算的知识可总结出如下的等价关系：

① p、a 与 &a[0]等价，表示数组的首地址。

② p+i、a+i 与 &a[i]等价，表示元素 a[i]的地址。

③ *(p+i)、*(a+i)与 a[i]等价，表示元素 a[i]。

在 C/C++编译系统中，还允许将 *(p+i)直接以 p[i]的形式表示。

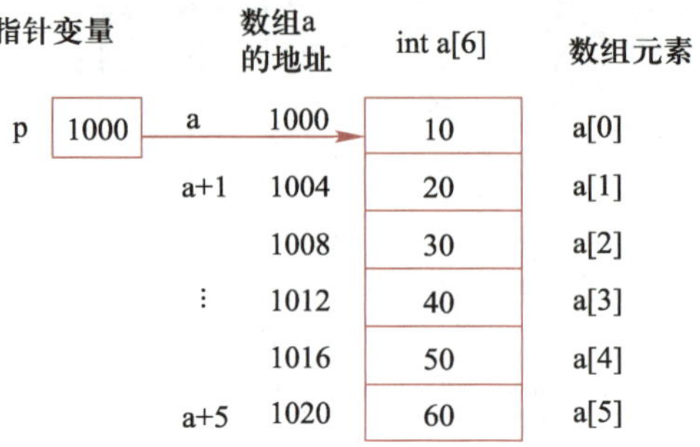

图 1.5.8　指针变量与数组的关系示意图

可见，有了指针和数组的关系，今后访问数组元素就可以采用如下 3 种方式。

（1）下标方式

数组名[下标]

（2）地址方式

＊(地址)　　//这里的地址专指以数组名形式表示的地址

（3）指针方式

＊指针

【例 5.4】　分别用 3 种方式显示一个数组中的所有元素。

程序：

```
#include "iostream"
using namespace std;
int main()
{
    int a[6]={10,20,30,40,50,60}, *p,i;
    cout<<"\n 下标方式：";
    for(i=0;i<6;i++)
        cout<<a[i]<<" ";
    cout<<"\n 地址方式：";
    for(i=0;i<6;i++)
        cout<<*(a+i)<<" ";
    cout<<"\n 指针方式 1：";
    for(p=a,i=0;i<6;i++)          //p 的值不变
        cout<<*(p+i)<<" ";
    cout<<"\n 指针方式 2：";
    for(p=a;p<a+6;p++)            //p 的值改变
        cout<<*p<<" ";
    cout<<endl;
    system("pause");
```

程序代码：
例 5.4

```
    return 0;
}
```

程序运行结果如图 1.5.9 所示，以上 3 种访问方式的比较如表 1.5.1 所示。

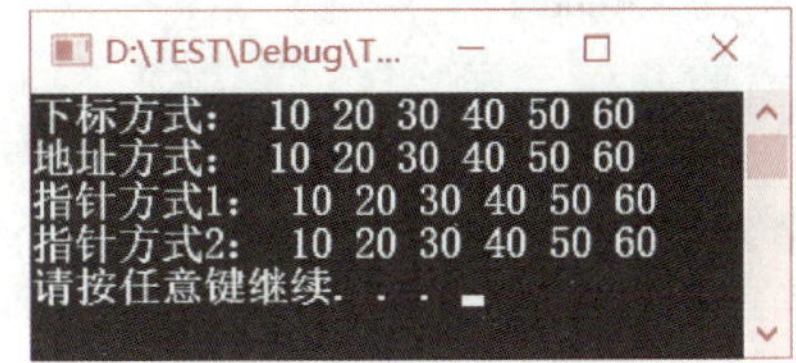

图 1.5.9 例 5.4 程序运行结果

◀表 1.5.1 3 种访问方式的比较

引用方式	元素的地址	数组元素	说明
下标方式	&a[i]	a[i]	
地址方式	a+i	*(a+i)	
指针方式	p+i	*(p+i) p[i]	指针变量所指地址不变
	p++	*p	指针变量所指地址改变

说明：

① p 与 a 的区别。两者同样表示地址，且存在许多相同的表现形式，但它们的本质不同。p 是地址变量，而 a 是地址常量。所以可以对 p 进行 p++、p-- 及赋值运算，改变 p 的值；但不能对 a 进行 a++、a--或赋值运算。

② *p++与(*p)++的区别。*p++等价于*(p++)，其中的++运算符作用于指针变量，运算的执行过程是，取指针所指对象的值；将指针下移一个单元。运算改变的是指针变量的值，而指针所指对象的值不变，如图 1.5.10 所示。(*p)++的++运算符作用于指针变量所指对象，运算的执行过程是，取指针所指对象的值；p 所指对象的内容加 1。运算改变的是指针所指对象的值，而指针本身不变，如图 1.5.11 所示。

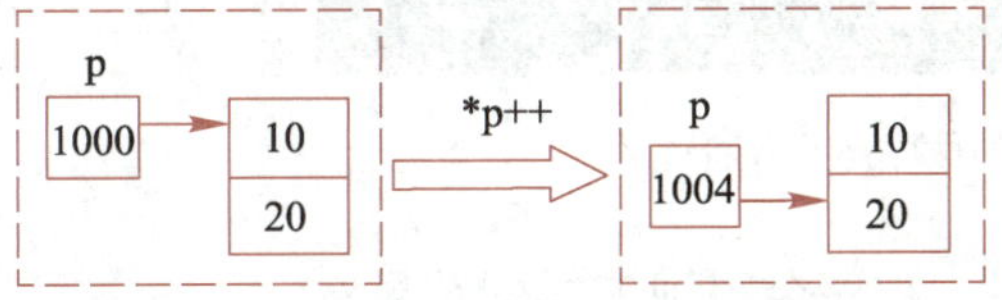

图 1.5.10 执行*p++的运算效果

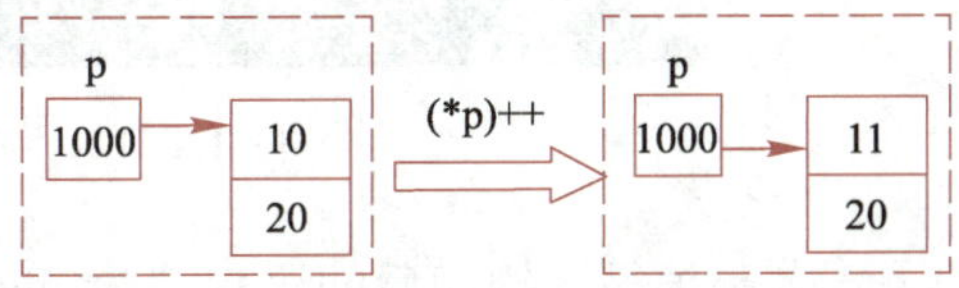

图 1.5.11 执行(*p)++的运算效果

【例 5.5】 利用指针从键盘读入 N 个实数，分别求取每个实数的小数部分和整数部分。

程序代码：例 5.5

程序：

```
#include "iostream"
using namespace std;
#define N 3
int main()
```

```
{
    double num[N], *p=num, *fpart=new double;     //利用指针 fpart 取出小数部分
    int i, *ipart=new int;                        //利用指针 ipart 取出整数部分
    cout<<"请输入"<<N<<"个实数"<<endl;
    for(i=0;i<N;i++)
    {
        cin>>*(p);                                //读入一个数组元素
        p++;
    }
    p=num;                                        //p 要重新获得数组的首地址
    for(i=0;i<N;i++)
    {
        *ipart=int(*p);
        *fpart=*p-*ipart;
        cout<<"第"<<i+1<<"个数是:"<<*p;
        cout<<",它的整数部分是:"<<*ipart<<",小数部分是:"<<*fpart<<endl;
        p++;
    }
    system("pause");
    return 0;
}
```

程序运行结果如图 1.5.12 所示。需要注意的是，指针 ipart 和 fpart 在使用前必须要先通过 new 运算符申请空间，使其有明确的指向。

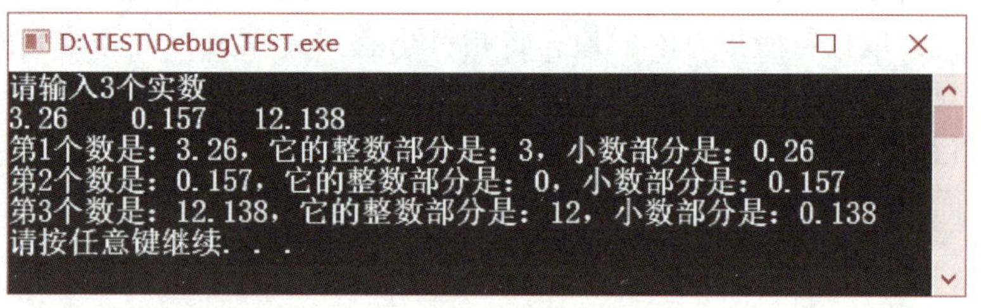

图 1.5.12　例 5.5 程序运行结果

思考：若去掉循环输入后的语句“p=num;”，程序会得到怎样的结果？

5.2.2　指针和二维数组

二维数组是有行有列的二维表，在内存中按行存放，每一行中存放若干元素，即二维数组的一行实际上代表了一个一维数组。从这个角度来看，二维数组可以被看作是“数组的数组”。可见，虽然一维数组的名字和二维数组的名字都代表了数组的首地址，但它们的级别是不同的。指向变量的指针称为一级指针，而指向指针的指针则称为二级指针。下面结合具体的定义简单介绍相关概念。假设有定义：

```
int a[2][3]={{1,3,5},{2,4,6}};
```

（1）一级指针常量

上面的定义中，a 数组包含两行，即 a[0]和 a[1]，它们可以看作是数组 a 的两个元素。而 a[0]和 a[1]本身又是一个一维数组，各包含 3 个元素。例如，a[0]所代表的一维数组包含 a[0][0]、a[0][1]和 a[0][2]，故 a[0]作为此一维数组的名字，代表了它的首地址，即 &a[0][0]。结合指针的运算可知：a[0]+i（i 代表数组 a 的合法列下标）等价于 &a[0][i]，代表元素 a[0][i]的地址。故 a[0]和 a[1]这两个特殊的数组名被称为指向 int 类型的一级指针常量，如图 1.5.13 所示。

（2）二级指针常量

a 作为二维数组的名字，代表了由 a[0]和 a[1]这两个特殊元素组成的一维数组的首地址，故 a 是指向首元素 a[0]的，a 等价于 &a[0]。因 a[0]是指向 int 类型的一级指针常量，所以数组名 a 被称为指向 int 类型的二级指针常量，如图 1.5.13 所示。

利用指针访问二维数组元素通常采用如下两种方式。

1. 指针变量引用数组元素

与指针变量引用一维数组元素的原理相同，要引用二维数组元素，可定义指针变量，其指向数组的首元素。例如：

```
int a[2][3]={{1,2,3},{4,5,6}},*p=a[0];
```

由于二维（包括多维）数组在内存中是线性连续存放的，数组 a 是由 6 个元素组成的数组，因此，可通过 p 指针变量的后移依次引用二维数组的每个元素，如图 1.5.14 所示。

二级	一级	二维数组		
a	a[0]	a[0][0]	a[0][1]	a[0][2]
a+1	a[1]	a[1][0]	a[1][1]	a[1][2]

图 1.5.13 二维数组的地址层次

	值	元素
p→	1	a[0][0]
	2	a[0][1]
	3	a[0][2]
	4	a[1][0]
	5	a[1][1]
	6	a[1][2]

图 1.5.14 指针变量引用数组元素

例如，要显示二维数组的各元素，可采用如下程序段：

```
for(i=0;i<6;p++,i++)
{
    cout<<*p<<" ";
    if(i%3==0)
        cout<<endl;
}
```

注意：在 C/C++中，给指针变量赋值时要考虑它们的级别，不能用二级指针给一级指针变量赋值。

思考：假设有定义“int a[2][3],*p;”，判别下列赋值语句的合法性。

① p=&a[0][0];

② p=a;

前面结合二维数组的定义介绍了一级指针常量和二级指针常量，而对如何定义不同级别的指针变量并未做具体介绍。二级指针变量，甚至级别更高的多级指针变量是在定义指针变量时，通过在其前面增加相应个数的“ * ”标志实现的。例如：

```
int *p1;        //定义 p1 是一级指针变量
int **p2;       //定义 p2 是二级指针变量
int ***p3;      //定义 p3 是三级指针变量
```

对二级指针变量及多级指针变量本书不再展开介绍，读者若有需要可自行参考相关资料。

2. 指针数组引用数组元素

根据图 1.5.13 可知，a[0]和 a[1]是二维数组每行的首地址，是一级指针，如果定义一个数组用来存放 a[0]和 a[1]，那么这个数组因为存放的元素本身都是地址，所以这样的特殊数组称为指针数组。例如：

```
int  a[2][3],*p[2] ={a[0],a[1]};
```

这时指针数组与二维数组的关系如图 1.5.15 所示。指针数组 p 中的元素 p[0]、p[1]都是指针，分别指向二维数组第 0 行和第 1 行的首元素。

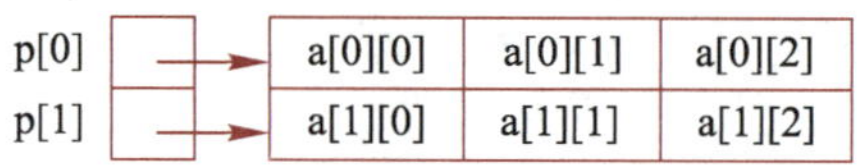

图 1.5.15 指针数组与二维数组的关系

结合指针运算，用指针数组引用二维数组的方法如下：

*(p[i]+j) 或 *(*(p+i)+j)

可见，指针数组名 p 实际上是一个二级指针。

【例 5.6】 利用指针数组显示二维数组的所有元素。

程序：

```
#include "iostream"
using namespace std;
int main()
{
    int  a[2][3]={1,2,3,4,5,6},*p[2]={a[0],a[1]},i,j;
    for (i=0;i<2;i++)
    {
        for (j=0;j<3;j++)
            cout<<*(p[i]+j)<<" ";
        cout<<endl;
    }
    system("pause");
```

```
    return 0;
}
```

对于初学者来说，二级指针的概念相对比较难于理解，在实际应用时，可以避开这些烦琐的表示，而直接使用下标法实现。但从理解指针和数组关系的角度而言，还是应该对以下表达方法有所了解。

① 直接用地址方式引用数组元素 a[i][j]：

(a[i]+j)或(*(a+i)+j)

说明：a[i]、*(a+i)均表示二维数组第 i 行的首元素地址；a[i]+j、*(a+i)+j 均表示第 i 行第 j 列元素的地址；*(a[i]+j)、*(*(a+i)+j)均表示数组元素 a[i][j]。

② 用指针数组的方式引用数组元素 a[i][j]：

(p[i]+j)或(*(p+i)+j)

5.3 指针和字符串

字符指针可以指向一个字符串，通过该指针可以实现对其所指向的字符串的各种处理。

5.3.1 字符指针和字符数组

第 4 章专门介绍了字符数组处理字符串的方法和策略，本节通过对比的方式介绍字符指针与字符数组在字符串处理方法上的区别。例如，有如下定义：

char s[6] = "China", *p="China";

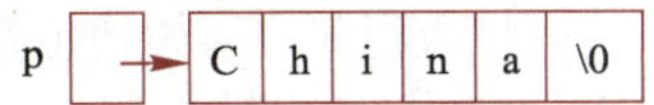

图 1.5.16 字符指针指向字符串

这里 p 是字符指针变量，存放的是字符串常量的首地址，如图 1.5.16 所示，结合上述定义可知，用字符数组和字符指针处理字符串的区别如表 1.5.2 所示。

◀表 1.5.2 字符数组与字符指针的区别

	字符数组	字符指针
定义	char s[6];	char *p;
初始化	char s[6] = "China"; 或 char s[ ] = "China";	char *p="China"; 或 char s[6] = "China", *p=s;
赋值	s[0]='C'; s[1]= 'h'; s[2]= 'i'; s[3]= 'n'; s[4]= 'a'; //只能逐元素赋值，不能对数组名赋值	p="China"; //可以随时为指针变量赋值
输入	cin>>s; 或 gets(s);	p=new char[6];或 p=s; cin>>p;或 gets(p); //字符指针必须先被赋值，获得明确指向后，方能对其进行输入
运算	不能对数组名 s 进行自增、自减或赋值运算	随时可以对指针变量 p 进行自增、自减或赋值运算

【例5.7】 输入一串字符存储在字符数组中，要求用指针方式逐一显示每个字符，并求该字符串的实际长度。

程序：

```
#include "iostream"
using namespace std;
int main()
{
    char s[80], *p;
    cout<<"请输入字符串："<<endl;
    gets(s);
    p=s;                        //p指向数组的首元素，见图1.5.18中①
    cout<<"输出每个字符:";
    while(*p!='\0')
        cout<<*p++<<" ";        //指针后移，直到p指向字符串结束符，见图1.5.18中②
    cout<<"\n 字符串长度 ："<<p-s<<endl;
    system("pause");
    return 0;
}
```

程序运行结果如图1.5.17所示。

说明：

① 将数组s的起始地址赋给指针变量p，通过指针的不断后移，利用*p遍访所有元素，直到p指向字符串结束符'\0'。

② 由于最终p已指向字符数组s中的'\0'，所以可以利用指针的相减运算p-s，获得两个指针所指向的内存地址之间存储的元素个数，即求得字符串的长度。

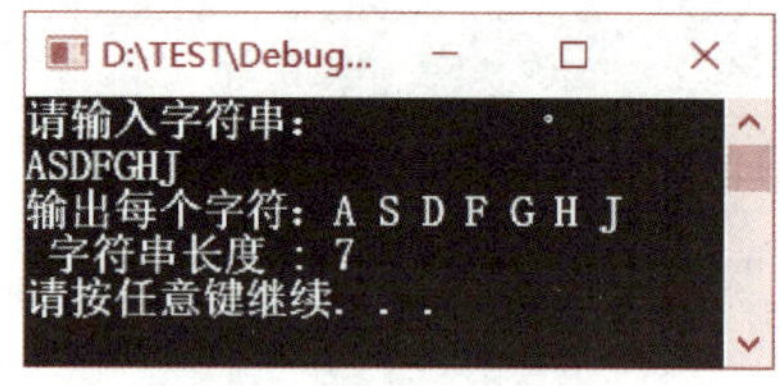

图1.5.17　例5.7程序运行结果

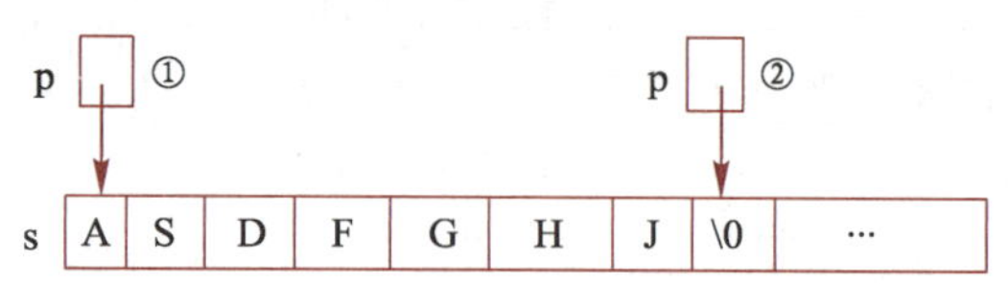

图1.5.18　用指针p引用字符数组

【例5.8】 输入一个只由字母和数字组成的字符串，要求对其重新排列，使得字母排在前面，数字排在后面，但并不改变原来字母之间以及数字之间的字符顺序。程序运行结果如图1.5.19所示。

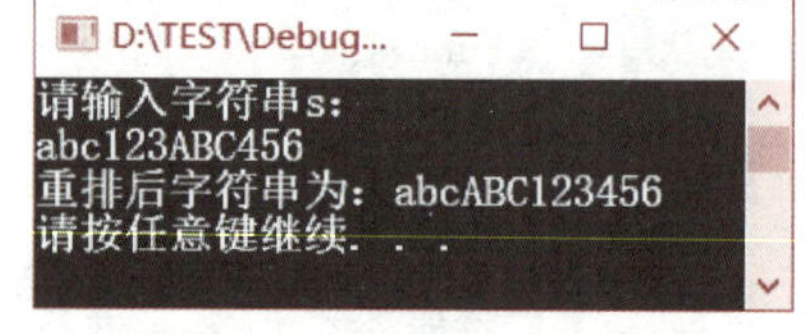

图1.5.19　例5.8程序运行结果

分析：

① 假设输入的字符串存储在字符数组s中，逐一检查s中的每个字符，将其中的字母字符和数字字符分离，分别保存在字符数组s1和s2中，即将s

拆分成两个字符串。

② 调用标准函数 strcat( )将字符串 s1 和 s2 重新合并成一个字符串。

程序：

```
#include "iostream"
using namespace std;
#define N 30
int main( )
{
    char s[N],s1[N],s2[N], *p=s, *p1=s1, *p2=s2;
    cout<<"请输入字符串 s:"<<endl;
    cin>>s;
    while( *p!='\0')
    {
        if( *p>='0' && *p<='9')                //处理数字字符
        {
            *p2= *p;
            p2++;
        }
        else                                    //处理字母字符
        {
            *p1= *p;
            p1++;
        }
        p++;
    }
    *p1='\0';                                   //在 s1 的末尾添加字符串结束标志
    *p2='\0';                                   //在 s2 的末尾添加字符串结束标志
    strcat(s1,s2);                              //连接两个字符串
    cout<<"重排后字符串为:"<<s1<<endl;
    system("pause");return 0;
}
```

程序代码：例 5.8

思考：若程序中没有 *p1='\0';和 *p2='\0';语句，应该怎样连接 s1 和 s2?

5.3.2 字符指针数组

字符指针数组就是指数组元素皆为字符指针的数组，通常用来处理一组字符串，其定义形式如下：

```
char *数组名[整型常量表达式];
```

若有如下定义：

```
char *book[]={"Python","C/C++"," VB.NET","Java"};
```

则数组 book 的每个元素都是字符指针，其存储示意如图 1.5.20 所示。

字符指针数组和二维字符数组虽然都可以用来处理一组字符串，但字符指针数组所指向的字符串可以按每个字符串的实际长度存储，而不需要像二维数组那样，为不同的字符串都按统一的长度分配存储空间，所以字符指针数组比二维字符数组节省存储空间。

【例 5.9】 对上面定义的 book 数组中存放的 4 个字符串，按字典的顺序对其进行排序。

分析：利用字符指针数组对多个字符串排序，和其他形式的数据排序不同。因为字符指针数组中每个字符串的长度不同，无法直接交换字符串的位置，故应采用交换指针指向的方法实现排序，如图 1.5.21 所示。

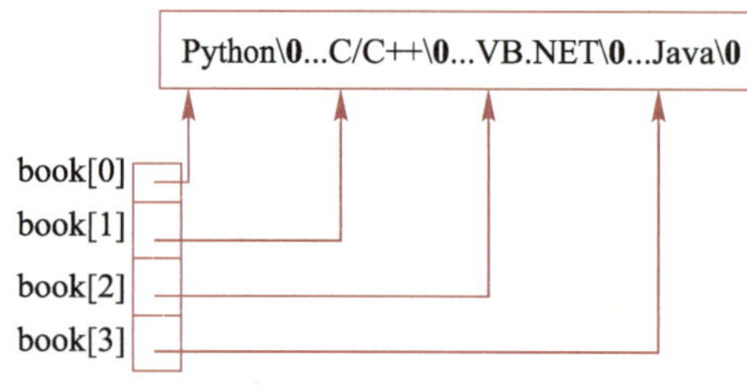

图 1.5.20　字符指针数组的存储示意

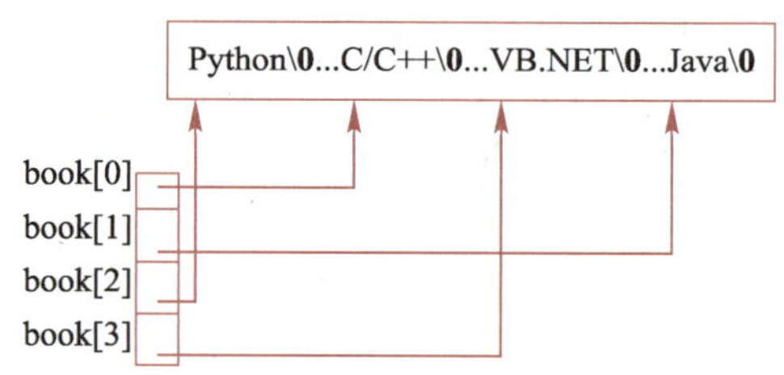

图 1.5.21　字符指针数组实现排序的示意

程序代码：例 5.9

程序：

```
#include "iostream"
using namespace std;
int main()
{
    char *book[]={"Python","C/C++","VB.NET" ,"Java"},*p;
    int i,j,k;
    cout<<"排序前 :"<<endl;
    for(i=0;i<4;i++)
        cout<<book[i]<<endl;
    for(i=0;i<3;i++)
    {
        k=i;
        for(j=i+1;j<4;j++)
            if(strcmp(book[k],book[j])>0)
                k=j;
        if(i!=k)
        {
            p=book[i];
            book[i]=book[k];
            book[k]=p;
        }
    }
```

```
    cout<<"排序后 :"<<endl;
    for(i=0;i<4;i++)
        cout<<book[i]<<endl;
    system("pause");
    return 0;
}
```

程序运行结果如图 1.5.22 所示。可见，程序中交换的是指针的指向，而每个字符串本身的地址并没有发生改变。

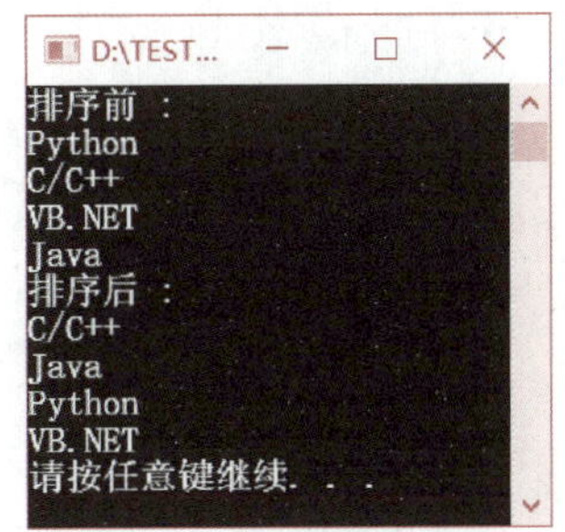

图 1.5.22　例 5.9 程序运行结果

5.4　综合应用

指针是 C/C++特有的一种数据类型。使用指针处理数组和字符串，可以增强处理的灵活性，某些情况下还会提高程序的运行效率。

本章介绍了指针的基本概念与运算、指针和数组之间的关系，以及用指针访问数组元素和字符串的方法。下面通过几个综合应用实例，巩固本章所学的内容。

【例 5.10】 随机产生 4 个字符组成的验证码（验证码中只包括数字字符和大写字母），然后从键盘输入一个用户验证码，要求检查该用户验证码的正确性。

分析：题目的难点是按要求随机产生由数字和大写字母组成的验证码。可以先产生 0~1 的一个随机数，根据其值的不同（取 0 还是取 1）决定再随机产生一个数字字符还是一个大写字母。

程序：

```
#include "iostream"
#include "time.h"
using namespace std;
#define N 4                         //定义验证码的位数
int main()
{
    int i,k,n;
    char c,s1[N+1],s2[N+1], * p=s1;
    srand(time(0));
    for(i=1;i<=N;i++)
    {
        k=rand()%2;
        if(k==0)                    //k=0 时产生一个数字字符
        {
            n=rand()%10;
            * p=n+'0';              //将整数转化成数字字符
            p++;
        }
```

程序代码：例 5.10

```
        else                                //k=1时产生一个大写字母
        {
            c=rand()%26+'A';
            *p=c;
            p++;
        }
    }
    *p='\0';                   //将4位验证码组成一个字符串
    cout<<"产生的验证码："<<s1<<endl;
    cout<<"请输入验证码："<<endl;
    cin>>s2;
    if(strcmp(s1,s2)!=0)
        cout<<"验证码错误!";
    else
        cout<<"通过验证!"<<endl;
    system("pause");
    return 0;
}
```

程序运行结果如图 1.5.23 所示。

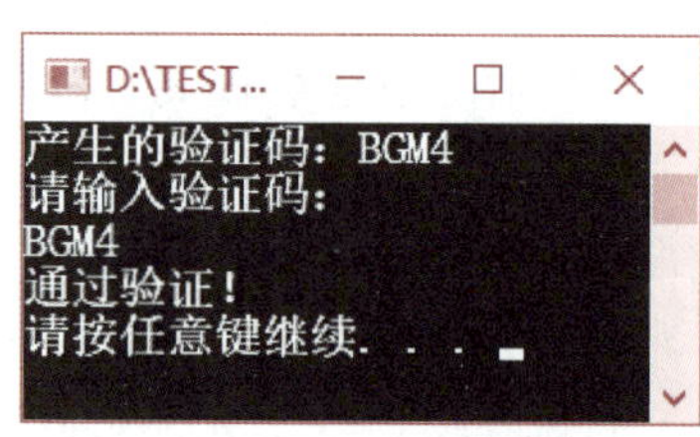

图 1.5.23　例 5.10 程序运行结果

【例 5.11】 求解一个英文句子中最长单词的长度（包含字母的个数）。假设该英文句子中只含有字母和空格，以"."结束。

分析：根据题意，句子中只含有字母和空格，所以逐一考查句子中的每个字符，若遇到字母，代表该字符是单词的一部分，单词长度加 1；否则遇到空格符，即代表一个单词结束。后续再通过单词长度的比较，找到最长单词的长度。

程序代码：例 5.11

程序：

```
#include "iostream"
using namespace std;
#define N 40
int main()
{
    char s[N], *t;
    int max=0, length=0;        //max代表最长单词的长度，length用于统计一个单词的长度
    cout<<"请输入一个句子，以'.'结束"<<endl;
    gets(s);
    t=s;                        //t用于遍历句中的每个字符
    while (*t!='.')
    {
        while (((*t<='Z')&&(*t>='A'))||((*t<='z')&&(*t>='a')))   //统计一个单词的长度
        {
            length++;
```

```
            t++;
        }
        if (max<length)                    //最长单词的长度被当前查到的更长单词的长度取代
            max=length;
        length=0;                          //length 重置为 0，为下一个单词的统计做准备
        t++;
    }
    cout<<"最长的单词含有字符数为"<<max<<endl;
    system("pause");return 0;
}
```

程序运行结果如图 1.5.24 所示。

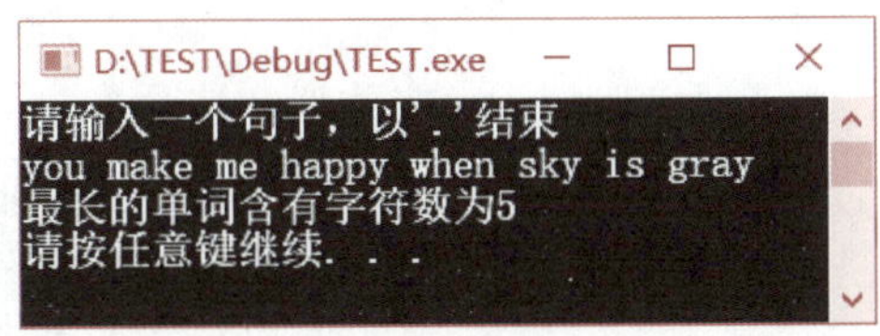

图 1.5.24 例 5.11 程序运行结果

【例 5.12】 某单词计分游戏按单词中的每个字母的点数计分，点数分配如下：

1：A，E，I，L，N，O，R，S，T，U

2：D，G

3：B，C，M，P

4：F，H，V，W，Y

5：K

8：J，X

10：Q，Z

例如，单词"FARM"得分为 9 点，字母 F 为 4 点，字母 A 和 R 各为 1 点，字母 M 为 3 点。输入一组单词，以"#"表示输入结束，依次输出每个单词的点数。

说明：计算点数时不区分大小写。

分析：若将每个字母的点数存放在一维数组 a 中（'A'的点数存在 a[0]中，'B'的点数存在 a[1]中……），应该不难理解，对于任意一个字母 ch，其点数应该存储在数组元素 a[ch-'A']中。若用指针方式表示，即 *(a+ch-'A')的值就代表了字母 ch 对应的点数。一个单词的得分就是单词中各字母的点数之和。

程序：

程序代码：例 5.12

```
#include "iostream"
using namespace std;
#define N 40
int main()
{
    int a[]={1,3,3,2,1,4,2,4,1,8,5,1,3,1,1,3,10,1,1,1,1,4,4,8,4,10},k,score;
```

```
    char str[N], *q;
    cout<<"请输入单词:"<<endl;
    cin>>str;
    q=strupr(str);          //便于不区分大小写
    while(strcmp(q,"#")!=0)
    {
        score=0;
        while(*q)           //该循环语句计算单词得分
        {
            k=*q-'A';
            score=score+*(a+k);
            q++;
        }
        cout<<"得分"<<score<<endl;
        cin>>str;           //处理下一个单词
        q=strupr(str);
    }
    system("pause");
    return 0;
}
```

程序运行结果如图 1.5.25 所示。

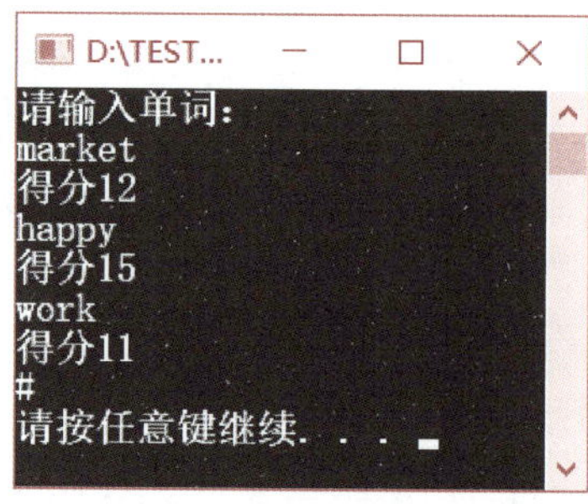

图 1.5.25　例 5.12 程序运行结果

【例 5.13】 统计字符串 s 中子串 sub 出现的次数。

分析：遍历字符串 s，从当前位置 i 开始，取长度为 j（j 为子串 sub 的长度）的子串写入字符数组 s2 中。若 s2 中存储的字符串和子串 sub 相等，则 s 中出现 sub 子串 1 次。

程序：

```
#include "iostream"
using namespace std;
#define N 50
int  main()
{
    char s[N],sub[N],s2[N];
    int i,j,count(0);
    cout<<"请输入字符串："<<endl;
    gets(s);
    cout<<"请输入子串："<<endl;
    gets(sub);
    for(i=0;*(s+i)!='\0';i++)
    {
        for (j=0;*(sub+j)!='\0';j++)        //在 s 中取从下标 i 开始的与 sub 等长的子串
            *(s2+j)=*(s+i+j);
```

```
        *(s2+j)='\0';
        if(!strcmp(s2,sub))
            count++;
    }
    if(count==0)
        cout<<"子串未出现"<<endl;
    else
        cout<<"子串共出现"<<count<<"次"<<endl;
    system("pause");
    return 0;
}
```

程序代码：例 5. 13

程序运行结果如图 1. 5. 26 所示。

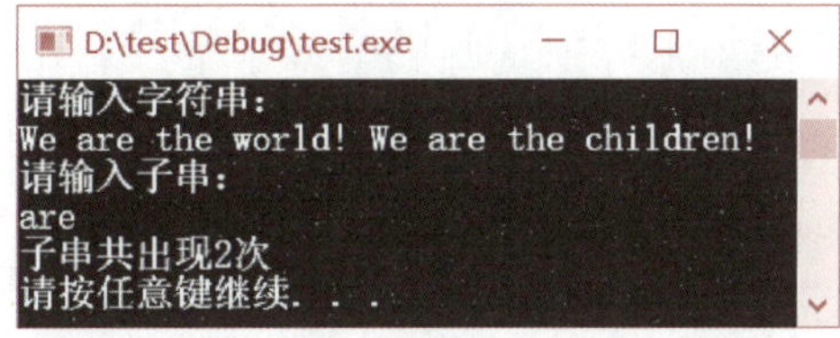

图 1. 5. 26 例 5. 13 程序运行结果

思考：请给出与 if(!strcmp(s2,sub))等价的条件表达形式。

习 题

一、选择题

1. 若有定义“int a=4, * point=&a;”，则下面均代表地址的一组选项是________。

A. a, point, * &a　　B. & * a, &a, * point

C. * &point, * point, &a　　D. &a, & * point , point

2. 若有定义“char s[10], * p;”，则下列语句正确的是________。

A. s="asdfghj" ;　　B. * p="asdfgh" ;

C. p= "asdfghj" ;　　D. cin>>p;

3. 若有定义“int a[5]={1,3,5,7,9}, * p=&a[3];”，则 p[-1]的值是________。

A. 6　　B. 值不确定　　C. 5　　D. 表达式不合法

4. 若有定义“int a[5], * p=a;”，则对数组元素引用正确的是________。

A. * &a[5]　　B. a+2　　C. * (p+5)　　D. * (a+2)

5. 若有定义“int a[2][3];”，则对数组 a 第 i 行第 j 列元素的地址的正确引用为________。

A. * (a[i]+j)　　B. (a+i)　　C. * (a+j)　　D. a[i]+j

6. 若有定义“int a=2, * p=&a, * q=p;”，则以下赋值语句不正确的是________。

A. p=q;　　B. * p= * q;　　C. a= * q;　　D. q=a;

7. 若有定义 “int a[3][4]={{1,2,5,3},{2,4,7,9},{3,6,5,8}},*p=&a[0][0];”，则表达式(*p+2)+*(p+2)的值为________。

A. 10　　B. 5　　C. 6　　D. 8

8. 若有定义 “int a[10]={15,12,7,31,47,20,16,28,13,19},*p;”，则下列语句正确的是________。

A. for(p=a;a<(p+10);a++);　　B. for(p=a;p<(a+10);p++);

C. for(p=a,a=a+10;p<a;p++);　　D. for(p=a;a<p+10; ++a);

9. 下面程序的输出结果是________。

```
#include "iostream"
using namespace std;
int main()
{
    char str[][10]={"China","Beijing"};
    char *p=str[0];
    cout<<p+10<<endl;
    system("pause");
    return 0;
}
```

A. China　　B. Bejing　　C. ng　　D. ing

10. 下面程序的输出结果是________。

```
#include "iostream"
using namespace std;
int main ()
{
    char c1='A', c2='a', *p1=&c1, *p2=&c2;
    (*p1)++;
    *p2++;
    cout<<c1<<c2<<endl;
    system("pause");
    return 0;
}
```

A. Ab　　B. Bb　　C. Aa　　D. Ba

二、阅读程序，写出程序的运行结果

1.
```
#include "iostream"
using namespace std;
int main()
{
    char s[]="1234567890",*p;
    int i;
```

```
    for(p=s+5; *p!='\0';p++) cout<< *p;
    p=s+5;i=0;
    while(i++<5)
        cout<<p[-i];
    system("pause");
    return 0;
}
```

2.
```
#include "iostream"
using namespace std;
int main()
{
    int a[]={-2,3,0,-5,-4,6,9}, *p=a,m,n;
    m=n= *p;
    for(p=a;p<a+7;p++)
    {
        if(*p>m) m= *p;
        if(*p<n) n= *p;
    }
    cout<<m-n;
    system("pause");
    return 0;
}
```

3.
```
#include "iostream"
using namespace std;
int main()
{
    int a[8]={1,2,3,4,4,6,2,8};
    int i, *p, *q,t;
    p=a;q=&a[7];
    while( *p!= *q)
    {
        t= *p; *p= *q; *q=t;
        p++;q--;
    }
    for(i=0;i<8;i++)
        cout<<a[i]<<"";
    system("pause");
    return 0;
}
```

4.
```
#include "iostream"
using namespace std;
int main( )
{
    char str[ ] = "xyz", * ps = str;
    while( * ps)   ps++;
    for( ps--;ps-str>=0;ps--) puts(ps);
    system("pause");
    return 0;
}
```

三、程序填空

1. 读入 N 个整数到数组中，统计其中正数的个数，并计算这些正数之和。

```
#include "iostream"
using namespace std;
#define N 5
int main( )
{
    int i, * a=________, * sum=new int, * count=new int, * p;
    ________;
    for(i=0;i<N;i++)
        cin>>________;
    for(p=a;p<a+N;p++)
    {
        if(* p>0)
        {
            * count= * count+1;
            * sum= ________;
        }
    }
    cout<<"sum="<< * sum<<"  count="<< * count;
    system("pause");return 0;
}
```

2. 将数组 s 中的字符串复制到数组 t 中，再将 s 中字符串的倒序串连接到数组 t 中字符串的末尾。

```
#include "iostream"
using namespace std;
int main( )
{
    char s[40],t[80], * p, * q;
```

```
    int len;
    cin>>s;
    len=strlen(s);
    p=________;
    strcpy(t,s);
    q=t+len;
    while(p>=s)
    {
        *q=________;
        q++;
        ________;
    }
    ________;
    cout<<t<<endl;
    system("pause");
    return 0;
}
```

3. 将字符串 s 中的数字字符依次取出，构成一个整数存放在变量 t 中，同时还要求输出 s 中 ASCII 码最大的字符之后的子串（含最大字符）。例如，s 中存储的字符串为“as123z56jh7y”，则 t 的内容为“123567”，所求的子串为“z56jh7y”。

```
#include "iostream"
using namespace std;
int main()
{
    char s[80],*p,*max;
    long t(0);
    cin>>s;
    p=s;
    ________;
    while(________)
    {
        if(*p>*max)
            ________;
        if(*p>='0' && *p<='9')
            t=________;
        p++;
    }
    cout<<"t="<<t<<"最大字符开始的子串:"<<max<<endl;
    system("pause");
```

```
    return 0;
}
```

四、编程题

1. 用指针实现字符替换，要求将用户输入的字符串中的字母 t(T) 替换为 e(E)，并计算替换字符的个数。

2. 用指针实现字符统计。输入一个字符串，统计其中大写字母、小写字母、数字字符和其他字符出现的个数。

3. 不允许调用 strcpy( ) 函数，用字符指针将一个已知字符串的内容复制到另外一个字符串中。

4. 用字符指针数组实现如下功能：输入 5 个字符串，将每个字符串中的第 3 个字符（若字符串长度小于 3，用空格替代）取出，组成一个新的字符串。

第 6 章 函数

电子教案

C/C++程序是由函数组成的。程序中不仅可以调用系统提供的标准库函数，还允许用户根据需要自行定义函数，并且可以像调用标准函数一样调用自定义函数。

在程序设计语言中，引入用户自定义函数的作用主要有两个：① 将复杂的程序分解成若干功能相对独立的函数，实现以函数为单位的模块化设计，提高程序的可读性；② 将只因某些数据不同却要重复编写多次的代码独立成函数，可以实现代码的复用，从而提高程序的开发效率。

本章主要介绍用户自定义函数的相关知识及变量的作用域和生存期的内容。

6.1 函数的定义、调用和说明

6.1.1 引例——求五边形的面积

【例 6.1】 已知五边形各边和对角线的长度（见图 1.6.1（a）），计算该五边形的面积。

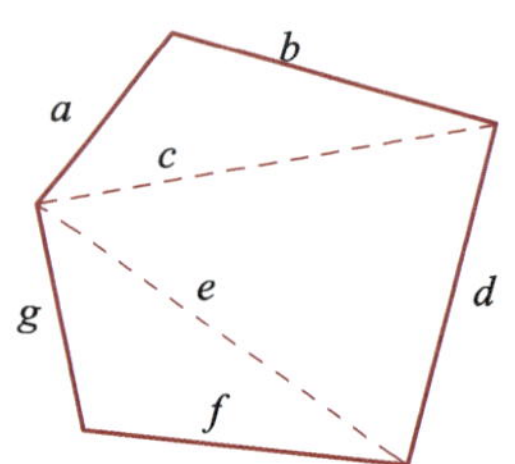

(a) 五边形的各边长与对角线长度

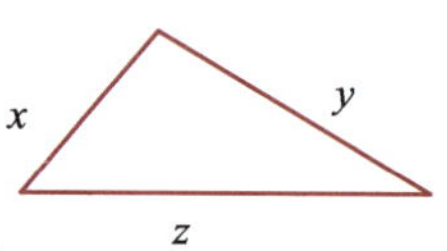

(b) 三角形

图 1.6.1 引例

计算五边形的面积，可将五边形先分割成若干个三角形，然后通过计算这些三角形的面积之和求解五边形的面积。对图 1.6.1（b）所示的三角形，已知 3 条边边长分别为 x、y、z，则其面积可用如下公式计算：

$$\text{area}=\sqrt{c(c-x)(c-y)(c-z)}$$

其中，c 为三角形周长的一半，即 $c=\frac{1}{2}(x+y+z)$。

分析：本例将五边形划为 3 个三角形求面积，使用的公式相同，不同的仅仅是边长。因此，首先定义一个求三角形面积的函数，然后就可以像调用标准函数一样多次调用它。

程序：

```
#include "iostream"
using namespace std;
double  area(double x, double y, double z)   //定义求三角形面积的函数
{
    double  c,s;
    c = (x + y + z)/2;
    s = sqrt(c * (c-x) * (c-y) * (c-z));
    return s;
}
int main()                                   //主函数
{
    double  a,b,c,d,e,f,g,s;
    cout<<"输入 a、b、c、d、e、f、g 边长:"<<endl;
    cin>>a>>b>>c>>d>>e>>f>>g;
```

```
    s=area(a,b,c)+area(c,d,e) +area(e,f,g);      //三次调用 area 函数,求出总面积
    cout<<s<<endl;
    system("pause");
    return 0;
}
```

从本例可以看出，函数具有下列 3 个特点：

① 函数具有相对独立的功能。

② 不同函数之间是可以通过函数调用进行数据通信的。

③ 使用函数有利于代码重用，提高程序的开发效率。

6.1.2 函数的定义

微视频：函数的定义

函数与变量一样，也应遵循“先定义后使用”的原则。

形式：

```
函数类型  函数名([形式参数类型表])              //函数头
{
   语句序列                                    //函数体
}
```

说明：

① 函数名需符合 C/C++标识符的命名规则。

② 形式参数简称形参，定义时需分别声明各个形参的类型，即便形参的类型相同，也需一一声明，形式如下：

类型 形参 1,类型 形参 2 ,…,类型 形参 n

形参的类型可以是基本类型、指针类型、构造类型或类等。

③ 即便一个函数没有参数，函数名后面的一对圆括号也不能缺少。

④ 函数类型是指函数返回值的数据类型。函数通过 return 语句返回值，其形式如下：

return 表达式;

return 语句的功能是结束函数，并且将其后的表达式的值返回到主调函数。如果一个函数没有返回值，则函数类型应声明为 void（无类型或空类型），相应的，函数中不一定要有 return 语句，即便有 return 语句，return 后面也不应该再有表达式，此时 return 语句的功能只是结束函数。

⑤ 函数体是由一对花括号括起来的语句序列。

【例 6.2】 编写程序，求 3 个整型数中的最大数。

分析：要找出 3 个数中的最大数，可以先找到两个数中的大数，然后再找出这个大数和第三个数中的大数。因此，可以将“求两个数中的大数”的功能独立成函数。

程序：

```
#include "iostream"
using namespace std;
```

```
int getmax(int x,int y)        //定义函数 getmax，求两数中的大数。注意形参不能写成 int x,y
{
    int z;
    if(x>y) z=x;
    else z=y;
    return z;                  //将大数返回
}
int main()
{
    int a,b,c,m;
    cout<<"输入三个整数:";
    cin>>a>>b>>c;
    m=getmax(a,b);             //调用 getmax 函数，求出 a、b 中的大数，放在 m 中
    m=getmax(c,m);             //调用 getmax 函数，求出 c、m 中的大数
    cout<<"最大的数:"<<m<<endl;
    system("pause");
    return 0;
}
```

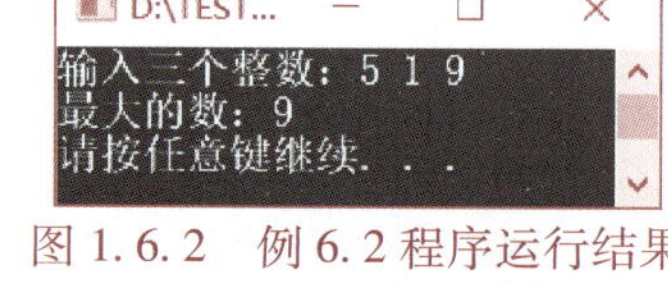

图 1.6.2　例 6.2 程序运行结果

程序运行结果如图 1.6.2 所示。

【例 6.3】 编写程序，输出如图 1.6.3 所示的图形。

分析：据题意要求，需打印两个由若干行“*”字符构成的三角形图形，这两个三角形只是行数不同，所以可将“打印由 n 行'*'构成的三角形”这一功能独立成函数，该函数无返回值，定义为 void 类型。

图 1.6.3　例 6.3 程序运行结果

程序：

```
#include "iostream"
#include "iomanip"
using namespace std;
void pic(int n)                    //函数功能为输出一个 n 行的三角形图形
{
    int i,j;
    for(i=0;i<n;i++)
    {
        cout<<setw(10-i);          //控制每行输出的起始位置
        for(j=0;j<2*i+1;j++) cout<<"*";
        cout<<endl;
    }
}
int main()
{
```

```
    pic(4);                          //调用 pic 函数，输出 4 行三角形图形
    pic(6);                          //调用 pic 函数，输出 6 行三角形图形
    system("pause");return 0;
}
```

以上列举了几个用户自定义的函数，下面再强调一下定义函数需注意的问题。

① 每个函数都是一个独立的功能模块，函数体中不允许再嵌套定义函数，如下面的程序是错误的：

```
void delay(long x)
{
    for(int i=0;i<x;i++);
    void f()                          //不允许在函数内再定义函数
    {cout<<"This is a c++ program! ";}
}
```

② 函数类型最好与函数返回值的类型一致，以避免可能出现的错误。如在例 6.1 中，area()函数的类型是 double，如将其修改为 int 类型，则函数返回值 s 的类型将由 double 转换为 int 类型，即只取 s 的整数部分，虽然语法上不出现错误，但返回给调用函数的结果却与函数内计算的结果不一致。

③ 只有进行函数调用时，系统才会为形参分配存储空间，实参将值传给形参，形参才具有确定的值。

④ 有返回值的函数，函数值通过 return 语句返回；没有返回值的函数，函数体内可以没有 return 语句。

⑤ 函数通过 return 语句只能返回 1 个值。例如：

```
int fun (int a, int b)
{
    int m, n;
    m=a+b;
    n=a-b;
    return m;
    return n;           //该语句无法被执行
}
```

```
int fun (int a, int b)
{
    int m, n;
    m=a+b;
    n=a-b;
    return m, n;    //只能返回 n 的值
}
```

6.1.3 函数的调用

通过前面的例子可以看出，在 C/C++程序中，自定义的函数必须通过函数调用才能实现。

形式：

函数名([实际参数表])

说明：

① 实际参数简称实参，调用函数时，系统将实参的值传给对应的形参。

② 实参可以是常量、变量或表达式，也可以是对象。

③ 实参与形参的类型应匹配，最好要一致。比如，形参为整型指针，对应的实参为整型变量，则会出现参数不匹配的错误，错误信息为：不能将参数从“int”转换为“int *”。

④ C 语言不支持默认参数，要求实参个数必须与形参的个数相同；而 C++语言支持默认参数，函数中如果有默认参数，则实参个数可以少于形参的个数。

⑤ 对于有返回值的函数，函数调用应出现在表达式中；对于没有返回值的函数，函数调用本身就是一条独立的语句。

以例 6.2 为例，函数调用的过程如图 1.6.4 所示。

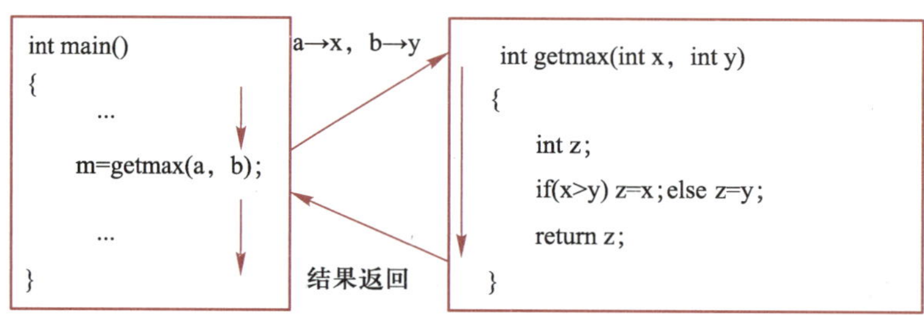

图 1.6.4　函数调用过程示意图

程序执行步骤如下：

① 执行 main( )函数到语句 m=getmax(a,b);。

② 用实参初始化对应的形参（即将实参的值传递给形参）。

③ 程序控制权转移到 getmax( )函数，执行函数体。

④ 遇到 return 语句，将 z 的值作为函数值返回到 main( )函数，同时程序的控制权再度转回 main( )函数。

⑤ 继续执行 main( )函数中的后继语句。

微视频：
求最小公倍数

【例 6.4】 编写程序，求正整数 m 和 n 的最小公倍数。

分析：两个数的最小公倍数等于这两个数的乘积除以它们的最大公约数，而最大公约数的算法在第 3 章中已做过介绍。为此，可以先编写函数 gcd(m,n)求 m 和 n 的最大公约数，再编写函数 sct(m,n)求 m 和 n 的最小公倍数。

程序：

```
#include "iostream"
using namespace std;
int gcd(int m,int n)
{
    int r;
    while(r=m%n)
    {m=n;n=r;}
    return n;
}
```

```
int sct(int m,int n)
{return m * n/gcd(m,n); }               //sct 函数中调用 gcd 函数
int main()
{
    int m,n;
    cin>>m>>n;
    cout<<m<<"和"<<n<<"的最小公倍数是: "<<sct(m,n)<<endl;
    system("pause");return 0;
}
```

程序运行结果如图 1.6.5 所示。该程序中，首先是 main( )函数调用 sct( )函数，而 sct( )函数又调用了 gcd( )函数，这说明函数是可以嵌套调用的。本例的函数调用与返回过程如图 1.6.6 所示，图中数字为执行次序。

图 1.6.5 例 6.4 程序运行结果

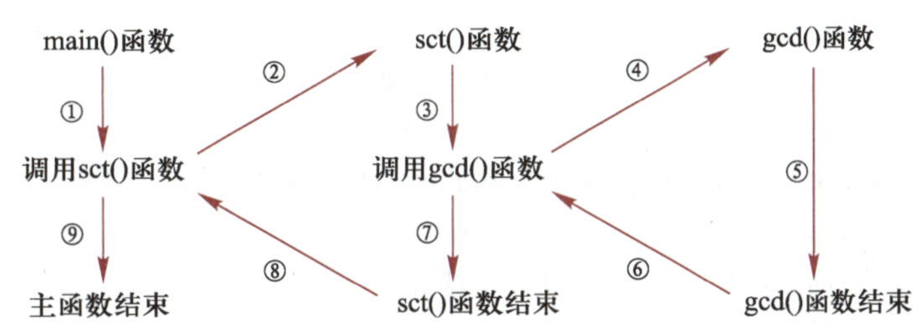

图 1.6.6 例 6.4 函数调用过程示意图

6.1.4 函数的说明

在前面所举的例子中，函数的定义和调用遵循“先定义后调用”的原则，此时编译能正常进行，因为编译时不会遇到尚未出现过的函数。C/C++中允许函数调用在前定义在后，但必须在调用前对该函数进行说明；否则编译时会给出“找不到标识符”的错误信息。

函数说明也称函数原型。

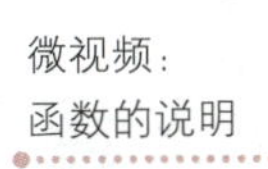

形式：

```
函数类型 函数名([形式参数类型表]);
```

说明：

① 各部分的含义与函数定义相同，其中的形式参数类型表中也可以只给出参数类型，而省略参数名。

② 由于函数说明是一条语句，所以需以分号结束。

③ 对于系统提供的库函数，其函数说明在头文件中，故需要通过文件包含命令将相应的头文件加载进程序。

【例 6.5】 函数说明示例。

```
#include "iostream"
using namespace std;
int main()
```

```
{
    int a,b,c;
    int maxvalue(int x,int y);          //函数说明,也可以写成 int maxvalue(int,int);
    cin>>a>>b;
    c=maxvalue(a,b);
    cout<<c<<endl;
    system("pause");return 0;
}
int maxvalue(int x,int y)
{ return x>y? x:y; }
```

【例 6.6】 函数说明示例。

```
#include "iostream"
using namespace std;
void fun();                 //函数说明放在函数外
int main()
{ fun();system("pause");return 0; }
void fun()
{ cout<<"This is a c++ program!"; }
```

注意:

① 函数调用在前定义在后时,必须对函数进行说明。

② 函数说明可以放在主调函数内,但要出现在函数调用语句之前;函数说明也可以放在函数的外部,此时该说明对其后出现的函数都有效。

③ 函数说明和所定义函数的函数类型、函数名、参数类型和个数必须完全一致。

④ 函数说明中的参数名可以省略,也可以与函数定义中的参数名不同。

6.2　函数间的参数传递

参数是主调函数与被调函数之间交换数据的通道。程序运行到函数调用语句时,实参就会将参数值赋值给相应的形参,这就是参数传递。

微视频:
传值参数

6.2.1　传值参数

前面介绍的例子中,参数传递的方式都是按值传递,函数调用过程为:① 系统为形参分配存储单元,并将实参的值赋给相应的形参;② 通过对形参的操作完成函数体;③ 释放形参所占用的存储单元,返回主调函数。

【例 6.7】 m 是一个三位正整数,将满足 m、m^2、m^3 均为回文数的正整数输出。所谓回文数是指顺读与倒读数字相同的数,如 4、151、34543。

分析:将正整数的每位数取出,构造一个倒序的正整数。若原数与其倒序数相同,则该数即为回文数。

程序：

程序代码：例 6.7

```
#include "iostream"
#include "iomanip"
using namespace std;
bool palindrome(int x)
{
    int m=x,n=0,k;
    while(x!=0)                         //构造倒序数
    {
        k=x%10; n=n*10+k; x=x/10;
    }
    return m==n;                        //表达式成立返回 1，否则返回 0
}
int main()
{
    cout<<"m"<<setw(15)<<"m*m"<<setw(15)<<"m*m*m"<<endl;
    for(int m=100;m<1000;m++)
        if(palindrome(m) && palindrome(m*m) && palindrome(m*m*m))
            cout<<m<<setw(15)<<m*m<<setw(15)<<m*m*m<<endl;
    system("pause");return 0;
}
```

程序运行结果如图 1.6.7 所示。主函数中每调用 palindrome()函数一次，系统都要重新为形参 x 分配存储单元，将实参的值传给形参，每一次调用结束返回主函数时，释放形参 x 所占用的存储单元。palindrome()函数中对形参 x 的改变是在形参的内存单元中进行的，不会影响实参的值。可见，传值调用的优点是减少函数间的关联。

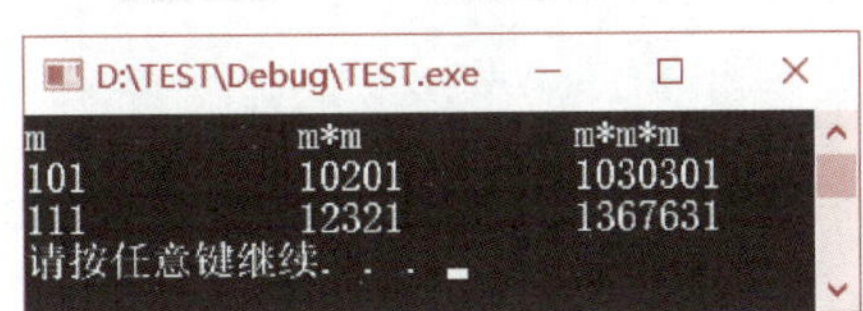

图 1.6.7 例 6.7 程序运行结果

注意：

① 按值传递时，形参必须是变量，用于接收实参传递过来的值；实参可以是常量、变量或表达式。

② 参数传递时，实参的值向形参进行“单向传递”，反向的传递不存在，故函数体内形参值的改变不会影响对应实参的值。

【例 6.8】 分析下面的程序，能否交换两个变量的值？

程序：

```
#include "iostream"
```

```
using namespace std;
int main( )
{
    int x,y;
    void swap(int,int);            //函数说明
    cin>>x>>y;
    cout<<"x="<<x<<" y="<<y<<endl;
    swap(x,y);
    cout<<"x="<<x<<" y="<<y<<endl;
    system("pause");return 0;
}
void swap(int a,int b)
{
    int temp;
    temp=a;a=b;b=temp;
}
```

程序运行结果如图 1.6.8 所示。可见，函数调用前后主函数中输出的 x、y 的值不变，并没有因为形参 a、b 在 swap( )函数中的交换而交换。原因是数据的交换是在形参的存储单元中进行的，函数调用结束，形参所占用的存储单元也同时被释放，如图 1.6.9 所示，因此，被调函数中对形参的改变与实参无关。

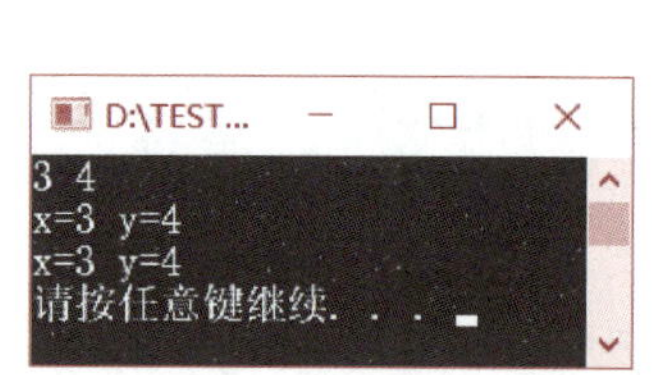

图 1.6.8　例 6.8 程序运行结果

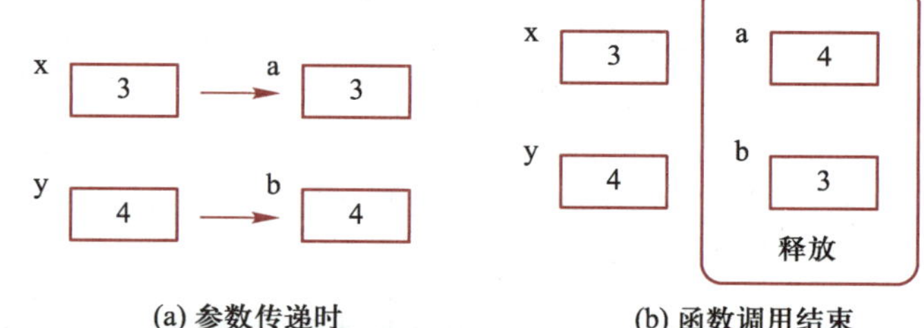

图 1.6.9　参数传递时和调用后的存储状态

微视频：引用参数

6.2.2　引用参数

从第 2 章可知，引用仅仅是另一个变量或对象的别名，它与所引用的变量共用同一段内存空间，因此对引用的操作就是对目标（变量或对象）的操作。根据这一特性，当形参被定义为引用类型时，对形参的任何操作实质上就是对其对应的实参的操作，实参的值将随着函数体内形参的改变而改变。

注意：形参为引用时，实参只能是变量名。

【例 6.9】　交换两个变量的值。

程序：

```
#include "iostream"
```

```
using namespace std;
int main()
{
    int x,y;
    void swap(int &a,int &b);       //函数说明
    cin>>x>>y;
    cout<<"x="<<x<<" y="<<y<<endl;
    swap(x,y);
    cout<<"x="<<x<<" y="<<y<<endl;
    system("pause");return 0;
}
void swap(int &a,int &b)           //形参 a、b 分别是实参 x、y 的引用，相当于 int &a=x,&b=y
{
    int  temp=a; a=b; b=temp;
}
```

程序运行结果如图 1.6.10 所示。调用 swap( )函数，形参 a、b 分别与实参 x、y 共用相同的存储单元，所以，对 a、b 的操作就是对 x、y 的操作，如图 1.6.11 所示。

图 1.6.10　例 6.9 程序运行结果

x
a
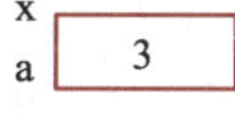

y
b
4

图 1.6.11　函数调用时的存储状态

【例 6.10】 编写函数，判别一个自然数是否是降序数，同时求出该数各位数之和并加以调用，若是降序数，则输出“yes”；否则输出“no”。例如，3、441、531 是降序数，而 412 不是降序数。

分析：由于要求在一个函数中求两个值，故可将其中一个值通过 return 语句返回，另一个带回给主调函数的值通过引用参数实现。

程序代码：例 6.10

程序：

```
#include "iostream"
using namespace std;
int drop(int x,int &sum)
{
    int flag=1;int x1=x;                    //flag 为 1 代表降序数
    while(x1)                               //求各位数之和
    {
        sum=sum+x1%10;
        x1=x1/10;
    }
```

```
        while(x>=10 && flag)                          //判断是否是降序数
            if(x/10%10>=x%10)
                x=x/10;
            else
                flag=0;
        return flag;
    }
    int main()
    {
        int m,sum=0;
        cin>>m;
        if(drop(m,sum))
            cout<<m<<"----Yes"<<endl;
        else
            cout<<m<<"----No"<<endl;
        cout<<"各位数之和："<<sum<<endl;
        system("pause");return 0;
    }
```

程序运行结果如图 1.6.12 所示。

图 1.6.12　例 6.10 程序运行结果

思考：若将函数 drop( )的类型定义为 void，程序应如何修改？

微视频：指针参数

6.2.3　指针参数

指针可以间接访问变量。在函数体中，可以通过改变形参指针所指向的实参变量的值来间接改变实参的值，从而使不同函数之间的数据联系变得灵活多样。

1. 形参为指针变量

形参若为指针变量，则其对应的实参必须是一个地址值。该地址可以是变量的地址、指针变量或数组名，调用时将实参值传给形参，也就是使实参和形参指向相同的存储单元。

【例 6.11】 利用指针参数交换两个变量的值。

程序：

```
#include "iostream"
using namespace std;
void swap(int *,int *);                  //函数说明
int main()
{
    int a,b;
    cin>>a>>b;
    cout<<"a="<<a<<" b="<<b<<endl;
    swap(&a,&b);                         //实参为变量的地址
```

```
    cout<<"a="<<a<<" b="<<b<<endl;
    system("pause");return 0;
}
void swap(int *x,int *y)                //形参中存放变量的地址，相当于 int *x=&a, *y=&b;
{
    int temp;
    temp=*x; *x=*y; *y=temp;
}
```

程序运行结果如图 1.6.13 所示。函数调用语句 swap(&a,&b);把实参 a 和 b 变量的地址传递给形参指针 x 和 y，在被调函数内通过交换 x 和 y 所指向的内存单元的内容间接交换了 a 和 b 的值，如图 1.6.14（a）所示。函数调用结束，释放形参的内存单元，实参的内容改变了，如图 1.6.14（b）所示。

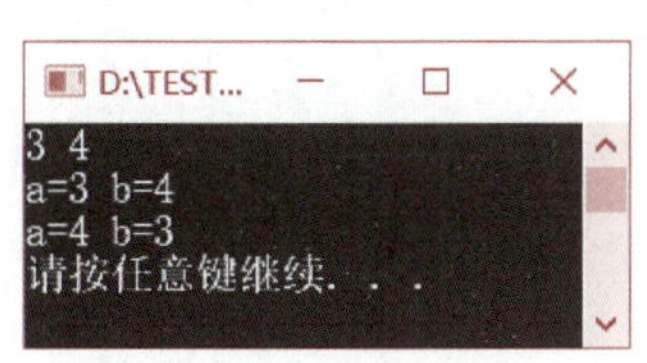

图 1.6.13　例 6.11 程序运行结果

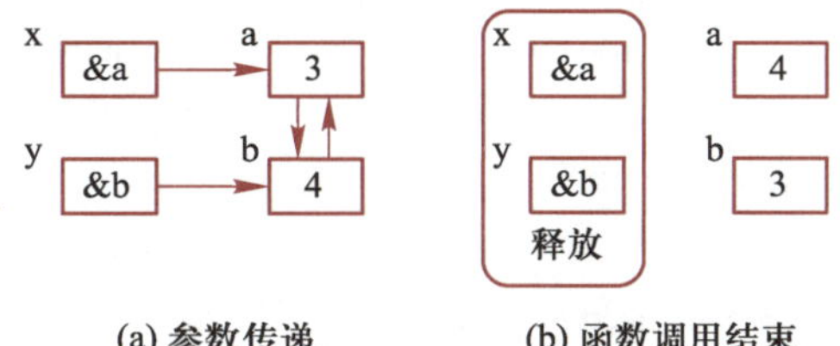

图 1.6.14　参数传递时和调用后的存储状态

思考：若将例中的 swap( )函数修改为如下形式，是否也能得出相同的结果?

```
void swap(int *x,int *y)
{
    int *temp;
    temp=x; x=y; y=temp;
}
```

注意：只有对形参指针变量所指的内容进行修改，对应的实参地址单元的内容才会随之改变。

【例 6.12】 输入任意一个三位数 num（要求 num 不等于 495，且其百位、十位、个位不全相等，否则重新输入），求出由此数的百位、十位、个位 3 个数字组成的最大数 max 和最小数 min（百位数可以为 0），再求出 max 和 min 的差（如结果小于 100，则百位数视为 0）。只要该数不等于 495，重复以上运算，则经过有限次计算后，必定得到 495。

例如，输入 814，有下列计算过程：

841-148=693→　963-369=594　→　954-459=495

若输入 330，有下列计算过程：

330-33=297→　972-279=693　→　963-369=594　→　954-459=495

分析：

① 设计函数 get_maxmin( )用于计算由三位数的百位、十位、个位组成的最大数和最小数。

② 若能将 get_maxmin( ) 函数中求得的最大数和最小数反馈到主函数中继续参与后续运算，则可将 max 和 min 定义为形参指针。

③ 主函数完成对 num 的各位数字的分解及不断迭代求新的 num 的任务。

程序：

程序代码：例 6.12

```
#include "iostream"
using namespace std;
void get_maxmin(int a,int b,int c, int *max, int *min)
{
    int  t;
    if(a<b) t=a,a=b,b=t;
    if(a<c) t=a,a=c,c=t;
    if(b<c) t=b,b=c,c=t;
    *max=a*100+ b*10 +c;            //将最大值存放在指针 max 指向的存储单元中
    *min=c*100+ b*10 +a;            //将最小值存放在指针 min 指向的存储单元中
}
int main( )
{
    int a,b,c,max,min,num;
    do
    {
        cin>>num;
        a=num/100;b=num%100/10;c=num%10;
    }while(num==495||a==b&&a==c);
    while(num!=495)
    {
        get_maxmin(a,b,c,&max,&min);     //注意实参的写法
        num=max-min;
        a=num/100; b=num%100/10; c=num%10;
        cout<<max<<"-"<<min<<"==>"<<num<<endl;
    }
    system("pause");return 0;
}
```

程序运行结果如图 1.6.15 所示。

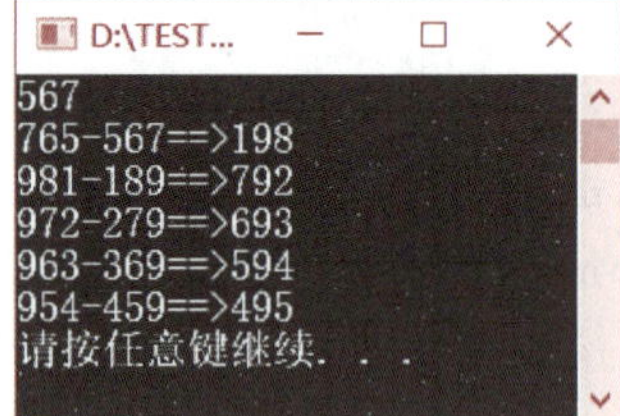

图 1.6.15　例 6.12 程序运行结果

思考：若将函数中的 max、min 两个指针变量定义为引用参数，程序应如何修改？

【例 6.13】 编写函数，实现字符串的复制。

程序：

程序代码：例 6.13

```
#include "iostream"
using namespace std;
```

```
void copy_string(char *to, char *from)        //形参是指针
{
    while(*from!='\0')
        *to++=*from++;
    *to='\0';
}
int main()
{
    char a[20]="Hi!", b[20]="Hello!";
    cout<<a<<endl<<b<<endl;
    copy_string(a,b);                         //实参是数组名
    cout<<a<<endl<<b<<endl;
    system("pause");return 0;
}
```

程序运行结果如图 1.6.16 所示。由于数组名存放的是该数组的首地址，将该地址值传给指针变量，使指针指向数组的首地址，如图 1.6.17 所示。在函数体中，对指针所指内容的操作实际上就是对实参数组的操作。

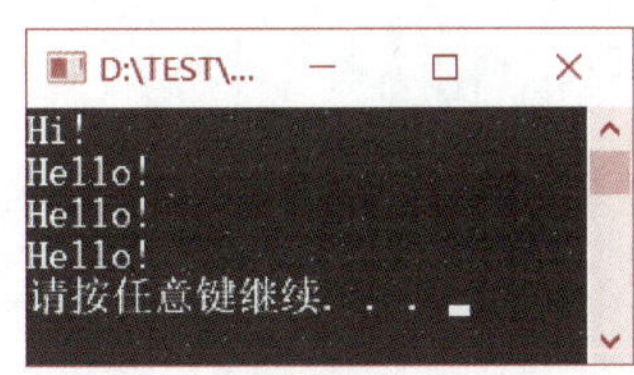

图 1.6.16　例 6.13 程序运行结果

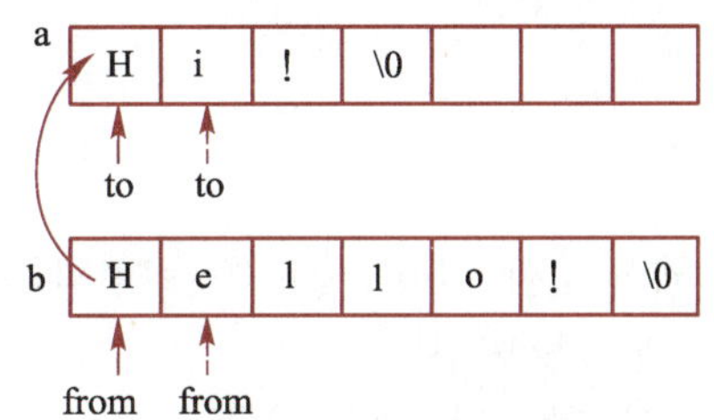

图 1.6.17　字符串的复制

注意：若对应的实参也是指针变量，则该指针应有确定的指向；否则程序运行时将异常终止。观察下面 3 种形式：

形式 1：

```
int main()
{
    char *a, *b="Hello!";
    copy_string(a,b);
    cout<<a<<endl<< b<<endl;
    system("pause");return 0;
}
```

形式 2：

```
int main()
{
    char *a, *b;
    cin>>a>>b;
    copy_string(a,b);
    cout<<a<<endl<< b<<endl;
    system("pause");return 0;
}
```

形式 3：

```
int main()
{
    char *a, *b;
    a=new char[20];
    b=new char[20];
    cin>>a>>b;
    copy_string(a,b);
    //实参是指针
    cout<<a<<endl<< b<<endl;
    delete []a; delete []b;
    system("pause");return 0;
}
```

思考：

① 上述3种形式中，哪些正确，哪些不正确，原因何在？

② 若将程序中的 char a[20]="Hi!", b[20]="Hello!";语句修改为 char a[]="Hi!", b[]="Hello!";语句，程序是否仍可以正确运行？

2. 形参为常指针

有时为了保护数据，防止被调函数改变实参所指对象，可以将形参定义为常指针，即在形参前加上 const 说明。

【例 6.14】 常指针示例。

程序：

```
#include "iostream"
using namespace std;
void copy_string(char *to,const char *from)        // 定义 from 为常指针
{
    while( *from!='\0')
        *to++= *from++;
    *to='\0';
}
int main()
{
    char a[80]="Hi!", b[80]="Hello!";
    copy_string(a,b);
    cout<<a<<endl<<b<<endl;
    system("pause");return 0;
}
```

若将 copy_string()函数中的 *to++= *from++;语句误写为 *from++= *to++;语句，则编译程序时将报错，提示“不能给常量赋值”，即不允许对常指针所指向的内容进行修改。因此，如果指针所指向的内容不需要被修改，则通常将该指针定义为常指针。

微视频：数组名作为函数参数

6.2.4 数组名作为参数

数组名作为参数是传址参数最为广泛的应用，此时形参为数组，实参可以是数组名或指针变量。当实参把地址值传递给形参数组时，由于实参和形参中存放了相同的地址，因此它们共享同一片存储空间。因此，在被调函数中对形参数组内容的任何改变就是对实参数组的改变。

【例 6.15】 编写函数 sort()，对包含 n 个元素的整型数组 x 进行递减排序。

程序：

```
#include "iostream"
using namespace std;
void sort(int x[],int n)
```

```
{
    int i,j,k,w;
    for(i=0;i<n-1;i++)
    {
        k=i;
        for(j=i+1;j<n;j++)
            if(x[k]<x[j]) k=j;
        if(i!=k)
        {w=x[i];x[i]=x[k];x[k]=w;}
    }
}
int main()
{
    int a[10],i;
      for(i=0;i<10;i++)
        cin>>a[i];
    sort(a,10);         //实参是数组名
    cout<<"排序后:"<<endl;
    for(i=0;i<10;i++) cout<<a[i]<<" ";
    cout<<endl;
    system("pause"); return 0;
}
```

程序代码：例 6.15

程序运行结果如图 1.6.18 所示。由于形参数组 x 的起始地址与实参数组 a 相同（见图 1.6.19），故在 sort( )函数中对形参数组 x 的排序，实际上也就是对实参数组 a 的排序。

图 1.6.18　例 6.15 程序运行结果

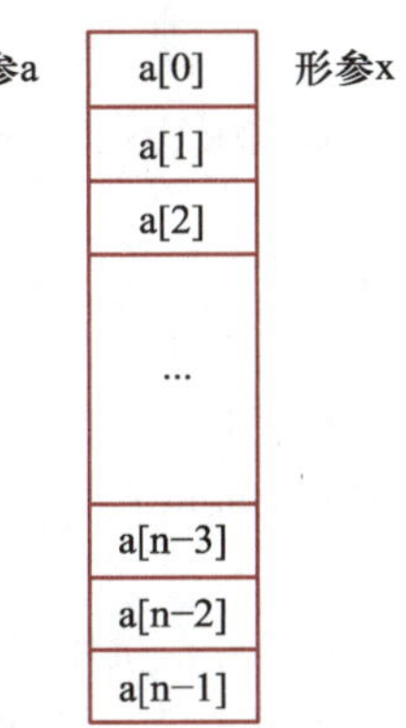

图 1.6.19　形参与实参共享存储域示意图

注意：

① 数组作为参数时，形参数组和实参数组的类型应保持一致。

② 对于数值型数组，为了使函数更具通用性，一般要将数组所包含的元素个数也作为一

个形参。

③ 如果实参是数组名，则其对应的形参数组可以不必说明具体大小，只需在数组名后跟一对[ ]说明即可；若要说明大小，则必须用常量说明，而不能使用变量。以下的函数头写法是错误的：

```
void sort(int a[n],int n)          //int a[n]中不能含变量
```

④ 若要实参与形参数组共享同一段内存，则实参只能是数组名。如下的调用形式都是错误的：

```
sort(a[ ],10);        //实参数组名后面不跟[ ]
sort(a[10],10);       //将数组元素 a[10]的值传递给形参数组,它是 1 个 int 型的值而非数组
//编译时会报错误:'sort' : cannot convert parameter 1 from 'int' to 'int [ ]'
```

【例 6.16】 设计函数，用数组作为形参、指针作为实参实现字符串的复制。

```
#include "iostream"
using namespace std;
void copy_string(char to[ ], char from[ ])
{
    int i=0;
    while(from[i]!='\0')
    {
        to[i]=from[i];
        i++;
    }
    to[i]='\0';
}
int main( )
{
    char *a=new char[20], *b=new char[20];
    cin>>a>>b;
    copy_string(a,b);                          //实参是指针变量
    cout<<a<<endl<<b<<endl;
    delete [ ]a; delete [ ]b;
    system("pause");return 0;
}
```

指针变量 a 和 b 动态向系统申请一段内存后便有了确定指向，它们作为实参将地址传给对应的形参 to 和 from 后，实参与对应的形参共享同一段内存，如图 1.6.20 所示。

注意：

① 对于字符型数组，由于可以利用字符串的结束符'\0'判断字符串处理是否结束，所以，字符串的长度一般不需要传给形参。

② 当实参是指针变量时，需特别注意指针变量要有确定的指向。

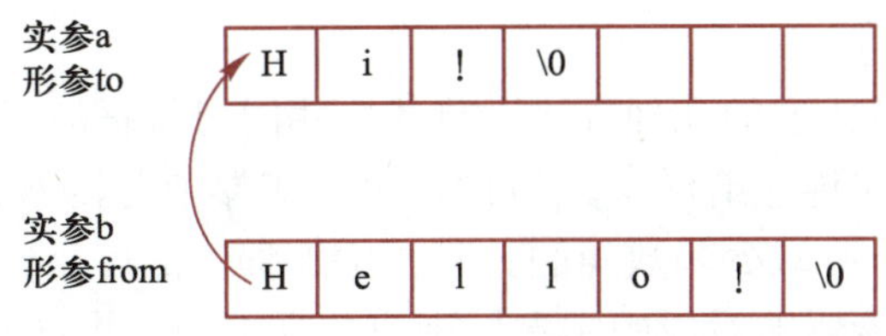

图 1.6.20 共享存储域示意图

【例 6.17】 编写函数，将二维数组 x[m][n]每行元素的和存放到一维数组中，并求该二维数组的最大、最小元素值。

程序：

```
#include "iostream"
using namespace std;
void maxmin(int x[][4],int m,int n,int lsum[],int &max,int &min)
{
    int i,j;
    max=x[0][0];min=x[0][0];
    for(i=0;i<m;i++)
    {
        lsum[i]=0;
        for(j=0;j<n;j++)
        {
            lsum[i]=lsum[i]+x[i][j];
            if(x[i][j]>max) max=x[i][j];
            if(x[i][j]<min) min=x[i][j];
        }
    }
}
int main()
{
    int line_sum[3],max,min,a[3][4]={{11,2,3,-4},{5,6,7,8},{0,20,21,1}};
    maxmin(a,3,4,line_sum,max,min);          //注意实参的写法
    for(int i=0;i<3;i++)
        cout<<i<<"行和:"<<line_sum[i]<<endl;
    cout<<"最大元素值:"<<max<<endl;
    cout<<"最小元素值:"<<min<<endl;
    system("pause");return 0;
}
```

程序代码：例 6.17

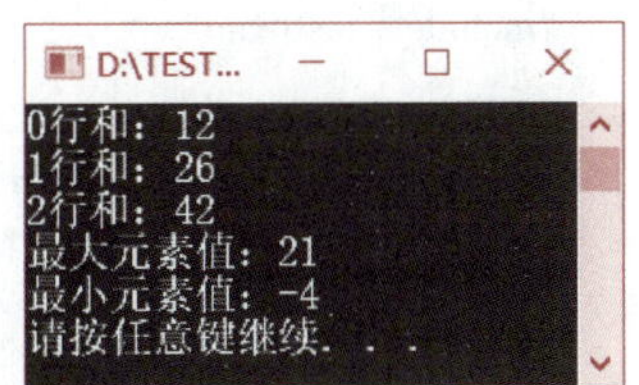

图 1.6.21 例 6.17 程序运行结果

程序运行结果如图 1.6.21 所示。需要说明的是，二维数组名作为实参，其对应的形参数组在定义时，可以省略第一维的大小说明，但不允许将第二维的大小说明省略，即不允许将形参数组

定义为 int x[ ][ ]或 int x[3][ ]。

本节介绍了函数间参数传递的几种方式，具体应用时可根据以下原则选用：

① 若只需将实参值单向传递给形参，函数调用后实参值与函数体内对应形参值的改变无关，应选用传值方式，这样可减少函数间的关联，增加程序的可靠性。

② 若希望形参的改变能影响对应的实参，则应选择引用或指针参数。

③ 使用数组名传递数据时，传递的是数组的首地址。实参数组和形参数组共用同一段内存，形参数组元素值的改变会使对应的实参数组元素值也同时发生变化。

④ 若函数需要多于一个返回值，则除了可用 return 语句返回一个值外，其他需返回的值应声明为引用或指针类型的形参。

不同传递形式的形参与实参的对应关系如表 1.6.1 所示。

▶表 1.6.1 形参与实参的对应关系

形　参	实　参
基本类型变量	常量、变量、表达式
引用	变量
指针变量	变量的地址、指针变量或数组名
数组名	指针变量或数组

微视频：返回指针值的函数

6.3 返回指针值的函数

指针不仅可以作为函数的参数，还可以作为函数的返回值。在说明或定义返回指针值的函数时，需要在函数名前加一个指针类型说明符，例如：

```
float  * fun(float x[ ],float y);                              //函数说明
char  * strcat(char  * strDest,const char  * strSource);       //函数说明
```

前者返回给调用函数一个指向 float 型数据的指针值，后者是字符串连接库函数 strcat( )的函数原型，返回一个字符串的首地址。

【例 6.18】 10 个整数存放在一维数组中，编写函数，先将这 10 个数中最大数的地址返回，然后主程序输出最大数之后的所有数。

程序：

```
#include "iostream"
using namespace std;
int  * get_max(int a[ ],int n)
{
    int i,imax;
    imax=0;
    for(i=1;i<n;i++)
```

程序代码：例 6.18

```
        if(a[i]>a[imax])
            imax=i;
    return  &a[imax];                //返回最大数的地址
}
int main()
{
    int *p;
    int i,a[10];
    cout<<"请输入 10 个数:"<<endl;
    for(i=0;i<10;i++)
        cin>>a[i];
    p=get_max(a,10);                 //p 是指向最大数的地址
    cout<<"最大数是:"<<*p<<"\n 它后面的数有:";
    for(p=p+1;p<a+10;p++)            //输出最大数之后的所有数
        cout<<*p<<" ";
    cout<<endl;
    system("pause");return 0;
}
```

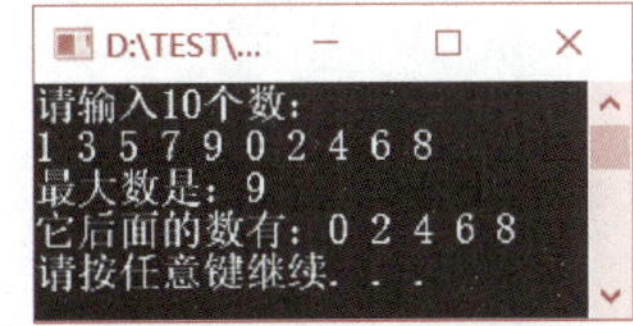

图 1.6.22 例 6.18 程序运行结果

程序运行结果如图 1.6.22 所示。

思考：若将例 6.18 中的函数改为如下两种形式，是否可以得到正确结果？为什么？

形式 1：

```
int *get_max(int a[],int n)
{
    int i,*m;
    m=&a[0];
    for(i=1;i<n;i++)
        if(a[i]>*m) m=&a[i];
    return m;
}
```

形式 2：

```
int *get_max(int a[],int n)
{
    int i,*m=new int;
    *m=a[0];
    for(i=1;i<n;i++)
        if(a[i]>*m) *m=a[i];
    return m;
}
```

注意：由于函数运行结束后，系统会释放在函数内部定义的所有局部数据占用的内存，所以返回指针值的函数尽量不要返回一个在函数内定义的变量的地址或指针；否则可能会带来运行时错误。

【例 6.19】 编写函数连接两个字符串 s1 和 s2，将连接后的字符串存放于 s1 中并将其返回。

分析：实现字符串的连接需分两步。

① 定义一个辅助指针 p，先将其定位到 s1 的末尾，即让 p 指向 s1 中'\0'的位置。

② 将字符串 s2 的内容逐字符复制到辅助指针 p 所指向的那段存储单元中，如图 1.6.23 所示。

程序：

```
#include "iostream"
using namespace std;
char *strcat1(char *s1,const char *s2)
{
  char *p=s1;
  while(*p++);          //由 p 指针确定 s1 中'\0'的位置
  --p;                  //退出上面循环时，p 已指向'\0'后面一个元素
  while((*p=*s2)!='\0')
  {  p++;s2++;  }
  return(s1);
}
int main()
{
  char *p1,*p2;
  p1=new char[40];    //须申请足够大的空间
  p2=new char[20];
  cin>>p1>>p2;
  cout<<"拼接后:"<<strcat1(p1,p2)<<endl;
  delete []p1;
  delete []p2;
  system("pause");return 0;
}
```

程序运行结果如图 1.6.24 所示。

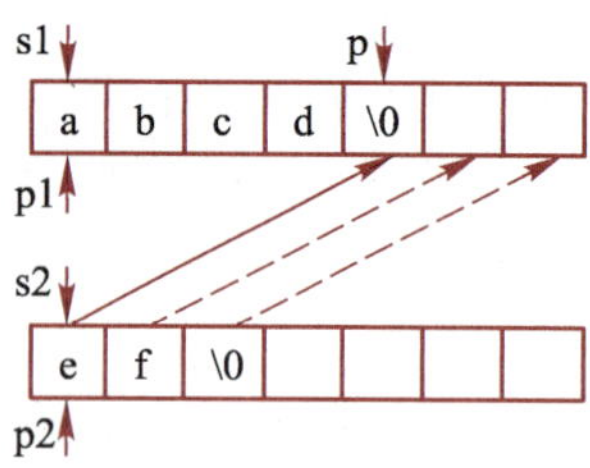

图 1.6.23　字符串的拼接

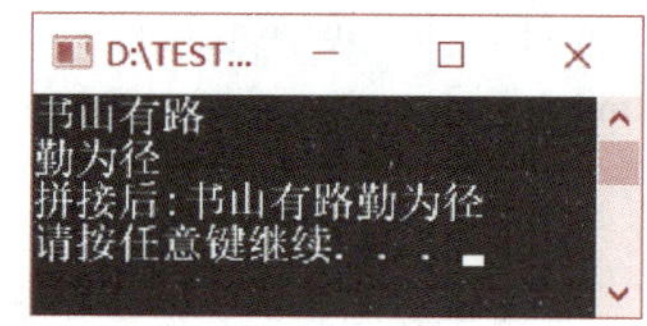

图 1.6.24　例 6.19 程序运行结果

思考：若将程序中 strcat1( )函数的类型修改为 void 类型，并删去 return(s1);语句，同时将主函数中的 cout<<"拼接后:"<<strcat1(p1,p2)<<endl;修改为下面两条语句，程序是否仍然正确？

```
strcat1(p1,p2);
cout<<"拼接后:"<<p1<<endl;
```

6.4 递归

6.4.1 递归的概念

递归是计算机科学中的一个重要概念，它是指通过不断重复地将问题分解为同类子问题而最终解决问题的一种方法。通俗地讲，用自身的结构来描述自身就称为“递归”。

具有递归特性的问题一般具有如下特点：

① 原始问题可转化为解决方法相同的子问题。

② 子问题的规模比原始问题小。

③ 子问题又可转化为解决方法相同的规模更小的子问题，直至最小的子问题能直接求值为止。

6.4.2 递归函数

微视频：递归函数

如果一个函数直接或间接调用其自身，则这样的函数就被称为递归函数。通过合理地运用递归函数，可以使程序更加简洁、高效，同时代码逻辑也更加清晰。

【例 6.20】 编写递归函数计算 $n!$。$n!$定义如下：

$$n!=\begin{cases}1, & n=1\\ n(n-1)!, & n>1\end{cases}$$

分析：

① 从计算公式中可以看到，当 $n>1$ 时，$n!=n(n-1)!$，这表明：求 $n!$的问题可以转换为求$(n-1)!$的问题；而$(n-1)!=(n-1)(n-2)!$，即求$(n-1)!$的问题又可以转换为求$(n-2)!$的问题，依此类推，$2!=2\times1!$，而 $1!$可以直接求出结果，其值为 1。

② 从①的分析可见，阶乘问题可以将原始问题不断转化为解决方法相同、但规模缩小的子问题，而最小的子问题是可以直接求解的，故可以通过递归函数描述，形式如下：

$$fac(n)=\begin{cases}1, & n=1\\ nfac(n-1), & n>1\end{cases}$$

可见，函数 $fac()$ 中包含了对自身的调用。

程序：

```
#include "iostream"
using namespace std;
int fac(int n)
{
    if(n==1)
        return 1;
    else
        return (n * fac(n-1));            //递归调用
```

```
}
int main( )
{
    cout<<fac(4)<<endl;
    system("pause");return 0;
}
```

递归调用的执行过程如图1.6.25所示，它分为递推和回归两个过程。原始问题不断分解为规模更小的子问题的过程就是递推的过程，而得到最小子问题的解之后再去计算前面规模逐步扩大的子问题，直至原始问题的过程是回归过程。当然，对递归函数进行调用的具体执行过程其实还是比较复杂的，是通过“栈”这种数据结构来实现的，限于篇幅，这里不再展开讨论，有兴趣的读者可以参阅相关教材。

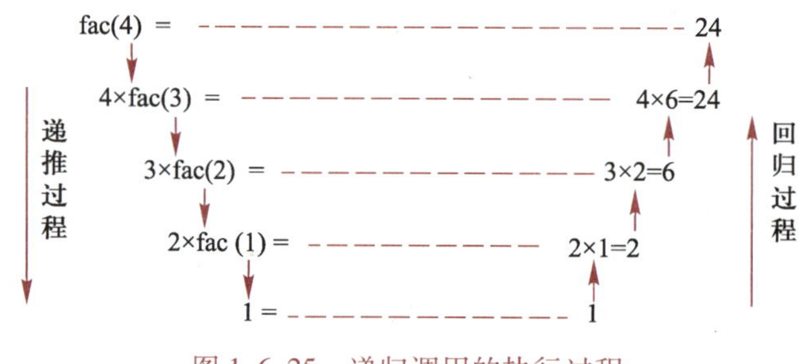

图1.6.25　递归调用的执行过程

需要特别强调的是，任何有意义的递归函数必须具备如下条件：

① 递归函数中必须有边界条件，即递归结束的条件。

② 递归函数中包含对自身的调用，并且这种调用能向递归结束条件发展。

【例6.21】 编写递归函数，求解Fibonacci数列前 n 项的值。已知Fibonacci数列前两项的值皆为1，从第三项开始，其值为前面紧邻两项值的和。

分析：

① 从题意可知，Fibonacci数列的前两项的值都是1，而从第三项开始，第 n 项的值为第 $n-1$ 项和第 $n-2$ 项值的和，这样求第 n 项的值的问题就可以转化为求第 $n-1$ 项和第 $n-2$ 项值的问题。

② 从①的分析可见，Fibonacci数列求解问题既具备递归的边界条件，又包含对自身的调用，且调用能向递归结束条件发展，故可通过递归函数描述：

$$fib(n)=\begin{cases}1, & n=1\\ 1, & n=2\\ fib(n-1)+fib(n-2), & n>2\end{cases}$$

程序：

```
#include "iostream"
using namespace std;
int fib(int n)
```

```
{
    if(n==1||n==2)
        return 1;
    else
        return(fib(n-1)+fib(n-2));
}
int main()
{
    int i,n;
    cin>>n;
    for(i=1;i<=n;i++)
        cout<<"fib("<<i<<")="<<fib(i)<<endl;
    system("pause");return 0;
}
```

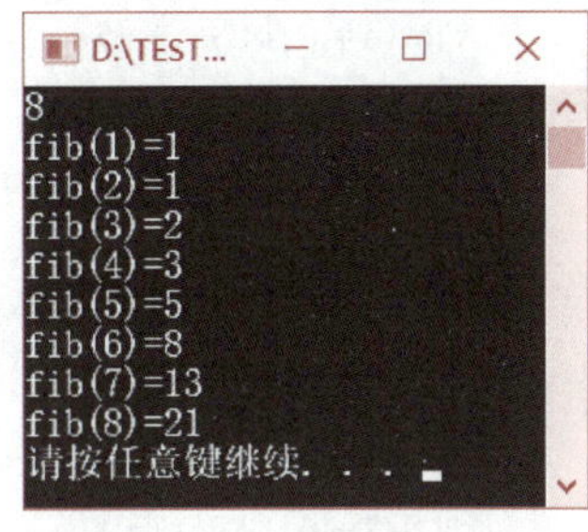

图 1.6.26　例 6.21 程序运行结果

程序运行结果如图 1.6.26 所示。

【例 6.22】 编写递归函数，对包含 *N* 个整数的数组由小到大排序。

分析：按递归算法的思想，对包含 *N* 个整数的数组由小到大排序可以转化为以下过程。

① 先将 *N* 个整数中的最大数存放到数组的最后一个元素中。

② 对尚未排序的 *N*-1 个数由小到大排序。

③ 由上面的分析可见，对 *N* 个整数排序的问题可以不断分解为对 *N*-1 个整数、*N*-2 个整数排序的规模缩小的同类子问题，直至未排序的数组只剩一个数为止。

程序代码：例 6.22

程序：

```
#define N 10
#include "iostream"
using namespace std;
void sort(int a[],int n)
{
    int i,t;
    if(n==1)
        return;
    else
    {
        for(i=0;i<n-1;i++)      //此循环将 a[0]~a[n-1]的最大数存放到 a[n-1]中
            if(a[i]>a[i+1])
            {
                t=a[i];
                a[i]=a[i+1];
                a[i+1]=t;
            }
```

```
            sort(a,n-1);            //调用自身，对前面的 n-1 个数由小到大排序
        }
}
int main()
{
    int a[N],i;
    for(i=0;i<N;i++)
    {
        a[i]=rand()%101;
        cout<<a[i]<<' ';
    }
    sort(a,N);
    cout<<"\nafter sort:"<<endl;
    for(i=0;i<N;i++)
        cout<<a[i]<<' ';
    cout<<endl;
    system("pause");
    return 0;
}
```

程序运行结果如图 1.6.27 所示，主函数随机产生 10 个 0~100 的整数，然后调用递归函数对这 10 个整数进行由小到大排序。

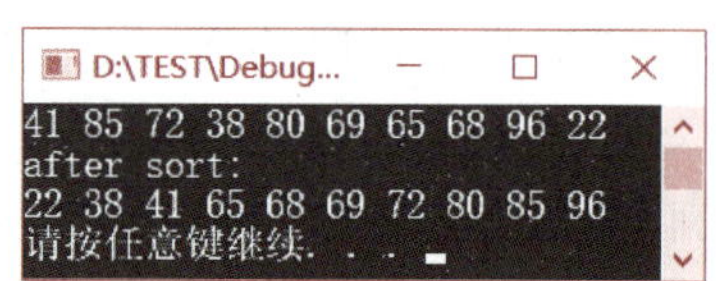

图 1.6.27　例 6.22 程序运行结果

需要说明的是，递归虽然能简化程序设计，使程序代码简洁易读，但也会产生相当大的系统开销。程序每调用一次函数，系统就要给函数中的所有局部变量和参数分配空间，同时还需要额外的时间来处理这些附加的空间。

6.5　函数的默认参数

C++中，允许在声明函数的参数时为其指定一个默认值，这样的参数就称为默认参数。当调用函数时，如果对默认参数提供对应的实参，则系统将实参传给形参，默认值被实参取代；如果没有对默认参数提供对应的实参，则形参就采用预先给定的默认值。

【例 6.23】 求下面级数的部分和，要求当最后一项的绝对值小于 eps 时停止计算。

$$s=1+x+\frac{x^2}{2!}+\cdots+\frac{x^n}{n!}+\cdots$$

程序：

```
#include "iostream"
using namespace std;
double s(double x , double eps=1e-6)        //参数 eps 带有默认值
```

```
{
    int n=1; double w=0.0, t=1.0 ;
    while(fabs(t)>=eps)
    {
      w+=t;
      t=t*x/(n++);
    }
    return  w;
}
int  main()
{
    cout<<"s1="<<s(2.0)<<endl;            //与默认值对应的实参没有给出，则 eps 取默认值 1e-6
    cout<<"s2="<<s(3.0) <<endl;
    cout<<"s3="<<s(1.0,1e-5) <<endl;   //参数 eps 的值取 1e-5
    system("pause");return 0;
}
```

程序运行结果如图 1.6.28 所示。函数 s()中给出了 eps 的默认值为 1e-6，主函数前两次对 s()的调用中没有给出 eps 对应的实参，eps 就以 1e-6 参与运算；最后一次对 s()的调用中，实参 1e-5 取代了默认值 1e-6，重新给 eps 赋予了新的值。

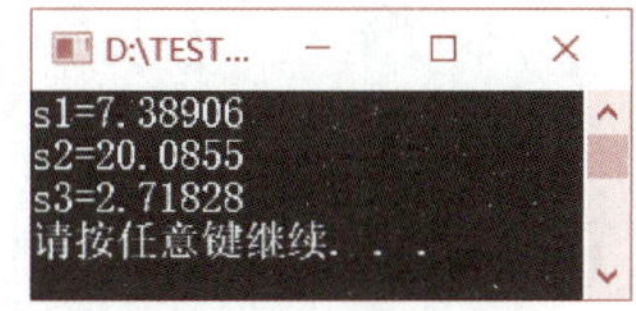

图 1.6.28 例 6.23 程序运行结果

说明：

① 一个函数中允许指定多个默认参数，但这些参数必须位于形参表的最右端。例如：

```
float area(float a,float b=3,float h=5);         //正确
float area(float a=1,float b=3,float h);         //错误
float area(float a=1,float b,float h=5);         //错误
```

② 函数调用时，按从左到右的顺序将实参的值传递给对应位置的形参，当实参个数不足时，右边的参数用默认值来补足。如将上面主函数改为

```
int main()
{
  float area(float a,float b=3,float h=5);
  cout<<area()<<endl;                    //错误，至少应有 1 个实参
  cout<<area(1)<<endl;                   //正确，b、h 取默认值
  cout<<area(3,6)<<endl;                 //正确，b 取 6、h 取默认值
  cout<<area(3, ,4)<<endl;               //错误，只能从左至右匹配
  system("pause");return 0;
}
```

③ 默认参数的说明必须出现在函数调用之前。若函数在调用后定义，则必须在函数说明中给出参数的默认值（见程序 1）；否则函数调用时会报错（见程序 2），因为函数说明与函数调用时的参数个数不一致。若函数说明与函数定义中的默认值不一致，则取函数说明中的默

认值（见程序 3）。

程序 1：
```
#include "iostream"
using namespace std;
int main()    //正确
{
  float area(float a,float b,float h=5);
  cout<<area(1,3)<<endl;
  system("pause");return 0;
 }
float area(float a,float b,float h)
{
  float s;
  s=(a+b) * h/2;
  return s;
}
```

程序 2：
```
#include "iostream"
using namespace std;
int main()    //错误
{
  float area(float a,float b,float h);
  cout<<area(1,3)<<endl;
  system("pause");return 0;
 }
float area(float a,float b,float h=5)
{
  float s;
  s=(a+b) * h/2;
  return s;
}
```

程序 3：
```
#include "iostream"
using namespace std;
int main()    //h 取默认值 5
{
  float area(float a,float b,float h=5);
  cout<<area(1,3)<<endl;
  system("pause");return 0;
 }
float area(float a,float b,float h=2)
{
  float s;
  s=(a+b) * h/2;
  return s;
}
```

6.6　函数模板

如果要编写函数求一组整数中的最大值，需要设计的函数原型为 int max(int [ ],int);。若求一组双精度实数中的最大值，需要设计的函数原型为 double max(double [ ],int);。而若求一个字符串中的最大值，则需要设计的函数原型为 char max(char [ ],int);。可见，程序中针对不同的数据类型设计普通函数时，会存在大量重复编码，编码效率低下。

函数模板是指一种通用的函数，其返回值类型和形参类型可以不具体指定，而用一个虚拟类型来代表。函数模板可以对不同类型的数据进行统一的抽象处理，这样有利于代码重用，从而提高程序的开发效率。

形式：

```
template <class 模板参数列表>
函数类型 函数名(形式参数列表)
{
  语句组
}
```

说明：

① 关键字 template 声明创建模板。

② 关键字 class 用来声明函数模板的类型参数，即 class 后面的符号代表一种通用的模板数据类型，关键字 class 也可以用 typename 替代，意义更明确，表示后面声明的参数是一种数据类型。

③ 模板参数列表的参数通常用大写字母表示。

④ 函数的形式参数列表中必须至少包含一个声明过的模板类型参数。

例如，针对本节提出的求解一组数据中的最大值问题，利用函数模板可以对不同类型的数据做统一的处理，其框架定义如下：

```
template <class T>              //定义函数模板，模板类型参数为 T
T max(T x[ ], int n)
{…}
```

【例 6.24】 函数模板示例，定义一个通用函数，求一个数的平方值。

程序：

```
#include "iostream"
using namespace std;
template <class T>              //定义函数模板，模板类型参数为 T
T power(T x)
{ return x * x; }
int main( )
{
  float a=3.5;
  cout<<power(5)<<endl;
  cout<<power(1.2)<<endl;
  cout<<power(a)<<endl;
  system("pause");return 0;
}
```

函数模板只是对函数的描述，编译器不为其产生任何执行代码，只有当遇到函数调用时，编译器才会自动将模板中的类型参数 T 用实参的类型来替换，生成模板函数。如本例中，当编译器遇到 power(5)时，将函数模板中出现 T 的地方用 int 替换，生成如下模板函数：

```
int power(int x)
{return x * x; }
```

同理，若实参是 double 类型，则将函数模板中出现 T 的地方用 double 替换。可见，用函数模板可以使程序更加简练、方便。

【例 6.25】 定义一个通用函数，对 n 个数递增排序。

程序：

程序代码：例 6.25

```
#include "iostream"
using namespace std;
template <class TEM>                    //定义函数模板，模板类型参数为 TEM
void sort(TEM x[ ],int n)
{
  int i,j,k;
  TEM w;                                //注意 w 变量的定义
```

```
    for(i=0;i<n-1;i++)
    {
        k=i;
        for(j=i+1;j<n;j++)
            if(x[k]>x[j]) k=j;
        if(i!=k) {w=x[i];x[i]=x[k];x[k]=w;}
    }
}
int main()
{
    int i,a[10]={6,9,2,4,1,0,7,8,3,5};
    double b[5]={5.5,8.0,1.8,3.3,0};
    sort(a,10);                    //函数调用，对 int 型数组排序
    sort(b,5);                     //函数调用，对 double 型数组排序
    for(i=0;i<10;i++)   cout<<a[i]<<endl;
    for(i=0;i<5;i++)   cout<<b[i]<<endl;
    system("pause");return 0;
}
```

说明：

① 形参中可含有模板参数表中未给出的数据类型，如上述程序中的形参 n 为 int 类型。

② 模板中可带有多个类型参数，这些类型参数前面要一一冠以 class 关键字声明，例如：

```
template <class T1, class T2 >
T2 fun1(T1 a,T2 b,int c)
{
    //函数体
}
```

③ 形参类型中至少要有一个参数的类型为模板类型参数，否则会因无法确定模板类型参数的实际类型而导致程序错误，例如：

```
template <class T>
T fun1(int a,int b)            //错误，形参中无模板类型参数
{
    T i,j;
    …
}
```

6.7　作用域和存储类别

为了更好地优化程序并提高程序运行效率，必须合理地定义和使用变量，因此，需要对变量的属性有更清楚的认识和了解。

描述变量的常用属性包括数据类型、存储类别、作用域与生存期。前两项通过变量定义显式描述，后两项通过其显式描述及其所在的位置确定。下面通过例子对这些属性中的概念加以介绍。

【例 6.26】 统计一个正整数的位数。

```
#include "iostream"
using namespace std;
int digit (int n)
{
    int k=0;
    while(n!=0)
    {
        n/=10;
        k+=1;
    }
    return k;
}
int main()
{
    long x;
    cin>>x;
    cout<<digit(x)<<endl;
    system("pause");return 0;
}
```

说明：

① 变量的作用域指变量可以被使用的有效范围，是一个空间概念。例如，digit()函数内定义的形参 n 及变量 k 只能在该函数内使用，它们的作用域就是 digit()函数内。

② 变量的生存期指变量存在的时间，是一个时间概念。例如，形参 n 及变量 k 在调用 digit()函数时被分配存储单元，当函数调用结束时释放其所占用的存储单元，这段时间就是它们的生存期。

同理，主函数内定义的变量 x 的作用域在主函数内，它的生存期是从主函数开始执行到主函数执行结束。

根据变量定义位置的不同，变量可以分为局部变量（又称为内部变量）和全局变量（又称为外部变量）；根据数据在内存中存储方法的不同，变量的存储类别分为静态存储和动态存储。以下从变量的作用域、生存期及初始化三方面对不同的变量进行介绍。

6.7.1 局部变量

局部变量又称为内部变量，是在函数内部或分程序内部定义的变量，也包括形式参数。

局部变量按存储类别又分为自动变量和静态局部变量。

1. 自动变量

自动变量（即自动局部变量）是指在控制流程进入变量作用域时，系统自动为其分配存储空间，并在离开作用域时释放空间的一类变量。自动变量一般可以不显式地声明其存储类别。之前程序中使用的变量、函数的形参等均为自动变量。

① 作用域：变量的作用范围从自动变量定义处开始到其所在的函数或分程序结束。

② 生存期：自动变量随函数的调用而被分配存储单元，开始它的生存期，一旦该函数体或分程序结束就自动释放这些存储单元，生存期结束。

③ 初始化：可以对自动变量进行初始化，但未初始化的自动变量的值是不确定的随机值。因为每次调用函数时，系统都会为自动变量重新分配存储单元。

【例 6.27】 自动变量示例。

程序代码：
例 6.27

程序：

```
#include "iostream"
using namespace std;
int f(int x)                    //x 的作用域开始
{
  x++;
  int k=5;                      //k 的作用域开始
  k++;
  return x+k;
}                               //x、k 的作用域结束
int main()
{
  int k=2;                      //k 的作用域开始
  cout<<f(k)<<endl;             //输出 9
  cout<<f(k+1)<<endl;           //输出 10
  system("pause");return 0;
}                               //k 的作用域结束
```

说明：

① 不同函数内可使用相同名称的变量，它们占用不同的存储单元，只能在各自的函数内被使用，彼此互不干扰，如主函数中的变量 k 与 f( ) 函数中的 k 是两个不同的变量。

② 函数的不同层次之间可以定义同名变量，但在内层变量作用域范围内，同名的外层变量不起作用。如将上面程序中的主函数修改为

```
int main()
{
  int k=2;                      //外层 k 作用域开始
  {
    int k=5;                    //内层 k 作用域开始
```

```
        cout<<f(k)<<endl;                     //输出 12
    }                                         //内层 k 作用域结束，该存储单元释放
    cout<<f(k)<<endl;                         //输出 9
    system("pause");return 0;
}
```

对于作用域不同的变量，系统为它们分配不同的存储单元。当使用分程序内的变量时，外层的同名变量暂时被“屏蔽”。但为了提高程序的可读性，建议尽量不要在一个函数内定义同名变量。

2. 静态局部变量

静态局部变量是指在函数内部声明并使用 static 关键字修饰的变量。

自动变量不具有“保值”性，其生存期随着函数调用的结束而消亡，但有时可能多次调用某个函数，在下一次调用时需要使用上一次调用中某个局部变量的运算结果，这时就需要将这个局部变量声明为静态局部变量。系统会为静态局部变量在编译时分配固定的存储单元，这段固定的存储单元在程序执行过程中始终存在，直到整个程序运行结束。

① 作用域：同自动变量一样，静态局部变量的作用域是从变量定义处开始到其所在的函数或分程序结束。

② 生存期：与自动变量不同，静态局部变量的生存期是程序的整个执行周期。

③ 初始化：可以对静态局部变量进行初始化，未初始化的静态局部变量默认值是 0 或'\0'。但与自动变量不同的是，静态局部变量只在编译时初始化一次。

【例 6.28】 静态局部变量示例。

程序：

```
#include "iostream"
using namespace std;
void test()
{
    int i=0;            //自动局部变量，每次调用函数，都重新初始化一次
    static int j=0;     //静态局部变量，只初始化一次，再次调用时使用上一次结束时的值
    i++;j++;
    cout<<"i="<<i<<"j="<<j<<endl;
}
int main()
{
    for(int i=0;i<2;i++)
        test();
    system("pause");return 0;
}
```

图 1.6.29 例 6.28 程序运行结果

程序运行结果如图 1.6.29 所示。

【例 6.29】 计算 1~5 的阶乘值。

分析：利用静态局部变量的“保值性”设计求阶乘的函数 fac()，每次调用 fac()函数，将保存在静态局部变量中的前一个阶乘值乘以这次的实参值，便得到这次的阶乘值。

程序：

```
#include "iostream"
using namespace std;
int fac(int n)
{
    static int f=1;
    f=f*n;
    return(f);
}
int main()
{
    int i;
    for(i=1;i<=5;i++)
        cout<<i<<"!="<<fac(i)<<endl;
    system("pause");return 0;
}
```

程序运行结果如图 1.6.30 所示。可见，利用静态局部变量在函数调用结束后其值仍保留这一性质，对于需要函数上一次调用结束时的值再进行后续运算的程序，可以将存放该值的变量定义为静态局部变量。

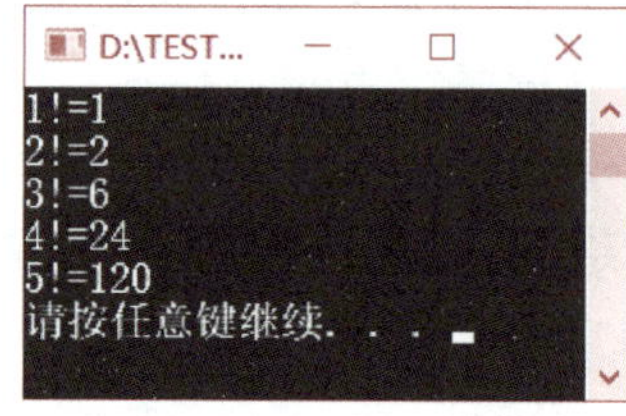

图 1.6.30　例 6.29 程序运行结果

6.7.2　全局变量

1. 定义

全局变量又称外部变量，是指在函数外部定义的变量。

① 作用域：全局变量的作用域是从变量的定义处开始到它所在的源文件结束。在其作用域内，全局变量可以被任何函数访问。

② 生存期：全局变量的生存期是程序的整个执行周期。

③ 初始化：可以对全局变量进行初始化，未初始化的全局变量默认值为 0 或'\0'。在整个程序执行过程中，系统为全局变量分配固定的内存空间。

【例 6.30】 全局变量示例。

程序代码：例 6.30

程序：

```
#include "iostream"
using namespace std;
int m=10;                              //全局变量 m 作用域开始
void f1(int n)
{ n=2*n;m=m/3; }
```

```
int n;                                    //全局变量 n 作用域开始
void f2()
{ n=5;m++;n++; }
int main()
{
  int n=2;
  f1(n);                                  //该实参为局部变量 n
  f2();
  cout<<"m="<<m<<"n="<<n<<endl;           //输出 m=4 n=2
  system("pause");return 0;
}                                         //全局变量 m、n 作用域结束
```

注意：

① 全局变量可以和局部变量同名，在局部变量的作用域范围内，同名的全局变量不起作用。

② 如果全局变量不在文件的开始定义，其作用域只限于定义处到文件结束，定义点之前的函数或其他文件中的函数不可以引用该全局变量，如下面的程序是错误的：

```
#include "iostream"
using namespace std;
int fun()
{ return i+j; }                  //编译时显示 i、j 没有定义
int i=3,j=5;
int main()
{ cout<<fun();system("pause");return 0;}
```

2. 作用域的扩展

C/C++中，可以使用关键字 extern 来扩展全局变量的作用域。

（1）作用域向定义点之前的函数扩展

【例 6.31】 作用域扩展示例。

程序：

```
#include "iostream"
using namespace std;
extern int i,j;                  //声明将全局变量 i、j 的作用域扩展到该位置
int fun1()
{ return i+j; }
int fun2()
{ return i-j; }
int i=3,j=5;                     //全局变量 i、j 作用域开始
int main()
{
  cout<<fun1()<<endl;            //输出 8
  cout<<fun2()<<endl;            //输出-2
```

```
    system("pause");return 0;
}
```

通过用extern在函数外对全局变量i、j声明后，使变量i、j的作用域扩展为从该声明处到文件结束。全局变量的声明也可以在函数内部，但要注意：此时全局变量的作用域仅扩展到该函数内，例如：

```
#include "iostream"
using namespace std;
int fun1()
{
    extern int i,j;                //等价于 extern i,j;, i、j 仅在该函数内可访问
    return i+j;
}
int fun2()
{ return i-j; }                    //编译时显示 i、j 没有定义
int i=3,j=5;
int main()
{
    cout<<fun1()<<endl;
    cout<<fun2()<<endl;
    system("pause");return 0;
}
```

注意：

① 全局变量i、j在fun1()函数内声明，则只在该函数内从声明处开始到该函数结束范围内有效，在fun2()函数内仍不可访问。

② 用extern声明全局变量以扩展变量作用域时，变量的类型名可以省略不写，如extern int i,j;等价于extern i,j。

③ 对全局变量的初始化只能出现在定义语句中，而不能出现在声明语句中。例如：

```
#include "iostream"
using namespace std;
int fun()
{
    extern i=3,j=5;              //错误：不允许在全局变量声明语句中对变量初始化
    return i+j;
}
int i,j;
int main()
{ cout<<fun();system("pause");return 0;}
```

为了避免可能导致的错误，一般将全局变量的定义放在引用它的所有函数前，这样就可以不必再对全局变量进行声明了。

（2）作用域扩展到另一个文件

一个 C/C++程序可以由一个或多个源文件组成，如果在一个文件中引用另一个文件中已定义的全局变量，使用前只用 extern 对该全局变量进行声明即可。

【例 6.32】 作用域扩展至其他文件示例。

```
//file1.cpp
extern int max1,min1;          //全局变量声明，使变量 max1、min1 作用域扩展到本文件
#include "iostream"
using namespace std;
int main()
{
    void maxmin(int x[],int n);
    int a[10]={11,2,3,-4,5,6,7,8,0,20};
    maxmin(a,10);
    cout<<max1<<"   "<<min1<<endl;
    system("pause");return 0;
}
//file2.cpp
int max1,min1;                 //定义全局变量
void maxmin(int x[],int n)
{
    max1=x[0];min1=x[0];
    for(int i=0;i<n;i++)
    {
        if(x[i]>max1) max1=x[i];
        if(x[i]<min1) min1=x[i];
    }
}
```

这个程序由 file1.cpp 和 file2.cpp 两个文件组成。file2 文件中定义的全局变量 max1 和 min1，在 file1 中只用 extern 对其声明后即可使用。

注意：用关键字 static 定义的全局变量称为静态全局变量，它的作用域只限于当前的源文件，不能通过 extern 扩展到其他的源文件。

综上所述，自动局部变量、静态局部变量和全局变量的作用域、生存期以及初始化情况对比如表 1.6.2 所示。

	全局变量	自动局部变量	静态局部变量
作用域	定义点到文件结束； 非静态全局变量可用 extern 扩展作用域到其他源文件	定义点开始的函数或分程序内；作用域不可扩展	定义点开始的函数或分程序内；作用域不可扩展
生存期	程序的整个执行周期	函数或分程序的执行周期	程序的整个执行周期
初始化	默认值为 0 或'\0'	默认为随机值	默认值为 0 或'\0'

◀表 1.6.2 自动局部变量、静态局部变量和全局变量的对比

使用全局变量看似灵活方便，但要慎用，因为通过全局变量进行数据传递，会影响函数的独立性，同时也会带来数据的安全隐患；使用局部变量可以减少函数间的相互关联，更符合模块化程序设计对“模块的功能单一、与其他模块的相互影响少”的要求，从而设计出移植性好、可读性强且易于调试的程序。

6.8 综合应用

函数是构成 C/C++程序的基本单位，编写函数的目的是将一个复杂问题分解成若干个简单的小问题，便于“分而治之”。本章重点介绍了函数的定义、调用和说明，函数的 3 种参数（值参、地址参数和引用参数）传递机制以及变量的作用域和存储类别。另外，对递归函数、默认参数也做了简单介绍。

下面通过一些应用实例，加深对上述知识概念的理解。

【例 6.33】 编写判断质数的函数，并调用该函数验证哥德巴赫猜想：任何大于 2 的偶数均可表示为两个质数之和。例如，4=2+2（特例，仅此一个），6=3+3，8=3+5……程序要求输入任一偶数 x，对 6 到 x 范围内的所有偶数验证上述的哥德巴赫猜想，并输出验证结果。

分析：

① 按题意需将大于 6 的偶数 n 表示为两个质数之和，即 $n=a+b$，其中的 a 和 b 均为质数。

② 找到①中的 a 和 b 这两个质数的方法是，设 a 从次小的质数 3 开始试找，判断 $b=n-a$ 是否是质数，若 b 也是质数，则 n 可表示为 $n=a+b$；否则，a 取下一个质数，再判断 b，直到 b 也为质数为止。

③ 第②点中的 a 之所以不从最小的质数 2 开始试起，是因为 2 是偶数，对于偶数 n 而言，$n-2$ 也必定是偶数，而大于 2 的偶数不可能是质数。

程序代码：例 6.33

程序：

```
#include "iostream"
using namespace std;
int isprime(int m)                          //判断 m 是否为质数
{
    int i;
    for(i=2;m%i!=0;i++);
    return (i==m);
}
int main()
{
    int n,x,a,b;
    cout<<"输入一偶数:";
    cin>>x;
      for(n=6;n<=x;n+=2)
        for(a=3;a<=n/2;a+=2)
```

```
            if(isprime(a))          //若 a 是质数，等价于 isprime(a)==1
            {
                b=n-a;
                if(isprime(b))   //判断 b 是否为质数
                {
                    cout<<n<<"="<<a<<"+"<<b<<endl;
                    break;       //退出内循环，验证下一个 n
                }
            }
    system("pause");return 0;
}
```

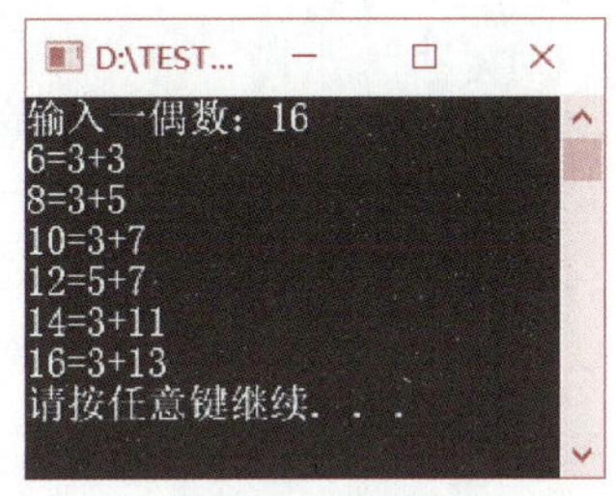

图 1.6.31　例 6.33 程序运行结果

程序运行结果如图 1.6.31 所示。

【例 6.34】 用递归函数实现二分法查找。要求在递增排列的整型数组 a 中查找整数 x。

分析：二分法查找算法在第 4 章已介绍过，其基本思想就是在一个只有原有区间一半的区间范围内用同样方法重复查找的过程，这非常符合“将原有问题分解为解决方法相同但规模缩小的子问题”的递归特点，故可以用递归函数实现。其中，递归的边界条件就是查找到数据或者查找区间的下界已经超过了上界。

程序代码：例 6.34

程序：

```
#include "iostream"
using namespace std;
#define N 10
int binary_search(int a[],int low, int high,int key)
{
    if (low>high)
      return -1;
    int mid=(low+high)/2;
    if (key==a[mid])
      return mid;
    else if (key<a[mid])
      return binary_search(a,low, mid-1,key);
    else
      return binary_search(a,mid+1, high,key);
}
int main()
{
    int a[N]={1,5,9,11,15,20,23,27,29,31};
    int low=0,high=10-1,key,index;
    for(int i=0;i<N;i++)
      cout<<a[i]<<" ";
    cout<<endl<<"请输入要查找的数：";
```

```
    cin>>key;
    index=binary_search(a,low,high,key);
    if(index>=0)
      cout<<key<<"是第"<<index+1<<"个数"<<endl;
    else
      cout<<key<<"不在数列中"<<endl;
    system("pause");
    return 0;
}
```

程序运行结果如图 1.6.32 所示。

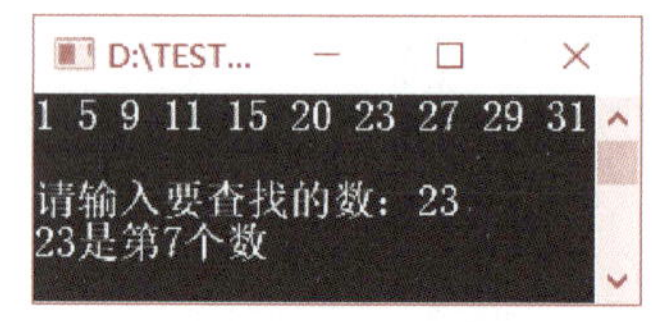

图 1.6.32 例 6.34 程序运行结果

【例 6.35】 某美妆网站积累了一组客户购买化妆品的数据，如表 1.6.3 所示，表中的数字代表客户给商品的评分，客户未购买的商品，评分设为 0。请根据协同过滤的原理，为小张推荐化妆品。

▶表 1.6.3 客户购买化妆品的数据

客户	润肤露	口红	晚霜	眼影	粉饼
客户 A	5	4	0	2	4
客户 B	1	5	4	0	0
客户 C	0	0	3	5	0
客户 D	4	2	3	1	5
客户 E	5	3	1	4	3
小张	5	4			

协同过滤简单来说是利用兴趣相投、拥有共同经验的群体的喜好来给客户推荐感兴趣的信息，它在商业推介中应用广泛。利用协同过滤原理解决上述问题的方法介绍如下：

① 将客户 A、B、C、D、E 的评分数据保存在二维数组中，构成评分矩阵 scores；目标客户小张对商品的评分保存在一维数组 target 中。

② 定义函数 getSimilarity( )获取两个客户的相似度。两个客户的相似度通过余弦相似度度量，计算公式如下：

$$s=\frac{\sum_{i=1}^{N}x_iy_i}{\sqrt{\sum_{i=1}^{N}x_i^2}\sqrt{\sum_{i=1}^{N}y_i^2}}$$

其中，N 是商品数，x_i、y_i分别是两个客户对第 i 个商品的评分。

③ 定义函数 getSimCustomer( )获取与指定客户的购买爱好最相似的客户。

④ 主函数中调用 getSimCustomer( )函数获取目标客户小张的最相似客户，然后将该客户购买而小张未购买且评分大于阈值（本例设为 3）的商品推荐给小张。

程序：

程序代码：
例6.35

```
const int NUMOFCUSTOMERS = 5;            //客户数
const int NUMOFGOODS = 5;                //商品数
const double THRESHOLD = 3;              //阈值
#include "iostream"
using namespace std;
double getSimilarity(int x[], int y[], int n)
{
    double s;
    double k = 0, m = 0, p = 0;
    for (int i = 0; i < n; i++)
    {
        k = k + x[i] * y[i];
        m = m + x[i] * x[i];
        p = p + y[i] * y[i];
    }
    s = k / sqrt(m) / sqrt(p);
    return s;
}
int getSimCustomer(int target[], int scores[][NUMOFGOODS], int m)
{
    int id = -1;
    double max = -100, s;
    for (int i = 0; i < m; i++)
    {
        s = getSimilarity(target, scores[i], NUMOFGOODS);
        if (s > max)
        {
            id = i;
            max = s;
        }
    }
    return id;
}
int main()
{
    char cosmetics[][20] = { "润肤露","口红","晚霜","眼影","粉饼" };  //化妆品的名称
    int scores[][NUMOFGOODS] = { {5,4,0,2,4},{1,5,4,0,0},{0,0,3,5,0},
                                 {4,2,3,1,5},{5,3,1,4,3} };  //客户对化妆品的评分
    int target[] = { 5,4,0,0,0 };   //目标客户小张对化妆品的评分
    int id;
    id = getSimCustomer(target, scores, NUMOFCUSTOMERS);
```

```
    cout << "推荐购买:\n";
    for (int i = 0; i < NUMOFGOODS; i++)
        if (target[i] == 0 && scores[id][i] > THRESHOLD)
            cout << cosmetics[i] << '\n';
    system("pause");
    return 0;
}
```

图 1.6.33　例 6.35 程序运行结果

程序运行结果如图 1.6.33 所示。

【例 6.36】 山鸢尾和变色鸢尾是常见的鸢尾花品种，它们有着形状和色彩相似的花瓣和萼片。一般来说，变色鸢尾有较大的花瓣，而山鸢尾的花瓣较小。已知一组鸢尾花的花瓣长度、花瓣宽度数据，根据给定的判别方程，判别这组鸢尾花的类别。

分析：美国植物学家埃德加·安德森采集了不同鸢尾花的花瓣、萼片数据，并标注了每一朵鸢尾花的类别。从中选择一组鸢尾花，将这些鸢尾花的花瓣长度、花瓣宽度作为数据点的坐标，在直角坐标系中表示出来，如图 1.6.34 所示。

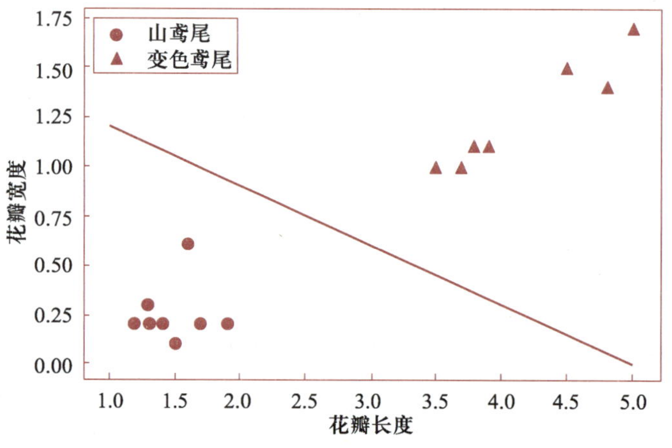

图 1.6.34　山鸢尾和变色鸢尾的样本分布

图 1.6.34 中的直线将整个坐标平面分为两个区域，山鸢尾样本均落在直线的左下方区域，变色鸢尾样本均落在直线的右上方区域。令花瓣长度为 x_1，花瓣宽度为 x_2，直线方程可表示为

$$f(x_1,x_2)=a_1x_1+a_2x_2+b$$

可利用感知器算法寻找合适的 a_1、a_2、b，使得对任何一朵鸢尾花，满足

$$f(x_1,x_2)=\begin{cases}\geq 0, & \text{山鸢尾}\\ <0, & \text{变色鸢尾}\end{cases}$$

本例中，已知利用感知器算法求得的 a_1、a_2、b 的值分别为-0.405、0.566、0.68，设计了函数 classify()，实现根据计算得到的 f 值判断并返回一朵鸢尾花的类别，0 代表山鸢尾，1 代表变色鸢尾。主程序中将一组鸢尾花的花瓣长度和宽度数据存放在二维数组 x 中，调用 classify()函数获取并输出这组鸢尾花的类别。

程序：

程序代码：
例 6.36

```
const int NUMOFIRIS = 15;                //样本数
const int NUMOFFEATURES = 2;             //特征数
#include <iostream>
using namespace std;
int classify(double a1, double a2, double b, double x1, double x2)
{
    int y;
    double f = a1 * x1 + a2 * x2 + b;
    if (f >= 0)
        y = 0;
    else
        y = 1;
    return y;
}
int  main()
{
    double x[][NUMOFFEATURES] = { {1.3,0.2},{1.4,0.2},{1.5,0.1},{1.7,0.2},
                                  {1.6,0.6},{1.2,0.2},{1.9,0.2},{1.3,0.3},
                                  {5.0,1.7},{3.8,1.1},{4.5,1.5},{4.8,1.4},
                                  {3.9,1.1},{3.7,1.0},{3.5,1.0} };
    int y[NUMOFIRIS];
    char c[][20] = { "山鸢尾","变色鸢尾" };
    double a1 = -0.405, a2 = 0.566, b = 0.68;
    int i;
    cout << "花瓣长度 花瓣宽度 类别:\n";
    for (i = 0; i < NUMOFIRIS; i++)
    {
        y[i] = classify(a1, a2, b, x[i][0], x[i][1]);
        cout << x[i][0] << "\t" << x[i][1] << "\t" << c[y[i]] << '\n';
    }
    system("pause");
    return 0;
}
```

程序运行结果如图 1.6.35 所示。

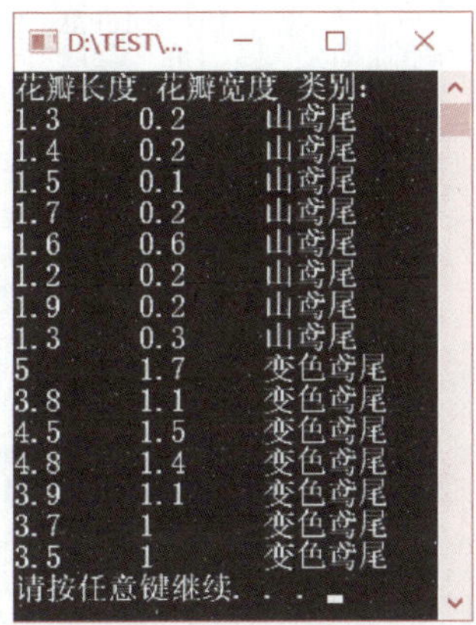

图 1.6.35 例 6.36 程序运行结果

【例 6.37】 诗词接句游戏模块化实现。以函数形式改进例 4.13 的诗词接句游戏。

在第 4 章的综合应用中，列举的诗词接句游戏的所有代码都组织在一个 main() 函数中，不同的功能交织在一起，令程序的阅读比较困难。本章通过函数将不同功能以模块化形式独立成用户自定义的函数，以更加友好的方式改进诗词接句游戏。

分析：

① 设计供用户选择的 menu( ) 函数，包含“五言诗”“七言诗”和“退出”3 个选项。

② 设计 creatsubarray( ) 函数，用以生成存放诗句行下标的数组 a，该数组存放的内容是 0～N-1 范围内不重复的随机整数，其中 N 代表存储的某种诗的诗句数量。

③ 设计 test( ) 函数对第 n 次选择的五言诗或七言诗进行接句测试。

④ 主函数中先两次调用 creatsubarray( ) 函数，分别生成随机存放五言诗和七言诗行下标的数组 a5 和 a7，再通过循环选择菜单项，配合 test( ) 函数的调用进行反复测试或终止测试。

程序代码：例 6.37

程序：

```
#define N5 6
#define N7 5
#include <time.h>
#include <iostream>
using namespace std;
void menu( )
{
    cout << " ******************************** " << endl;
    cout << " 1. 五言诗   2. 七言诗   3. 退出   " << endl;
    cout << " ******************************** " << endl;
}
void creatsubarray(int a[ ],int N)   //生成随机存放诗句行下标的数组，元素取值范围 0~N-1
{
    int i, m, n;
    srand(time(NULL));
    for (m = 0; m < N;)
    {
        n = rand( ) % N;
        for (i = 0; i < m; i++)
            if (a[i] == n)
                break;
        if (i == m)
        {
            a[m] = n;
            m++;
        }
    }
}
void test(char s[ ][30], int n, int a[ ])   //接句测试，第 n 次测试取到的诗句的行下标为 a[n]
{
    char ans[30], key[30];
    int i, len;
```

```
        len = strlen(s[a[n]]);
        for (i = 0; i < len / 2; i++)          //取 s[a[n]]的前半段,在屏幕上显示诗文上句
            cout << s[a[n]][i];
        strcpy(key, s[a[n]] + len / 2);        //将后半段诗文下句复制到代表答案的字符串 key 中
        cout << "\n 请输入下句:" << endl;
        cin >> ans;                            //输入用户答案
        if (strcmp(ans, key) == 0)             //比较用户接句与答案
            cout << "答对了,你真棒!" << endl;
        else
        {
            cout << "很遗憾,继续努力!" << endl;
            cout << "正确的应为:" << endl;
            cout << key << endl;
        }
}
int main()
{
        char s5[N5][30] = { "绿蚁新醅酒红泥小火炉","愿君多采撷此物最相思",
                            "夕阳无限好只是近黄昏","随风潜入夜润物细无声",
                            "晓看红湿处花重锦官城" ,"海内存知己天涯若比邻"};
        char s7[N7][30] = { "晴川历历汉阳树芳草萋萋鹦鹉洲","无边落木萧萧下不尽长江
                            滚滚来","洛阳亲友如相问一片冰心在玉壶","庄生晓梦迷蝴蝶
                            望帝春心托杜鹃","沉舟侧畔千帆过病树前头万木春" };
        int a5[N5],a7[N7];
        int choice, i5 = 0, i7 = 0;
        creatsubarray(a5, N5);      //生成随机存放总共 N5 行五言诗诗句行下标的数组 a5
        creatsubarray(a7, N7);      //生成随机存放总共 N7 行七言诗诗句行下标的数组 a7
        while (1)                   //循环进行接句测试
        {
            menu();
            cin >> choice;
            if (choice == 1)
            {
                if (i5 == N5)       //i5 代表当前是第几次选择了五言诗
                    cout << "五言诗已测试完毕!" << endl;
                else
                    test(s5, i5, a5);
                i5++;
            }
            else if (choice == 2)
            {
```

```
                if (i7 == N7)  //i7代表当前是第几次选择了七言诗
                    cout << "七言诗已测试完毕!" << endl;
                else
                    test(s7, i7, a7);
                i7++;
            }
            else if (choice == 3)
                break;
            else
                cout<<"输入错误\n";
        }
        system("pause");
        return 0;
    }
```

程序运行结果如图1.6.36所示。通过自定义函数改进后的接句游戏，不仅使得主函数的功能更加简单易读，而且模块化的方式还方便用户自主选择五言诗和七言诗的测试，通过test()函数的代码复用，提高了实现自主选择功能的编码效率。

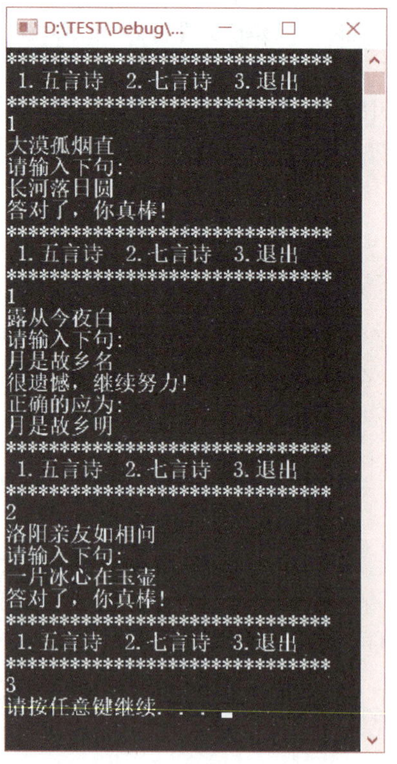

图1.6.36　例6.37程序运行结果

习 题

一、选择题

1. 下列叙述错误的是________。

A. 主函数中定义的变量在其他函数中可以访问

B. 复合语句中定义的变量在该复合语句之外不可以访问

C. 其他函数中定义的变量在主函数中不可以访问

D. 形式参数是局部变量

2. 若函数的形参为一维数组，则下列说法正确的是________。

A. 声明形参时可只写数组名，省略后面的 [ ]

B. 函数调用时对应的实参只能是数组名

C. 形参数组可以用变量指定大小

D. 形参数组可以不指定大小

3. 若函数类型和 return 语句中的表达式类型不一致，但可以匹配，则________。

A. 编译时出错

B. 运行时出现不确定结果

C. 不会出错，且函数返回值的类型与 return 语句中表达式的类型一致

D. 不会出错，且函数返回值的类型与函数类型一致

4. 下面的函数定义正确的是________。

A. float f(float x;float y)
{return x * y;}

B. float f(float x,y)
{return x * y;}

C. float f(x,y)
{float x,y ; return x * y;}

D. float f(float x, float y)
{return x * y;}

5. 下面函数头的定义格式正确的是________。

A. void sort(int a [n] ,int n)

B. void sort(int a [ ] [ ] ,int n)

C. void sort(int a [ ] , int n)

D. void sort(int a [ ] ,n)

6. 下面 4 个程序中，输出结果是 125 的有________个。

(1)
```
#include "iostream"
using namespace std;
void cube(int x)
{ x=x * x * x; }
int main()
{
  int x=5;cube(x);
  cout<<x;
  system("pause");return 0;
}
```

(2)
```
#include "iostream"
using namespace std;
void cube(int &x)
{ x=x * x * x; }
int main()
{
  int x=5; cube(x);
  cout<<x;
  system("pause");return 0;
}
```

(3)
```
#include "iostream"
using namespace std;
int cube(int x)
{ x=x*x*x; return(x); }
int main()
{
  int x=cube(5);
  cout<<x;
  system("pause");return 0;
}
```

(4)
```
#include "iostream"
using namespace std;
int x=5;
void cube()
{ x=x*x*x;}
int main()
{ cube(); cout<<x;
  system("pause");return 0
}
```

A. 1　　B. 2　　C. 3　　D. 4

7. 设函数 m 的说明形式为 void m(int,int *);，用整数 5 和整型变量 j 作实参调用函数 m()，正确的调用形式为________。

A. m(&5,&j)　　B. m(5,j)　　C. m(5,&j)　　D. m(&5,j)

8. 设函数的说明为 void fun(int a[],int m);，若有定义 int a[10],n,x;，则调用该函数的正确语句是________。

A. fun(a[10],10);　　B. x=fun(a,n);

C. fun(a,n);　　D. x=fun(a[],n);

9. 下面函数说明正确的是________。

A. void f1(int a=3, int b, int c);　　B. void f2(int a, int b=3, int c);

C. void f3(int a, int b, int c=3);　　D. void f4(int a, int b, int 3);

10. 以下几种函数模板的定义正确的是________。

A.
```
template <class T>
T fun1(T a,int b)
{…}
```

B.
```
template <class T1,T2 >
void fun1(T1 a,T1 b,T2 c)
{…}
```

C.
```
template <class T>
void fun1(int a,int b)
{T i; …}
```

D.
```
template <class T1,class T2 >
T2 fun1(T1 a,T1 b)
{…}
```

11. 下面程序的输出结果是________。

```
#include "iostream"
using namespace std;
int m=10;
void f(int m,int &n)
{ m=m+2; n=n+2;}
int main()
{
   int n=5;
   f(m,n);
```

```
    cout<<"m="<<m<<" n="<<n<<endl;system("pause");return 0;
}
```

A. m=10 n=5　　B. m=10 n=7　　C. m=12 n=7　　D. m=12 n=5

二、阅读程序，写出运行结果

1.
```
#include "iostream"
using namespace std;
int isprime(int m)
{ int i;
  for( i=2;m%i!=0;i++);
  return (i==m);
}
int main()
{
  int m=3;
  while(isprime(m))
  { cout<<"yes"<<m; m++;}
  cout<<"not"<<m;
  system("pause");return 0;
}
```

2.
```
#include "iostream"
using namespace std;
int count(double *a)
{
    double *p=a;
    while(*p!=0)   p++;
    return (p-a);
}
int main()
{
  double a[]={1.0,2.0,8.0,3.0,0.0,4.0,7.0};
  cout<<count(a);
  system("pause");return 0;
}
```

3.
```
#include "iostream"
#include "iomanip"
using namespace std;
int sum(int a[],int n)
{  int s,i;
   for( s=0, i=0;i<n;i++)
```

```
    {s+=a[i]; a[i] *=a[i]; }
    return s;
}
int main()
{
    int i,a[]={5,4,3,2,1};
    cout<<sum(a,3)<<endl;
    for(i=0;i<5;i++)
        cout<<a[i]<<setw(3);
    system("pause");return 0;
}
```

4.
```
#include "iostream"
using namespace std;
void f(int *p,int n)
{
  for(int i=0;i<n;i++) (*p)++;
}
int main()
{
  int i,a[]={0,1,2,3,4}, *p=&a[0];
  f(p,2);
  for(i=0;i<5;i++)
    cout<<a[i] <<' ';
  system("pause");return 0;
}
```

5.
```
#include "iostream"
using namespace std;
int m=10;
void a(int n)
{ n=15/n;m=m/2;}
int main()
{
  int n=3;a(n);
  cout<<"m="<<m<<"n="<<n;
  system("pause");return 0;
}
```

6.
```
#include "iostream"
using namespace std;
int x=5;
int p(int x)
```

```
    {
      int y=1; static int z=1;
      y++; z++;
      return x+y+z;
    }
    int main()
    {
      for(int i=1;i<3;i++)
      cout<<p(x++) <<' ';
      system("pause");return 0;
    }
```

三、程序填空

1. 程序功能：对 x=1,2,…,10，求 y=x*x-5*x+sin(x)的最大值。

```
#include "iostream"
using namespace std;
float f(int x)
{
  float y;
  y=x*x-5*x+sin(x);
  ________________;
}
int main()
{
  int x; float max;
  ________________;
  for(x=2;x<=10;x++)
      ____________________;
  cout<<max<<endl;
  system("pause"); return 0;
}
```

2. 函数 backmove()的功能是把字符指针 x 所指的字符串向右平移 m 个字符，最后 m 个字符移到串首。如“abcdefghij”，平移 3 个字符，结果是“hijabcdefg”。

```
#include "iostream"
using namespace std;
void backmove(char *x,int m)
{
    int i,j,n;char w;
    n=strlen(x);
    for(j=0;j<m;j++)
```

```
    {  w=____________;
       for(i=0;i<n-1;i++)
            *(x+n-1-i)=____________;
       ____________=w;
    }
}
int main()
{
  char s[20];
  gets(s);
  ____________;           //假设平移3个字符
  puts(s);
  system("pause");return 0;
}
```

3. 函数index()的功能是查找子串sub在字符串st中的位置，函数返回sub在st中首次出现的下标，若sub不是st的子串，函数返回-1。假设字符串sub和st皆非空串，如sub为"cd"，st为"abcdefcd"，则返回2。

```
#include "iostream"
using namespace std;
int main()
{
    char s1[80],s2[80];
     ____________;
    gets(s1);gets(s2);
    if(________________)
        cout<<"子串在字符串中首次出现的下标："<<index(s1,s2);
    else
        cout<<"找不到";
    system("pause");return 0;
}
int index(char st[],char sub[])
{
  int i,j,k;
  for(i=0;st[i]!='\0';i++)
  {
      for(j=i,k=0;sub[k]!='\0' && st[j]==sub[k] ;________);
      if(sub[k]== '\0')____________;
  }
  return -1;
}
```

4. 随机生成 10 个 1 ~100 的数放在一维数组中，求其平均值及最大值。

```
#include "iostream"
using namespace std;
const int N=10;
void fun(float *p,float *p1,float *p2)
{
  float sum,max1;
  ________________;
  for(int i=1;i<N;i++)
  {
      if (max1<*p)   max1=*p;
      sum=sum+*p;
      p++;
  }
  ____________________;
  ____________________;
}
int main()
{
  float a[10],aver,max;
  int i,x;
  for(i=0;i<10;i++)
  {
    x=rand() % 100+1;
    a[i]=x;
  }
  for(i = 0;i<10;i++)
      cout<<a[i]<<" ";
  cout<<endl;
  ____________________;
  cout<<"平均值:"<<aver<<"   最大值:"<<max<<endl;
  system("pause");return 0;
}
```

四、编程题

1. 编写函数 replace( )，功能是将字符串 s 中的字符 c1 用字符 c2 替换；再编写主函数调用该函数，对函数功能进行测试。函数原型为

```
void replace(char s[], char c1,char c2);
```

2. 编写函数 fun( )，功能是求圆的周长和面积；再编写主函数调用该函数，对函数功能进行测试。函数原型为

```
double fun(double r, double *girth,double pi=3.14159);
```

或

```
void fun(double r, double &girth,double &area,double pi=3.14159);
```

要求用上述两种方法分别编程实现。

3. 编写函数求二维数组中最大元素所在的行号和列号；再编写主函数调用该函数，对函数功能进行测试。

4. 编写函数 mystrcat()，将两个字符串 s 和 t 的前 n 个字符拼接成新的字符串，结果存放在 s 中。如果 s 或 t 中字符串的长度不足 n，则按实际长度处理。例如，如果 s 和 t 的内容分别为"ABCDEFGH"和"abcdefghijk"，n 为 3，则新字符串内容为"ABCabc"；再编写主函数调用该函数，对函数功能进行测试。函数原型为

```
void mystrcat(char s[],char t[],int n)
```

5. 编写函数 dif()，其功能是逐字符比较两个字符串 s1 和 s2，并将 s1 中第一个与 s2 不相同的字符的地址返回给主函数；再编写主函数调用该函数，并在主函数中输出 s1 从这个位置开始的子串。函数原型为

```
char *dif(char s1[],char s2[])
```

6. 向 5 个人询问年龄：第 5 个人回答比第 4 个人大 2 岁，第 4 个人回答比第 3 个人大 2 岁，第 3 个人回答比第 2 个人大 2 岁，第 2 个人回答比第 1 个人大 2 岁，最后第 1 个人说自己 10 岁。请用递归方法求解第 5 个人的年龄。

第 7 章
结构和链表

电子教案

数组用来存储类型相同的一组数据，配合循环语句可以对其进行批量处理。那么如何组织相互有关联但类型不同的数据呢？本章引入的结构类型可以解决这个问题，同时本章还将介绍结构类型的应用——链表。

7.1　结构类型与结构变量

结构类型通常用来描述什么问题，如何描述？这种复杂类型的数据在程序中如何引用？本节将逐一讨论这些问题。

7.1.1　引例——学生成绩处理

【例7.1】 假设学生数据包括姓名、学号和成绩，输入若干名学生的数据，要求按成绩由低到高的顺序排序，并输出排序后的学生数据。

分析：由于姓名、学号和成绩等数据的类型不同，故不能将一个学生的所有数据组织在一个基本类型的数组中，但如果将姓名、学号、成绩分别定义为几个相互独立的数组，程序该如何处理呢？假设对 N 个学生定义如下3个彼此独立的数组：

```
char name[N][20];          //姓名数组的每个元素是字符串
char num[N][8];            //学号数组的每个元素是字符串
double score[N];           //成绩数组
```

则在对成绩数组进行排序的同时，还要对相应的学生学号数组和姓名数组进行排序，具体过程如下：

```
for(i=0; i<N-1; i++)
    for(j=0; j<N-1-i; j++)
        if(score[j]>score[j+1])
        {
            temps=score[j];                  //假设已定义过 int temps;
            score[j]=score[j+1];
            score[j+1]=temps;
            strcpy(tempnu,num[j]);           //假设已定义过 char tempnu[8];
            strcpy(num[j],num[j+1]);
            strcpy(num[j+1],tempnu);
            strcpy(tempna,name[j]);
            strcpy(name[j],name[j+1]);
            strcpy(name[j+1],tempna);        //假设已定义过 char tempna[20];
        }
```

可见，这个排序过程烦琐、代码书写效率低。产生这个问题的原因是：多个相互有关联的数据独立定义，无法体现它们之间的内在联系。为此，需要定义一种能将这些信息组合在一起的新型的数据类型，这就是结构类型。用结构类型定义上述学生信息如下：

```
struct student
{
    char name[30];
    char num[10];
    double score;
};
```

其中，struct student 是一种用户自定义的结构类型，用来描述一个学生的完整信息，它包含 name、num、score 三个成员。通过结构类型将学生的所有数据有机地组织在一个相互有关联的整体中，这样就可以通过后续介绍的结构数组方便地对一组学生数据进行整体批量处理，从而达到简化程序的目的。

7.1.2 结构类型的声明

结构类型是一种构造类型，由若干成员组成，使用之前必须先对其进行声明，指出其成员构成及每个成员的所属类型。声明形式如下：

```
struct 结构类型名
{
    结构成员 1;
    结构成员 2;
    …
    结构成员 n;
};
```

说明：

① 结构也被称作结构体。声明结构类型的关键字是 struct，其后的标识符是结构类型名，类型定义末尾的右花括号后面必须有分号。

② 结构成员可以为任意类型，只有自身的实例除外。

③ 在 C++中对于已经声明过的结构类型，后续可以单独使用这个类型名；而 C 语言中使用结构类型名时，前面一定要出现关键字 struct。

④ 结构类型可以嵌套定义，即一个结构类型的变量可以作为另外一个结构类型的成员。假设声明了如下的日期类型：

```
struct date
{
    int day;
    int month;
    int year;
};
```

则 struct date 类型的变量也可以作为以下 struct person 类型的成员：

```
struct person
{
    char name[15];
    char sex;
    int age;
    struct date birthday;          //C++中可省略此处的 struct
};
```

struct person 类型的结构如图 1.7.1 所示。可见，结构成员 birthday 是内嵌在 struct person 类型中的另一个结构类型的变量。

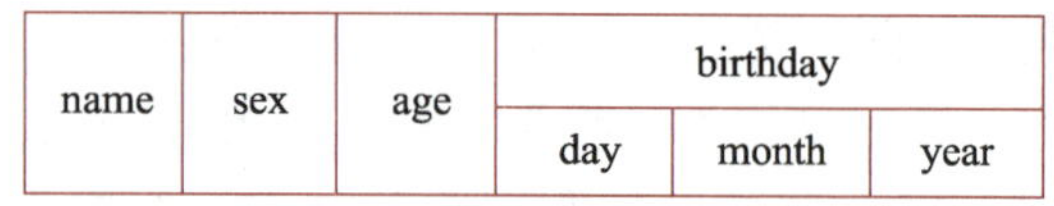

name	sex	age	birthday		
			day	month	year

图 1.7.1 struct person 结构类型

7.1.3 结构变量的定义及初始化

1. 结构变量的定义

在程序中，系统只会为结构类型的变量分配内存，而不会为结构类型本身分配存储空间，因此，程序要操作结构类型的数据，还需要定义结构变量。C/C++中提供了 3 种定义结构变量的方法，以下结合具体例子分别介绍。

（1）声明结构类型的同时定义结构变量

声明结构类型时，在整个声明结束的分号前给出结构变量名表。例如：

```
struct student
{
    char name[30];
    char num[10];
    double  score;
}s1,s2;
```

在声明结构类型 student 的同时，也定义了这种类型的两个变量 s1 和 s2。

（2）省略类型名，直接定义结构变量

C/C++中允许定义无类型名的变量，即不为结构类型声明具体的类型名。例如：

```
struct
{
    char name[30];
    char num[10];
    double  score;
}s1,s2;
```

这种省略类型名直接定义结构变量的缺点是：定义变量不够灵活，不能随时根据需要定义结构变量。比如，这种方式就无法定义结构类型的参数。

（3）先声明结构类型，再定义结构变量

将类型声明和变量定义分两步进行，先声明抽象的结构类型，后根据需要随时用这种类型定义具体的结构变量。例如：

```
struct student
{
    char name[30];
    char num[10];
    double  score;
};
struct student s1,s2;
```

以上先声明结构类型 student，再使用该类型定义变量。在 C++中，定义变量时还可以只用 student 来表示结构类型，而省略关键字 struct，即

```
student s1,s2;
```

2. 结构变量的初始化

对结构变量进行初始化，与数组初始化的方法类似，即将所有成员的值按顺序逐一列出，并将这些值组织在一对花括号中。例如：

```
struct student
{
    char name[30];
    char num[10];
    double score;
}s= {"FangMin", "1300010", 87};
```

该初始化语句为结构变量 s 的 name 成员赋初值"FangMin"，为 num 成员赋初值"1300010"，为 score 成员赋初值 87。

7.1.4 指向结构变量的指针

如同指针可以指向其他类型的变量一样，指针也同样可以指向结构变量。需要强调的是，指向结构变量的指针指向的是结构变量的整体，而不是其中的某个成员。该指针中存放的是其所指向的那个结构变量所占内存空间的首地址。假设 student 是前面定义过的学生结构类型，若有如下定义：

```
struct student s1= {"FangMin", "1300010", 87}, *p;
p=&s1;
```

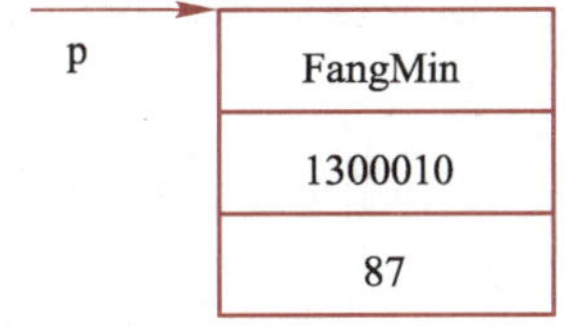

图 1.7.2 指向结构变量的指针

则 p 与 s1 的关系如图 1.7.2 所示。

7.1.5 结构变量的访问

结构变量包含多个成员，这种变量在程序中应该如何访问，是整体访问还是逐成员访问，何时可以整体访问，何时需要逐成员访问，怎样进行成员访问等问题将在本小节介绍。

1. 结构成员的访问

形式：

结构变量名.成员名

其中，“.”是成员访问运算符，是优先级最高的四个运算符之一。如果结构变量的成员本身也是结构类型，则需要使用多个“.”运算符来实现。例如，假设有结构类型及变量定义：

微视频：结构变量的访问

```
struct date
{
    int day;
    int month;
    int year;
```

```
};
struct person
{
    char   name[15];
    char   sex;
    int    age;
    date   birthday;
}p1;
```

在对变量 p1 进行赋值时，必须对每个成员按其类型所要求的方式逐一赋值，例如：

```
strcpy (p1.name, "FangMin");
p1.sex = 'F';
p1.age = 24;
p1.birthday.month = 8;
p1.birthday.day = 10;
p1.birthday.year = 1989;
```

其中，因为 name 成员为字符数组，对字符数组赋值必须通过调用 strcpy( ) 函数实现，而不能直接用赋值语句。而 birthday 成员本身又是一个内嵌的结构类型变量，所以也要按结构成员访问方式访问它的具体成员 year、month、day。

2. 通过结构指针访问结构成员

形式 1：

```
(*指向结构的指针).成员名
```

形式 2：

```
指向结构的指针->成员名
```

说明：

① 在“形式 1”中不能省略圆括号！否则按单目运算符自右向左结合的规则，会出现语法错误。

② 成员访问运算符“->”用于表示指向结构的指针与其所指向的结构成员之间的关系，表达更加直观简洁，因而“形式 2”是更为普遍采用的访问方式。后面通过指针访问结构成员时，一律采用“形式 2”的方式。

假设结构类型 person 如同前面的定义一样，又有如下定义：

```
struct person per1, *p=&per1;
```

则可以利用结构指针 p 对结构变量 per1 的成员赋值：

```
strcpy(p->name, "FangMin");
p->sex = 'F';
p->age = 20;
p->birthday.month = 8;
p->birthday.day = 10;
p->birthday.year = 1988;
```

这里需要说明的是，p 是指针变量，而 p->birthday 则是该指针变量所指向的一个内嵌的结构成员，该成员不再是指针，而是一个 date 类型的变量，所以再对该成员的下级成员进行访问时应该使用“.”运算符，而非“->”运算符。指针 p 和其所指向的结构变量 per1 及其各成员的关系如图 1.7.3 所示。

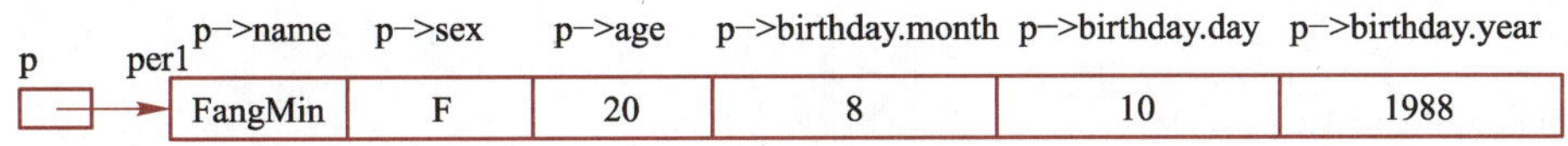

图 1.7.3 指向结构的指针与结构成员的关系

3. 结构变量的整体访问

在结构类型数据的访问中，多数情况都要求访问到具体的成员，但以下情形允许对结构变量进行整体操作。

(1) 结构变量之间相互赋值

C/C++中，允许两个同类型的结构变量整体赋值，而不必逐成员一一赋值，这给结构类型数据的使用带来很大的方便。例如，假设有定义：

```
struct student
{
    char name[30];
    char num[10];
    double score;
}s1={"FangMin","1300010",87},s2;
```

其中，s1 通过初始化的方式已获得了初值，若将 s1 的内容赋值给 s2，可以使用如下语句：

```
s2=s1 ;
```

(2) 结构变量作为函数参数或返回值

C/C++中，允许结构变量整体作为函数参数和返回值。

【例 7.2】 定义日期结构类型 date，包含年、月、日 3 个成员，编写函数 gettotaldays()求某个日期是这一年中的第几天。再在主函数中输入一个日期，调用 gettotaldays()函数后输出这个日期是这一年中的第几天。

分析：

① 根据题意，gettotaldays()应包含一个 date 类型的参数，代表要处理的日期。

②“求某个日期是这一年中的第几天”应将这个日期所在月份之前的所有月份的总天数加上这个日期中代表“日”的那个成员。例如，若求“2023 年 3 月 10 日”是 2023 年中的第几天，需将 1 月份和 2 月份的总天数加上 10。

③ 为方便②的处理，定义一个长度为 12 的数组 dpm，用来存放 12 个月中每个月的总天数。

程序：

程序代码：例 7.2

```
#include "iostream"
using namespace std;
struct date
```

```
{
   int year;
   int month;
   int day;
};
int gettotaldays(struct date d)
{
   int totalday=0,i;
   int dpm[12]={31,28,31,30,31,30,31,31,30,31,30,31};
   if(d.year%400==0||d.year%4==0&&d.year%100!=0)   //若是闰年，需修改 2 月份的总天数
       dpm[1]=29;
   for(i=0;i<d.month-1;i++)
       totalday+=dpm[i];
   totalday+=d.day;
   return totalday;
}
int main()
{
   int totaldays=0;
   date d;
   cin>>d.year>>d.month>>d.day;
   totaldays=gettotaldays(d);
   cout<<"该日期是一年中的第"<<totaldays<<"天"<<endl;
   system("pause");
   return 0;
}
```

程序运行结果如图 1.7.4 所示。

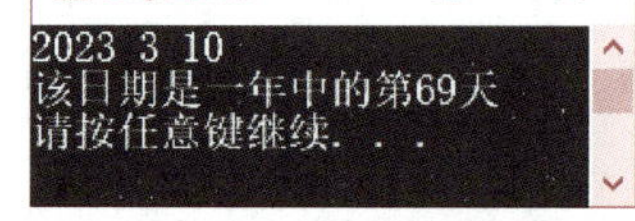

图 1.7.4　例 7.2 程序运行结果

7.2　结构数组

本章的引例中已讨论过，描述一个学生的若干信息要用结构变量，而要描述一组这样的学生信息则要使用结构数组。

7.2.1　结构数组的定义及初始化

结构数组是结构和数组的结合，是以结构类型数据作为元素的数组，其定义形式如下：

结构类型名 结构数组名[整型常量表达式]

例如：

```
struct student stu[10];
```

定义 stu 为 student 类型的结构数组，可以存放 10 个 student 类型的数据。

结构数组的初始化结合了结构类型和数组类型的初始化方法，数组元素初始化时要求将每个元素的值依次列在一对花括号中，各元素间用逗号分隔；而结构变量的初始化也是将其各成员的值组织在一对花括号中，各分量间用逗号分隔。例如：

```
struct student
{
    char   name[30];
    char   num[10];
    double   score;
}s[3] = {{"FangMin","210010",87},{"ZhangHua","210025",90},{"LiPing","210015",85}}
```

其中，s[3]外层花括号内两个逗号分隔的是3个数组元素，每个数组元素作为一个结构变量又被初始化在一对内层花括号中。

7.2.2 结构数组的访问

根据需要的不同，结构数组在程序中有如下不同的访问方式：

① 作为函数参数时，结构数组可以数组名的形式整体引用。

② 结构数组的不同元素之间相互赋值时，可以元素的形式整体引用。

③ 其余情况下访问数组元素的每个成员的形式如下：

结构数组名[下标].结构成员名

微视频：学生数据处理

程序代码：例7.3

【例7.3】 实现引例程序，对5个学生的信息按成绩由低到高进行排序。

分析：虽然结构数组是一种复杂的数据类型，但结构变量允许整体赋值这个特点使得在排序过程中可以直接交换两个元素，而无须交换两个元素的各个成员。

程序：

```
#define N 5
#include "iostream"
using namespace std;
struct student
{
  char name[20];
  char num[6];
  double score;
};
int main()
{
  struct student s[N],temp;
  int i,j;
  cout << "input name、num、score :\n";
  for (i = 0; i < N; i++)
```

```
        cin >> s[i].name >> s[i].num >> s[i].score;
    for (i = 0; i < N - 1; i++)
        for (j = 0; j < N - 1 - i; j++)
            if (s[j].score > s[j + 1].score)   //根据两个学生成绩比较结果直接交换两个元素
            {
                temp = s[j];
                s[j] = s[j + 1];
                s[j + 1] = temp;
            }
    cout << "after sort:\n";
    for (i = 0; i < N; i++)
    {
        cout << s[i].name << '\t' << s[i].num << '\t';
        cout << s[i].score << endl;
    }
    system("pause");
    return 0;
}
```

程序运行结果如图 1.7.5 所示。对比引例中的用姓名、学号、成绩 3 个独立数组实现排序的那段代码，从中不难发现，使用结构数组大大简化了程序。

图 1.7.5　例 7.3 程序运行结果

【例 7.4】 某商家周年店庆期间对其会员进行积分换购活动，允许每天前 5 名光顾的会员用其积分抵扣支付。假设每 100 个积分可以抵扣 5 元，求该商家店庆期间某天积分抵扣的金额，以及这 5 名会员积分抵扣后的剩余积分值。假设这些会员将全部积分进行支付抵扣。要求用函数实现积分抵扣的过程。

分析：

① 根据题意，可以抽象出会员卡号和积分组合成一个结构类型，用结构数组来描述若干会员的信息。

② 要求用函数实现积分抵扣过程，需要将全部会员信息传递给函数，故选择结构数组作为参数，返回值为某日的抵扣金额。

程序代码：例 7.4

程序：

```
#define N   5
#include "iostream"
using namespace std;
struct card
{
    char   num[6];
    int    score;
};
```

```
int exchange(struct card c[ ], int n)
{
  int i, total;
  total = 0;
  for (i = 0; i < n; i++)
  {
      total = total + 5 * (c[i].score / 100);                //每 100 积分抵扣 5 元
      c[i].score = c[i].score - 100 * (c[i].score / 100); //某会员不足 100 积分的剩余积分
  }
  return total;
}
int main()
{
  struct card c[N];
  int i,total=0;
  cout << "输入卡号和积分:" << endl;
  for (i = 0; i < N; i++)
      cin >> c[i].num >> c[i].score;
  total = exchange(c, N);      //结构数组名作为实参
  cout << "扣除积分后:\n";
  cout << "卡号\t 积分\n";
  for (i = 0; i < N; i++)
      cout << c[i].num << '\t' << c[i].score << endl;
  cout << "积分抵扣总金额=" << total << endl;
  system("pause");
  return 0;
}
```

程序运行结果如图 1.7.6 所示。

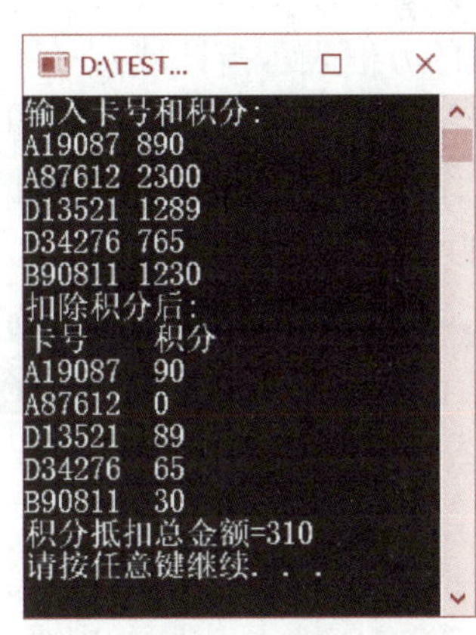

图 1.7.6 例 7.4 程序运行结果

7.3 结构的应用——链表

数组为同类型数据的批量处理带来了方便，但使用过程中也存在如下缺陷：

① 使用数组必须事先确定其长度。为防止出现越界的错误，通常将其长度定义得足够大，这样往往会造成内存空间的浪费。

② 使用数组进行数据的插入、删除时，需要对插入、删除位置开始的数据进行移动，数据量很大的情况下若频繁插入、删除数据，时间效率会受到严重影响。

链表作为一种动态数据结构，能很好地解决数组的上述缺陷。链表可以根据程序的需要进行动态扩充，其元素不必像数组那样存放在内存的连续区域中，而是可以通过一个指针成员指示其后一个元素的存放地址，进而实现在内存中的非连续存储。

链表常见的有单链表、双链表和循环链表3种形式。本书只介绍单链表，即链表结点的指针域只包含一个指向下一结点的指针，而最后一个结点的指针域为NULL。本书中出现的链表除非特殊说明，皆指单链表。

链表的每个元素（称为结点）除了包含要处理的数据成员（也可称为数据域）之外，还应该包含一个存放下一个元素所在地址的指针成员（也可称为指针域）。显然，链表结点的数据类型应该是一个结构类型。假设一个学生包含姓名和成绩两项信息，若用链表来存储学生信息，则需定义如下的结点结构类型：

```
struct node
{
    char name[20];
    double score;
    struct node *next;
};
```

其中，成员next是指向自身类型的指针变量，该变量中存放的是当前元素后面紧邻的那个元素的地址。图1.7.7示意了用链表存储3个学生信息的情况（用有底纹的方框表示数据域，无底纹的方框表示指针域）。head是指向链表中第一个结点的指针，称为表头指针。链表中的每一个结点都包含两个数据域和一个指针域。从图1.7.7中可以看出，表头指针（head）指向第一个结点，第一个结点的指针域指向第二个结点，依此类推，但最后一个结点的指针域不再指向其他结点，其值为NULL。

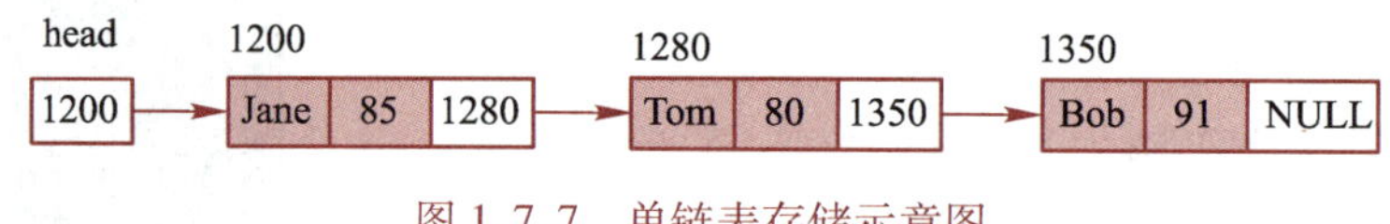

图1.7.7 单链表存储示意图

链表是一种链式存储的线性表，对其进行的常见基本操作包括以下几种：

① 遍历链表，即输出链表中的所有数据。

② 求链表的长度，即统计链表中包含的结点个数。

③ 查找链表中的结点，可以按序号查找指定结点，也可以按某个数据域的值查找结点。

④ 在链表中插入一个新结点。

⑤ 删除链表中的某个结点。

当然，链表和一维数组一样，都是用来描述和处理线性表这种数据结构的。对一维数组所能进行的其他操作，对链表也一样可以。限于篇幅，后续只讨论前面列举的有关链表的基本操作。

7.3.1 结点内存管理与结点的访问

作为一种动态数据结构，链表中的结点是根据需要动态创建的，而一旦某个结点从链表中删除，也需要将其所占用的内存及时返还系统。为便于更好地理解链表的常见操作，首先需要了解C/C++中是如何进行有关内存分配和释放管理的，以下结合具体的结点定义来介绍。

假设有定义：

```
struct node
{
    int data;
    struct node *next;
} *p;
```

此处定义 p 是指向 struct node 类型的指针变量，但此时它还没有被赋值，故尚没有明确的指向，不允许对其做赋值以外的任何操作。

1. 为新结点分配内存

在向链表中加入结点的操作中，首先需要创建一个新结点以存放要加入链表中的新数据。为此，首先要为新结点申请存放空间，方法如下。

(1) 使用 malloc( )函数分配内存

形式：

```
p=(struct node *)malloc(sizeof(node));
```

系统函数 malloc( )在内存的动态存储区中分配一个长度为 sizeof(node)个字节的连续空间，并将这段空间的首地址存入指针变量 p 中。

说明：

① 对 malloc( )函数的原型说明包含在头文件 stdlib.h 中。

② sizeof( )是求字节数运算符，sizeof(node)的值就是 node 类型数据所占用的字节数。

③ malloc( )函数的返回值是可以指向任意类型的指针（void *）。

④ malloc( )前面的强制转换运算（struct node *），会将 malloc( )函数返回的不确定类型的指针强制转换成指向 node 类型的指针。

通过 malloc( )函数进行内存分配并赋值给 p 后，p 便有了明确指向，如图 1.7.8 所示。

(2) 使用 new 运算符分配内存

形式：

```
p=new node;
```

该方法使用起来更加简单方便，但 C 语言中不支持此方法，因为 new 运算符是 C++的运算符。为方便起见，本书中的程序多采用后一种方式实现内存分配。

2. 释放内存

在删除链表结点的操作中，对于被删除的结点，应该将其占用的存储空间及时释放，返还系统。假设 p 指向链表中要删除的结点，见图 1.7.9（注：双斜线代表该指针域已发生改变，转而指向虚线所指的地方），则释放 p 指向的结点所占用内存的方法如下。

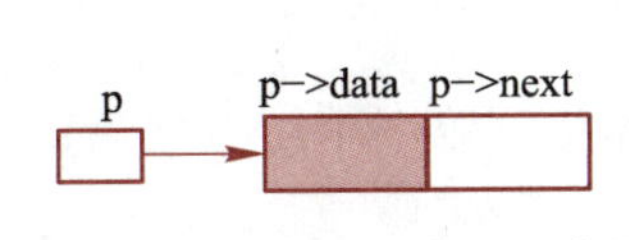

图 1.7.8 结点空间分配示意图

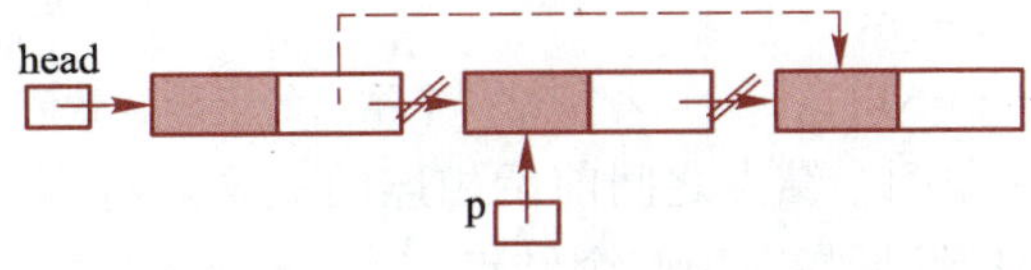

图 1.7.9 删除结点示意图

(1) 使用 free 函数释放内存

形式：

```
free(p);
```

说明：

① free( ) 函数的原型说明包含在头文件 stdlib. h 中。

② free( ) 函数适用于释放用 malloc( ) 函数分配的内存；用 new 运算符申请的内存不能用 free( ) 函数释放。

(2) 使用 delete 释放内存

形式：

```
delete p;
```

delete 用于释放由 new 申请的内存。

3. 结点的访问

由于在链表中各个结点之间是靠指针域来联系的，所以对结点各成员的访问也是利用指向结点的指针来进行的。例如，对 p 所指向的结点的数据域的访问如下：

```
(*p).data 或 p->data
```

对 p 所指向的结点的指针域的访问如下：

```
(*p).next 或 p->next
```

结合结点的动态内存管理，下面来了解链表的基本操作方法。

【例 7.5】 假设 node 是前面已经定义过的结点结构类型，又有定义 struct node *p, *q，则建立一个包含两个结点的链表的过程如图 1.7.10 所示。

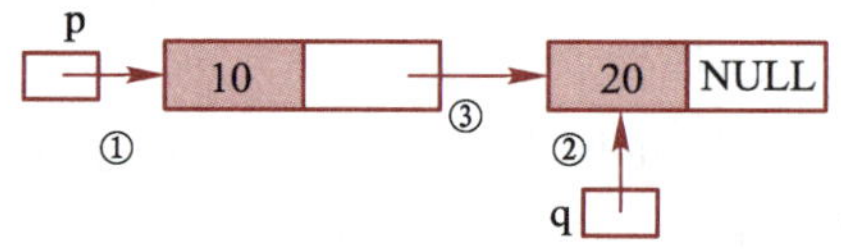

图 1.7.10　两个结点的链表的建立过程

分析：

① 创建第一个结点 p 需要两步操作：为其申请内存并为其数据域赋值。

```
p=new node;          //或 p=(struct node *)malloc(sizeof(struct node));
p->data=10;
```

② 创建第二个结点 q 时，除了要执行与①相同的两步操作外，还要将其指针域置空(NULL)，因为它是链表中的最后一个结点。

```
q=new node;
q->data=20;
q->next=NULL;          //为第二个结点的指针域赋值
```

③ 建立两个结点之间前后相连的关系。将第二个结点连接到第一个结点之后，即让第一个结点的指针域指向第二个结点。

```
p->next=q;
```

7.3.2 链表的建立

建立链表就是通过不断将动态创建的新结点加入链表中，实现链表从无到有的过程。当然，新结点加入链表中的方式很多，比如，向链表尾部添加，向链表头部添加，按照数据域的大小有序添加，等等。这里介绍向链表的末尾添加新结点的方法。用这种方法，需要定义如下 3 个指针。

① head：表头指针，指向链表中的第一个结点，链表初始状态应为空表，故将其初值置为 NULL。

② tail：表尾指针，动态地跟踪指向链表的最后一个结点。

③ newnode：指向待插入结点（新结点）的指针。

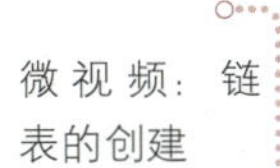

【例 7.6】 创建包含 n 个结点的链表，结点数据域只有一个 int 类型的成员。

分析：

① 根据题意，该链表的结点结构可定义如下：

```
struct node
{
    int  data;
    struct node  * next;
};
```

② 链表的建立过程如下。

a. 首先设置 head 为 NULL，即建立一个空链表。

b. 为新结点分配内存，让 newnode 指向这段内存的起始位置。

c. 向 newnode 指向的结点数据域输入数据。

d. 把 newnode 指向的结点插入链表中。该过程需要讨论如下两种情况：

● 如果当前链表是空表，newnode 指向的结点应该成为该链表中唯一的一个结点，故 head 和 tail 都应该指向该结点，如图 1.7.11 所示。

● 如果当前链表非空，则 newnode 指向的结点应该作为链表中的最后一个结点加入链表中，故应该将其插在 tail 指向的结点之后，然后 tail 随之跟踪指向新的表尾，如图 1.7.12 所示。

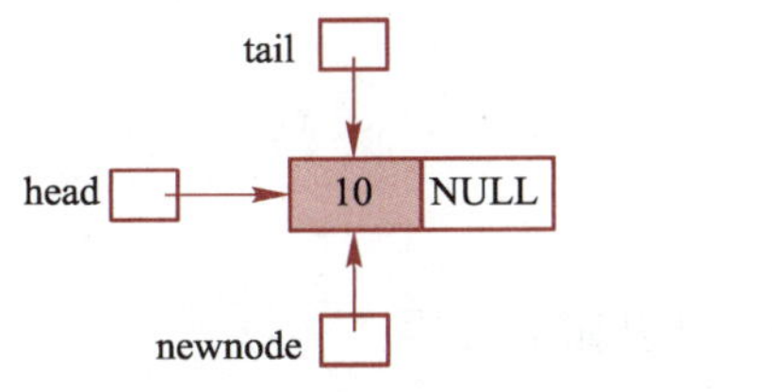

图 1.7.11 空表时加入新结点

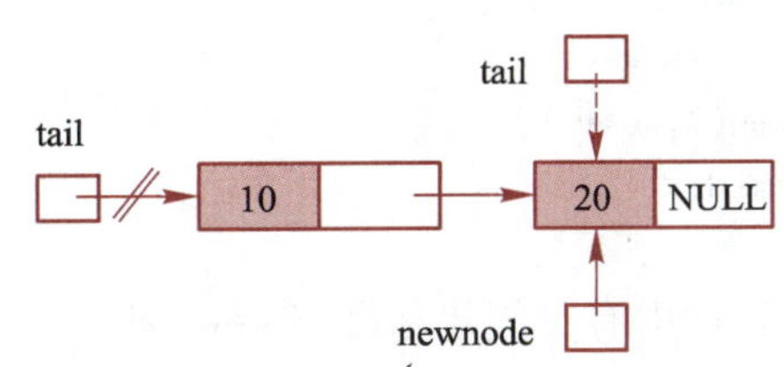

图 1.7.12 非空表时加入新结点

③ 重复执行②中 b~d 步共 n 次。

④ 将最后一个结点的指针域 next 域置空（NULL）。

程序：

程序代码：
例 7.6

```
#include "iostream"
using namespace std;
struct node
{
    int   data;
    struct node  * next;
};
struct node  * create( int n )
{
    struct node   * head = NULL;
    struct node   * tail, * newnode;
    int   x;
    for (int i=0;i<n;i++)
    {
        cin>>x;
        newnode=new node;      //为新结点申请内存，注意区别 new node 和 newnode
        newnode->data=x;
        if(head==NULL)         //新结点添加到空表
            head=newnode;
        else                   //新结点添加到非空表
            tail->next=newnode;
        tail =newnode;         //tail 动态跟踪指向新的表尾
    }
    tail->next=NULL;           //将表尾结点的指针域置空
    return(head);
}
int main()
{
    struct node  * head;
    int n;
    cout<<"请输入初始链表结点数:\n";
    cin>>n;
    head = create(n);
    system("pause");
    return 0;
}
```

当然，程序中有关创建新结点 newnode 的语句也可以如下表达：

```
newnode=(struct node  * )malloc(sizeof(struct node));
```

7.3.3　链表的常见操作

1. 链表的遍历

在链表中，一个结点的指针域存储的是其后继结点（即后面紧邻的结点）的地址，所以只要知道链表的表头指针，即可通过结点的指针域找到每一个结点的存储地址，进而依次对每个结点进行访问。

【例 7.7】 编写一个函数，其功能是输出例 7.6 中建立的单链表中的所有数据。

分析：定义 p 是指向链表中某结点的指针，利用该指针的不断后移，使其从表头 head 开始逐一指向后续的各个结点，每指向一个结点，便取出该结点的数据域，直到 p 的值为 NULL 时为止。设计函数时，应将表头指针 head 作为函数的形式参数，函数实现如下：

微视频：链表的遍历

```
void print(struct node *head)
{
  struct node *p=head;
  while(p!=NULL)
  {
      cout<<p->data<<'\t';
      p = p->next;
  }
}
```

特别需要注意的是：链表是一种非顺序存储的数据结构，所以后移指针 p 使其指向后继结点，不能通过 p++实现，而要通过 p=p->next 实现，这是初学者非常容易忽略的地方。

2. 统计链表中结点的个数

【例 7.8】 编写函数，统计例 7.6 中创建的链表所包含的结点个数。

分析：与遍历链表类似，定义一个辅助指针 p，使其从表头 head 开始逐一指向后续的各个结点，每经过一个结点，结点计数器的值增加 1。函数实现如下：

```
int count(struct node *head)
{
    struct node *p=head;
    int n=0;
    while (p!=NULL)
    {
        n++;
        p = p->next;
    }
    return(n);
}
```

3. 查找链表中的结点

查找是链表中一个非常重要的操作，是插入和删除操作的基础。查找分为按序号查找和按数据域的值查找两种方式。

【例 7.9】 编写函数，在例 7.6 创建的链表中，按序号查找第 i 个结点，若找到，则输出该结点的数据域的值。

分析：设置一个序号计数器 j 和一个辅助指针 p，从表头结点开始，顺着链表的链进行查找。仅当“j==i”并且“p!=NULL”时查找成功；否则查找失败。函数实现如下：

微视频：链表的查找

```
void search(struct node *head, int i)
{
    int j=1;
    struct node *p=head;
    if(i<0)
        cout<<"illegal index\n";
    else
    {
        while(j!=i && p!= NULL)
        {
            j++;
            p=p->next;
        }
        if(j==i && p!=NULL)
            cout<<"index"<<i<<":"<<p->data;
        else
            cout<<"illegal index \n";
    }
}
```

按数据域的值查找的思路是：对单链表的结点依次扫描，检测其数据域的值是否与所要查找的数据匹配，若匹配，则返回指向该结点的指针；否则返回 NULL。具体实现请读者自行完成。

4. 在链表中插入结点

假设在一个单链表中存在两个连续的结点 front 和 behind（其中 front 为 behind 前面紧邻的结点，称为直接前驱），若需要在 front、behind 之间插入一个新结点 newnode，则无须像数组那样移动 behind 后面的元素，只需使 front 的指针域指向新结点 newnode，newnode 的指针域指向 behind，即执行如下两条语句：

微视频：链表中插入结点

```
front->next=newnode;
newnode->next=behind;
```

结点插入示意如图 1.7.13 所示。

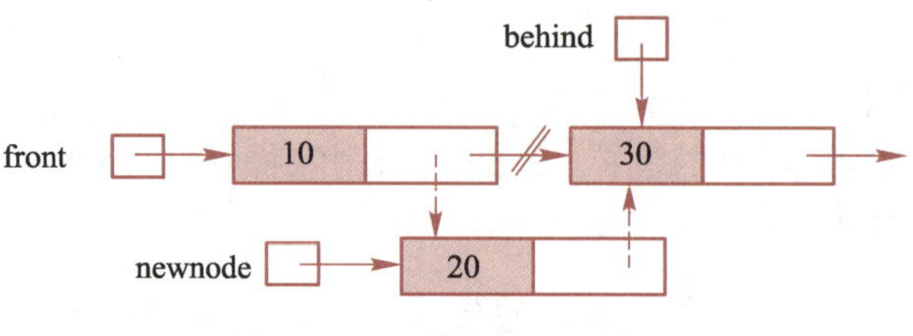

图 1.7.13 结点插入示意图

【例 7.10】 编写函数，用插入结点的方法建立一个按数据域的值由小到大顺序排列的链表。

分析：利用插入结点的方法建立一个有序链表，首先要根据数据域的比较找到新结点的插入位置，根据位置的不同，分为如下几种情况插入新结点：

① 若原表是空表，应使表头指针 head 指向新结点。

② 若新结点的数据域的值最小，则该结点应插入到第一个结点之前。这种情况要修改 head，使其指向新结点，而新结点的指针域指向原来的第一个结点，如图 1.7.14 所示，相关语句为

```
head=newnode;
newnode->next=behind;
```

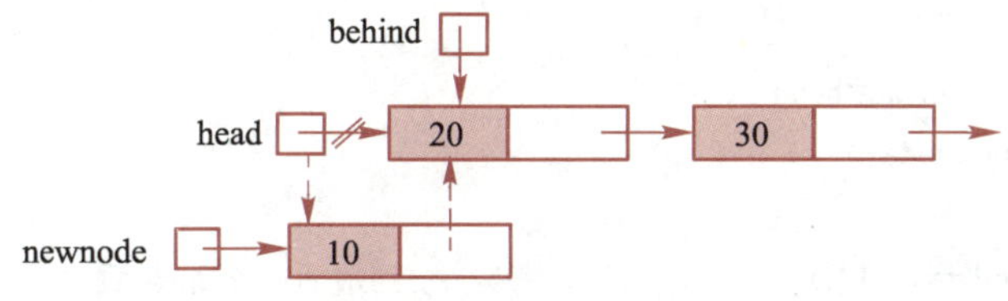

图 1.7.14　在表头结点之前插入新结点

③ 在两个结点 front 和 behind 之间插入新结点，则需执行语句

```
front->next=newnode;
newnode->next=behind;
```

④ 在表尾后插入新结点。这种情况下使原表尾结点的指针域指向新结点，新结点指针域置为 NULL。利用 behind 指针查找插入位置时，behind 已指向最后一个结点，如图 1.7.15 所示，相关语句为

```
behind->next=newnode;
newnode->next=NULL;
```

图 1.7.15　在表尾结点之后插入新结点

程序代码：例 7.10

具体的函数代码如下：

```
struct node * insert(struct node * head,int x)
{
    struct node * behind, * front, * newnode;
    newnode=new node;
    newnode->data=x;
    behind=head;
    if(head==NULL)                              //空表
    {
```

```
            head=newnode;
            newnode->next=NULL;
        }
        else                                          //非空表
        {
            while(behind!=NULL && x>behind->data)//找插入位置
            {
                front=behind;                         //front 为 behind 的前驱指针
                behind=behind->next;
            }
            if(behind==head)                          //插到第一个结点前
            {
                newnode->next=head;
                head=newnode;
            }
            else if(behind==NULL)                     //插到最后一个结点后
            {
                front->next=newnode;
                newnode->next=NULL;
            }
            else                                      //插到 front 之后、behind 之前
            {
                front->next=newnode;
                newnode->next=behind;
            }
        }
        return head;
    }
```

程序中函数的返回值之所以被定义为 struct node *类型，是因为在插入结点过程中，链表的表头指针 head 的值有可能被修改，而这个被更改的指针需要返回给调用函数。

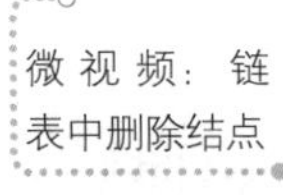

5. 删除链表中的结点

在链表中删除结点，同样不需要像数组那样移动被删除结点之后的所有元素，只需让被删结点的前驱结点的指针域指向被删结点的后继结点，并回收指向被删结点的指针即可。

【例 7.11】 编写函数 struct node *delnode(struct node *head,int x)，从表头指针为 head 的链表中删除数据域的值为 x 的结点，如果数据域的值为 x 的结点不止一个，则只删除第一个即可。

分析：设 p 为指向被删除结点的指针，q 为 p 的前驱结点指针，则删除结点需要讨论如下几种情况：

① 如果 head == NULL，则链表为空，没有可以删除的结点。

② 如果 p == head，则要删除的结点是链表的第一个结点，则应修改表头指针 head，使其指向第二个结点，并释放第一个结点占据的存储空间，如图 1.7.16 所示。

③ 如果要删除的结点是链表的中间结点，则应让 q 的指针域指向 p 的后继结点；如果 p 没有后继结点，则 q 的指针域被置为空指针 NULL，如图 1.7.17 所示。

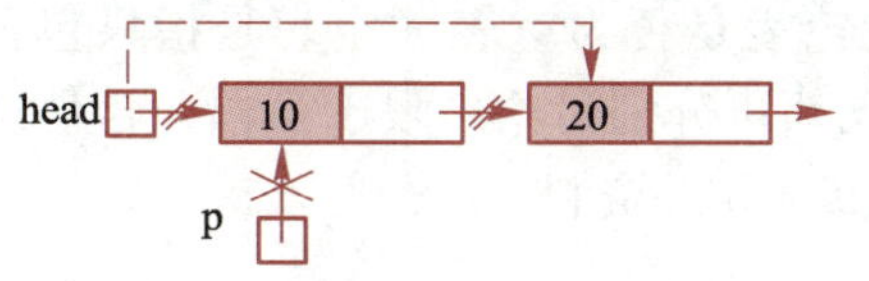

图 1.7.16　删除链表中的第一个结点

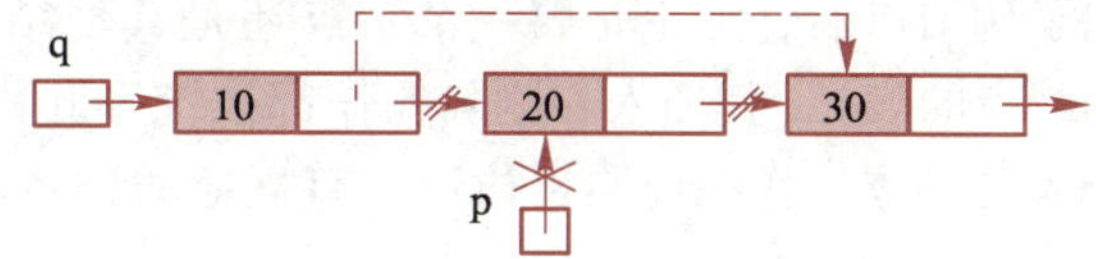

图 1.7.17　删除链表的中间结点

函数实现如下：

程序代码：例 7.11

```
struct node *delnode(node *head,int x)
{
    struct node *p, *q;                     //p 为工作指针，q 为 p 的前驱结点指针
    p = head;
    if(head==NULL)                          //空表
        cout<<"The list is null!\n";
    else
    {
        while( p!=NULL && p->data!= x)      //查找待删除的结点
        {
            q=p;
            p = p->next;
        }
        if(p==head)                         //删除第一个结点
        {
            head=p->next;
            delete p;                       //释放被删除结点占用的空间
        }
        else if(p!=NULL)                    //删除非首结点
        {
            q->next=p->next ;
            delete p;
        }
        else                                //未找到要删除的元素
            cout<<x<<"dose not exist in the list!\n";
    }
    return head;
}
```

从以上链表的常见操作可见，在链表的建立、插入和删除过程中，处理第一个结点和其他结点的方法不同，处理空表和非空表的方法也不同，皆需分别予以讨论，处理起来比较烦琐。为了降低程序的复杂性，简化操作，一种有效的方法是在链表的最前面加一个伪结点，又称头结点或哨兵。伪结点不同于链表中的其他结点，其数据域中不存放任何有效的数据，实际数据从链表的第二个结点开始存放，如图 1.7.18 所示（注：斜线底纹框表示伪结点）。增加了伪结点后，无论是第一个结点还是其他结点，无论表是否为空表（空表是指只包含一个伪结点的表），其插入和删除操作都被统一起来了，无须再分别讨论。限于篇幅，含伪结点的链表的具体操作在此不再讨论，有兴趣的读者可参阅其他相关资料。

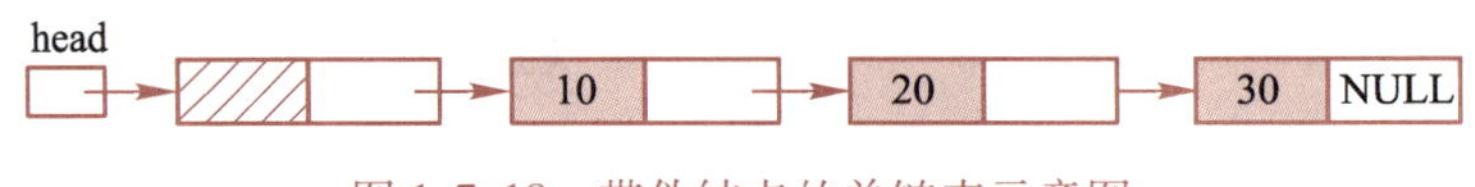

图 1.7.18 带伪结点的单链表示意图

7.4 综合应用

本章介绍了一种复杂的数据类型——结构类型。通过结构类型，可以将一组相互有关联，但性质、类型不同的数据组织成一个有机整体，方便处理；通过链表，可以对线性表进行动态扩充，提高插入、删除元素的时间效率。以下通过应用实例，进一步帮助读者深入理解结构类型及链表的相关知识。

【例 7.12】 假设学生信息包含学号、姓名、性别和成绩，编写两个函数分别实现求平均成绩和统计不及格人数的功能。要求：函数中使用结构指针作为形式参数；主函数中以初始化的方式将 5 名学生的信息组织在一个结构数组中。

分析：结构指针像其他指针一样也可以指向数组，本例通过让形参指针指向实参数组的首地址，建立起该指针与这组学生信息的关系，并通过指针对学生信息进行访问。

程序代码：
例 7.12

程序：

```
#include "iostream"
using namespace std;
struct student
{
    char num[4];
    char name[20];
    char sex;                       //用'M'代表男性，用'F'代表女性
    float score;
};
float ave(struct student *ps)       //指向结构的指针作为形式参数
{
    int i;
    float s=0;
```

```
    for(i=0;i<5;i++,ps++)
        s+=ps->score;                          //利用指针访问结构变量的成员
    return(s/5);
}
int nopass(struct student *ps)
{
    int c=0,i;
    for(i=0;i<5;i++)
        if((ps+i)->score<60)
            c++;
    return c;
}
int main()
{
    struct student stu[5]={ {"101","Li ping",'M',45},
                            {"102","Zhang ping",'M',62.5},
                            {"103","He fang",'F',92.5},
                            {"104","Cheng ling",'F',87},
                            {"105","Wang ming",'M',58}
                          };
    cout<<"平均分:"<<ave(stu)<<endl;
    cout<<"不及格人数:"<<nopass(stu)<<endl;
    system("pause");
    return 0;
}
```

图 1.7.19 例 7.12 程序运行结果

程序运行结果如图 1.7.19 所示。

思考：在函数 ave() 和 nopass() 中，形参指针 ps 的用法有何不同？在循环体中，它们的指向如何变化？

【例 7.13】 按照与输入数据相反的顺序创建一个链表。假设结点中只有一个数据域，且其取值均是不为 0 的整数（要求输入 0 时创建过程结束）。求链表的长度（即包含的结点数）并输出链表中的所有数据。

分析：

① 根据题意，若按照与输入数据相反的顺序创建链表，需要每次将新结点插入链表的最前面，即此创建链表的过程是不断向表头前插入新结点的过程。

② 循环条件由输入的结点数据域的取值控制，输入 0 时结束循环。

程序：

```
#include "iostream"
using namespace std;
```

程序代码：例 7.13

```
struct node
{
    int data;
    struct node * next;
};
int main()
{
    struct node * head, * newnode, * p;
    int x,count=0;
    head=NULL;
    cout<<"请输入一组以 0 做结束数据的整数"<<endl;
    while(1)
    {
        cin>>x;
        if(x==0)
            break;
        newnode=new node;
        newnode->data=x;
        newnode->next=head;  //将新结点插入表头前面
        head=newnode;        //让表头指针指向新结点
    }
    p=head;
    cout<<"链表中的数据依次为："<<endl;
    while(p!=NULL)
    {
        count++;
        cout<<p->data<<" ";
        p=p->next;
    }
    cout<<"\n 链表的长度为："<<count<<endl;
    system("pause");
    return 0;
}
```

程序运行结果如图 1.7.20 所示，输出的数据与输入数据的顺序是相反的。

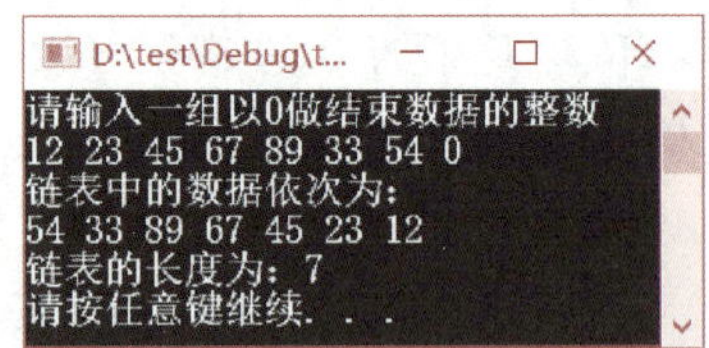

图 1.7.20 例 7.13 程序运行结果

【例 7.14】 编写几个函数，分别实现如下几个功能：① 创建学生信息链表；② 按学号查找指定学生信息；③ 按学号删除学生信息。再编写主函数，对几个函数功能进行测试。为简单起见，假定学生信息中只有学号和成绩两个数据域。

分析：

① 按题意，这里的查找函数要求是按数据域的值查找，不同于前面介绍过的按序号查找。

② 考虑到程序功能较多，包含链表的创建、查找和删除等功能，从用户友好的角度出发，将诸多选项设计为菜单的形式，配合 switch 语句，根据用户选择执行相应的操作。

程序：

程序代码：
例 7.14

```
#include "iostream"
using namespace std;
struct student
{
    char num[8];
    int  score;
    struct student *next;
};
struct student *creat(int n)                    //创建链表
{
    struct student *head=NULL, *newnode, *tail=NULL;
    cout<<"input num and score:\n";
    for(int i=0;i<n;i++)
    {
        newnode=new student;
        cin>>newnode->num>>newnode->score;
        if(head==NULL)
            head=newnode;                       //将 newnode 插入空表中
        else
            tail->next=newnode;                 //将 newnode 插入非空表中
        tail=newnode;
    }
    tail->next=NULL;
    return head;
}
struct student *del(student *head, char num[]) //删除结点
{
    struct student *p, *q;
    if(head==NULL)
        cout<<"list null!\n";
    else
    {
        p=head;
        while(strcmp(num,p->num)!=0 && p->next!= NULL)
        {
```

```
            q=p;
            p=p->next;
          }
        if(strcmp(num,p->num)==0)      //删除 p 指向的结点
        {
            if(p==head)
                head=p->next;
            else
                q->next=p->next;
            delete(p);
        }
        else
            cout<<num<<" not been found!\n";
    }
    return(head);
}
void print(student *head)                //输出链表中的数据
{
    struct student *p=head;
    while(p!=NULL)
    {
        cout<<p->num<<'\t'<<p->score<<endl;
        p = p->next;
    }
}
void search(student *head,char num[ ])  //按学号查找学生
{
    struct student *p=head;
    if(head==NULL)
        cout<<"list empty"<<endl;
    else
    {
        while(p!=NULL)
        {
            if(strcmp(num,p->num)==0)
            {
                cout<<p->num<<":"<<p->score<<endl;
                break;
            }
            else
                p=p->next;
```

```
        }
        if(p==NULL)
            cout<<"The student is not  found!"<<endl;
    }
}
int main( )
{
    int n,choose;
    char num[8];
    student * head=NULL;
    cout<<"请输入结点个数:"<<endl;
    cin>>n;
    head=creat(n);
    cout<<"1. 查找数据"<<endl;
    cout<<"2. 删除数据"<<endl;
    cout<<"3. 输出数据"<<endl;
    cout<<"4. 结束程序"<<endl;
    while(1)
    {
        cout<<"输入选项(1-4):"<<endl;
        cin>>choose;
        if(choose==4)
            break;
        else
            switch(choose)
            {
                case 1: cout<<"输入所要查找的学生的学号:"<<endl;
                        cin>>num;
                        search(head,num);
                        break;
                case 2: cout<<"输入所要删除的学生的学号:"<<endl;
                        cin>>num;
                        head=del(head,num);
                        break;
                case 3: print(head);
                        break;
            }
    }
    system("pause");
    return 0;
}
```

程序运行结果如图 1.7.21 所示。该程序的功能还可以进行诸多扩展，比如，插入结点、求链表的长度、按成绩或学号进行排序等，有兴趣的读者可自行完成。

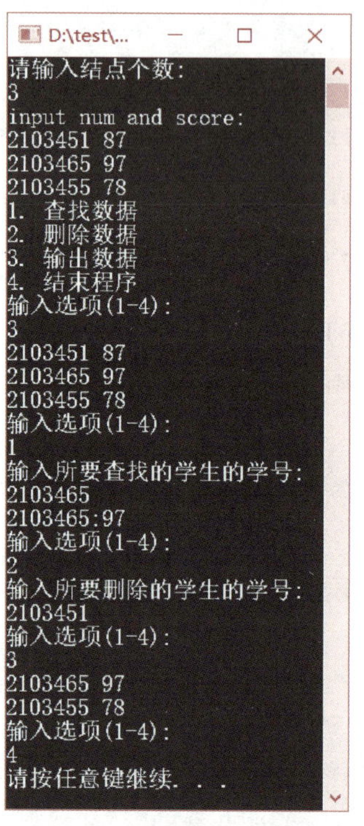

图 1.7.21　例 7.14 程序运行结果

习　题

一、选择题

1. 假设有以下定义：

```
struct ex
{
    int x;
    float y;
    char z;
} example;
```

则下面叙述不正确的是________。

A. struct ex 是结构体类型　　　　B. example 是结构体类型名

C. x、y、z 都是结构体成员名　　　D. struct 是结构体类型的关键字

2. 下面定义中，对成员变量 x 的引用正确的是________。

```
struct a
{
    int x,y;
}
struct aa
{
    char c;
    struct a p;
}b;
```

A. p. x　　B. b. a. x　　C. b. x　　D. b. p. x

3. 若有如下说明：

```
struct s
{
    int a;
    int b;
}x[2]={{1,2},{3,4}},*p=x;
```

则表达式++p->a 的值是________，表达式(++p)->a 的值是________。

A. 1　　B. 2　　C. 3　　D. 4

4. 若有如下定义：

```
struct com
{
    int x, y;
}c[2]={1,3,5,7};
```

则表达式 c[0].y/c[0].x*c[1].x 的值是________。

A. 0　　B. 1　　C. 3　　D. 15

5. 若有如下声明和定义，则对初值中字符'b'的引用方式为________。

```
struct A
{
    char ch;
    int i;
    float x;
};
struct A a[3][3]={{{'a',1,1.23},{'b',2,2.34},{'c',3,3.45}}};
```

A. a[0][1].ch　　B. a[1][0].ch

C. a[1][1].ch　　D. a[2][2].ch

6. 已知学生记录定义为

```
struct student
```

```
    {
        int no;
        char name[20],sex;
        struct
        {
            int year;
            int month;
            int day;
        } birth;
    }s;
```

设变量 s 的“birth”是“2004 年 11 月 12 日”，对“birth”正确赋值的程序段是________。

A. year=2004;month=11;day=12;

B. s. birth. year=2004;s. birth. month=11;s. birth. day=12;

C. birth. year=2004;birth. month=11;birth. day=12;

D. s. year=2004;s. month=11;s. day=12;

7. 若为一个 double 类型的变量申请内存，并让 p 指向这段存储单元的开头，横线中应该填写的内容为________。

```
double *p;
p=________malloc(sizeof(double));
```

A. int　　B. double　　C. (double *)　　D. double *

8. 假设有如下定义，若要把变量 a 赋值给变量 b，则应执行的语句为________。

```
struct
{
    int i;
    char c[5];
}a={12, "345"},b;
```

A. b. i=a. i; b. c=a. c;　　B. b=a;

C. strcpy(a,b);　　D. b={a. i,a. c};

9. 假设链表结点的指针域为 next，若将指针 s 所指向的结点插入 p 所指结点的后面，则应执行的语句为________。

A. s->next=p->next; p->next=s;　　B. p->next=s; s->next=p->next;

C. p->next=s; s=s->next;　　D. p->next=s; p=s; s->next=p->next;

10. 假设链表结点的指针域为 next，若删除 p 所指向结点的后继结点，则应执行的语句为________。

A. p->next= p->next->next;　　B. p= p->next; p->next= p->next->next;

C. p->next= p->next;　　D. p= p->next->next;

二、程序填空

1. 通过选择法对 30 名学生的信息按成绩从高到低排序，并且要求输出这 30 名学生的平均成绩。

```
#define STNUM 30
#include "iostream"
using namespace std;
struct student
{
    int num;
    int score;
} stu[STNUM];
int main()
{
    struct student *ptemp, *p[STNUM];   /*p为指向结构的指针数组*/
    int i,j,k,sum=0;
    for(i=0;i<STNUM;i++)
    {
        cin>>stu[i].num>>stu[i].score;
        p[i]=&stu[i];
        sum+=______;
    }
    for(i=0;i<=STNUM-2;i++)
    {
        k=i;
        for(j=i;j<=STNUM-1;j++)
            if(p[k]->score<p[j]->score)
                ________;
        if(k!=i)
        {
            ptemp=p[k];
            ________________;
            ________________;
        }
    }
    for(i=0;i<=STNUM-1;i++)
        cout<<p[i]->num<<' '<<p[i]->score<<endl;
    cout<<"average="<<sum/STNUM;
    system("pause");
    return 0;
}
```

2. 下面 sum( )函数的功能是求链表中各个结点的数据域的和，假设链表的表头指针是 head。

```
struct link
{
    int data;
    struct link  * next;
};
int sum(link  * head)
{
    struct link  * p;
    int s=0;
    p=head;
    while(__________)
    {
        s+=__________;
        p=__________;
    }
    return(s);
}
```

3. 假设某链表的结点结构中包含两个数据域，分别为存放的字符 c 及这个字符出现的次数 count。要求输入一串字符，将这串字符通过如下方法组织到上述结构的链表中：依次取出字符串中的每个字符，在现有的链表中查找是否有与该字符的值匹配的结点。若有这样的结点，则将该结点的 count 值加 1；否则将这个字符作为新结点插入链表的最前面，同时该结点的 count 值置为 1。最后，输出链表中每个结点存放的字符及其出现的次数。例如，假设输入的字符串为"abcdabcaba"，则链表中包含 d、c、b、a 共计 4 个结点，每个结点出现的次数分别为 1、2、3、4。

```
#include "iostream"
using namespace std;
struct node
{
    char c;
    int count;
    node  * next;
};
void print(node  * head)
{
    node  * p=head;
    while(p!=NULL)
    {
        cout<<"字符:"<<p->c<<"\t 出现"<<p->count<<"次\n";
```

```
            p= __________;
        }
    }
    node *search(node *head, char ch)
    {
        node *p;
        p=head;
        while(p!=NULL)
        {
            if(__________)
            {
                p->count++;
                _____;
            }
            p=p->next;
        }
        if(p==NULL)
        {
            p=new node;
            p->c=ch;
            __________;
            p->next=head;
            __________ ;
        }
        return head;
    }
    int main()
    {
        int i=0;
        char s[80];
        node *h=NULL;
        cout<<"请输入一行字符串:";
        cin>>s;
        while(s[i]!='\0')
        {
            h=search(h,s[i]);
            i++;
        }
        print(h);
```

```
    system("pause");
    return 0;
}
```

三、编程题

1. 假设职工信息包括工号、姓名、基本工资、各种补贴金和扣除金。输入若干职工的信息，求这些职工的实发工资，并输出包括实发工资在内的所有职工信息。要求通过结构数组组织数据。

2. 输入一串字符，要求以与输入次序相反的顺序建立链表，同时统计链表中出现的大写字母的个数。

3. 输入一串字母，将它们按从小到大的次序存放到链表中，并输出链表中的所有数据。

4. 用链表存储一个多项式，其中每个结点存放多项式中每一项的系数和指数。例如，多项式 $5x^6+x^3-2x$ 可用图 1.7.22 所示链表表示。编写程序，输入两个多项式的系数和指数，分别建立链表。然后将这两个多项式相加，要求相加产生的新多项式仍然用一个链表存储，如果两项相加后的系数为 0，则应删除此项。最后输出相加后的多项式。

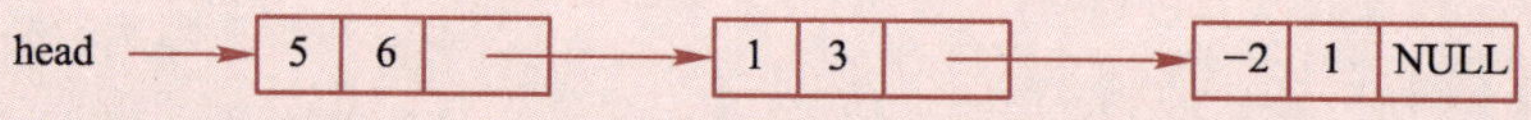

图 1.7.22 多项式的链表存储

第 8 章
文件

电子教案

此前编写的程序从键盘输入所需处理的原始数据，在显示器上输出处理后的结果数据，这样的交互方式在实际应用中存在如下缺陷：首先，原始数据一次输入只能一次使用，要多次使用这些数据必须要重复输入，这对大数据量数据处理而言，既不经济也易出错；其次，处理结果只能在显示器上临时查看，既不能永久保留又不能供其他程序使用。产生这些缺陷的原因是：以往处理的数据是存放在内存中的，随着程序的结束而自动消失。那么如何存储程序中需要永久保存的数据呢？本章将介绍与此相关的文件的概念及操作方法。

8.1 文件概述

微视频：
文件概述

文件是以硬盘为载体存储在计算机上、用文件名标识的数据集合。通常情况下，计算机处理的大量数据都是以文件的形式组织存放的，操作系统也是以文件为单位对数据进行管理的。每个文件都有一个文件名，文件名是处理文件的依据。如果想读取存放在硬盘上的数据，必须先按文件名找到指定的文件，然后再从该文件中读取数据；若要向硬盘写入数据，也必须先建立一个特定名字的文件，之后才能向它输出数据。

8.1.1 C/C++文件

C/C++文件的逻辑结构都是流式文件。流式文件是一种无结构文件，对文件的存取是以字符或字节为单位，而不是以记录为单位的。

C 语言文件处理的关键是定义一个文件指针，通过该指针和相关的系统函数对文件进行打开、读写、关闭等操作；C++语言的文件处理则是在定义一个输入输出流类对象的基础上，通过封装在输入输出流类内部的成员函数实现对文件的操作。本书只讨论 C 语言的文件处理。

1. 文件的分类

文件从不同的角度可以有多种分类。从数据的存放位置来划分，有设备文件和存储在硬盘上的文件。键盘和显示器是标准的设备文件，而本章重点讨论的是存储在硬盘上的永久数据文件。从文件的内容来划分，程序设计中的文件主要分为程序文件和数据文件。程序文件存放的是程序代码，如扩展名为 cpp 的源文件、扩展名为 obj 的目标文件等都是存放代码的程序文件；而数据文件则是供程序运行时读写的数据，本章讨论的就是数据文件。从数据的组织存储形式分类，文件又分为文本文件和二进制文件。

① 文本文件又称为 ASCII 文件，每个字节存放一个字符的 ASCII 码。例如，若将整数 123 以文本文件存储，则文件内容占 3 字节，分别存放 49（'1' 的 ASCII 码）、50（'2' 的 ASCII 码）、51（'3' 的 ASCII 码）的二进制形式，如图 1.8.1（a）所示。这类文件中，因为一个字节就代表一个字符，所以可以直接用编辑软件打开文件进行阅读、编辑。

② 二进制文件是把内存中的数据按其在内存中的存储形式（二进制形式），不进行任何格式转换而直接存放在文件中。例如，整数 123 在内存中的存储形式为 0x7B（为简单起见，这里以十六进制形式代替二进制表达），则其存放在二进制文件中的形式也同样为 0x7B。二进制文件因为与字符没有直接的对应关系，所以不能直接编辑和显示。图 1.8.1（b）是二进制文件的存储形式。

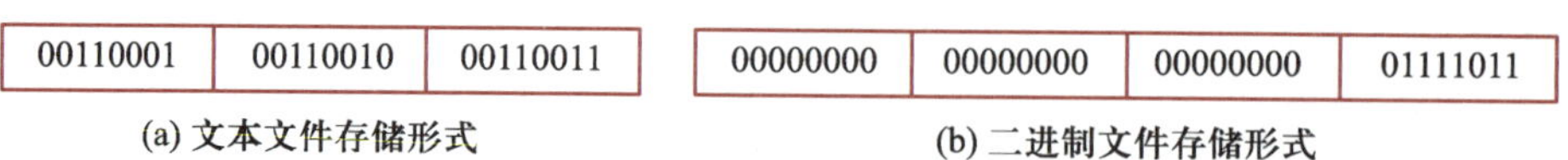

图 1.8.1 文件中数据存储形式

文本文件因每个字节与字符有一一对应关系，因而可以直接编辑和显示，但因与内存中的数据存储形式不同，故需要花费时间进行数据转换；二进制文件因与内存中数据存储形式相同，所以无须转换，但因每个字节与字符不存在一一对应关系，因而不能直接编辑和显示。在程序中，具体选择哪种类型的文件来存储数据，应视实际需要决定。

2. C 语言的文件操作

前述已说明，因 C++文件处理与 C 语言文件处理方式不同，本章只介绍 C 语言的文件操作。C 语言对文件的处理是通过调用标准的输入输出库函数实现的。在程序中，把“从外部文件中输入数据给内存变量”的操作过程称为“输入”或“读”文件操作；把“将内存中的数据输出到外部文件”的操作过程称为“输出”或“写”文件操作。

C 语言的文件操作采用“缓冲文件系统”的方式，即文件与程序之间的数据通信是通过“文件缓冲区”这个媒介来实现的。在缓冲文件系统中，系统会自动在内存中为每个正在使用的文件开辟一个文件缓冲区。当从内存向磁盘输出数据时，必须先将内存中的数据送到缓冲区，待数据装满缓冲区后再一起输出到磁盘中；而从磁盘向内存读取数据时，则一次读一批数据先送到缓冲区，待数据装满缓冲区后再逐个将数据送给内存变量，如图 1.8.2 所示。

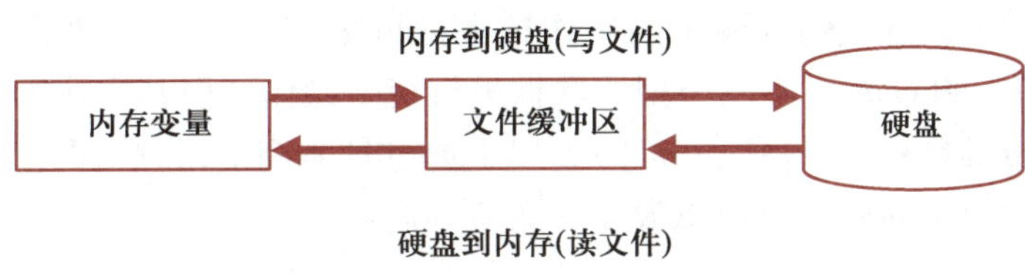

图 1.8.2 缓冲文件系统

8.1.2 文件指针

系统会为每个正在使用的文件在内存中开辟一个区域，用来存放文件的有关信息，这个区域是一个具有 FILE 类型的结构变量。

FILE 类型由系统在 stdio.h 文件中定义，形式如下：

```
typedef struct
{
    char *_ptr;
    int _cnt;
    char *_base;
    int _flag;
    int _file;
    int _charbuf;
    int _bufsiz;
    char *_tmpfname;
}FILE;
```

上述声明的 FILE 类型包含了文件的名字、缓冲区的状态及文件的当前位置等信息，对于一般用户而言，无须了解 FILE 类型的内部细节，只需定义 FILE 类型的文件指针，并通过这个指针对文件进行相关操作即可。文件指针的定义形式如下：

```
FILE *文件指针标识符;
```

例如：

```
FILE   *fp1, *fp2;
```

定义了两个 FILE 类型的文件指针 fp1 和 fp2，通过调用 fopen( ) 函数使得它们分别指向各自的文件缓冲区，这样程序就可以通过这两个文件指针对与它们相关联的文件进行读写、关闭等后续操作了。

8.2 数据重定向到文件

之前的程序中，用户和程序之间的数据交互都是通过键盘和显示器进行的，但这两个标准设备上的数据不具有永久保存的功能，数据会随着程序的结束而消失，从而给实际使用带来不便。本节将从熟悉的方式入手，对比“标准设备上的输入输出”与“将数据重新定向到磁盘文件的输入输出”，来了解磁盘文件的具体操作过程。

尽管本书的示例中，有关输入输出的操作绝大部分采用的是 C++语言的方法，即用标准输入输出流类对象 cin 和 cout 对不同类型的数据进行统一操作。但其实在第 1 章也介绍过 C 语言的格式化输入输出函数 scanf( ) 和 printf( )，以下通过具体例子回顾这两个函数的用法，对这两个函数的使用感到陌生的读者可以重温 1.4.2 节的内容。

【例 8.1】 假设学生信息包括姓名、学号和 3 门课成绩，从键盘输入一组学生信息，要求计算每个学生的平均成绩，并连同他们的其他信息一起在屏幕上输出。

分析：根据题意，首先需定义描述学生信息的结构类型，再定义结构数组来批量处理这组学生信息。

程序：

程序代码：例 8.1

```
#define N 5
#include "iostream"
using namespace std;
struct student
{
  char name[30];
  char num[8];
  int score[3];
};
int main()
{
  int i,j;
  float ave[N];
  struct student s[N];
  printf("请输入学生信息:\n");
  printf("学号\t 姓名\t 语文\t 数学\t 英语\n");
  for(i=0;i<N;i++)
```

```
    {
      scanf("%s %s",s[i].num,s[i].name);
      for(j=0;j<3;j++)
          scanf("%d",&s[i].score[j]);
    }
    printf("学号\t姓名\t语文\t数学\t英语\t平均分\n");
    for(i=0;i<N;i++)
    {
          ave[i]=0;
          for(j=0;j<3;j++)
               ave[i]+=s[i].score[j];
          ave[i]/=3;
          printf("%s\t%s\t",s[i].num,s[i].name);
          for(j=0;j<3;j++)
               printf("%d\t", s[i].score[j]);
          printf("%.2f\n", ave[i]);
    }
    system("pause");
    return 0;
}
```

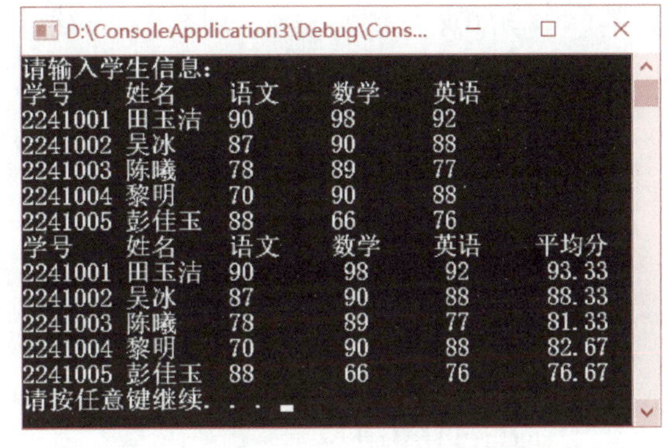

图 1.8.3 例 8.1 程序运行结果

程序运行结果如图 1.8.3 所示。以上程序的输入输出操作都是在键盘和显示器上进行的，程序处理结果无法永久保存。下面通过系统提供的格式化写文件函数 fprintf()将程序处理结果保存到文件中。

【例 8.2】 将例 8.1 的处理结果输出到磁盘文件 student.txt 中。

程序:

```
#include "iostream"
using namespace std;
#define N 5
struct student
{
  char name[30];
  char num[8];
  int score[3];
};
int main()
{
  FILE *fp;                                    //定义文件指针
  int i,j;
```

程序代码：例 8.2

```
    float ave[N];
    struct student s[N];
    printf("请输入学生信息：\n");
    printf("学号\t姓名\t语文\t数学\t英语\n");
    for(i=0;i<N;i++)
    {
        scanf("%s %s",s[i].num,s[i].name);
        for(j=0;j<3;j++)
            scanf("%d",&s[i].score[j]);
    }
    printf("学号\t姓名\t语文\t数学\t英语\t平均分\n");
    fp=fopen("student.txt","w");           //打开文件，使其与磁盘文件 student.txt 建立关联
    if (fp == NULL)                         //若文件打开失败，则 fopen()函数返回 NULL
    {
        cout<<"can't open file\n";
         exit(0);                           //结束程序
    }
    for(i=0;i<N;i++)
    {
         ave[i]=0;
         for(j=0;j<3;j++)
              ave[i]+=s[i].score[j];
         ave[i]/=3;
         fprintf(fp,"%s\t%s\t",s[i].num,s[i].name);  //将内存中的学生信息写入 fp 所关联的磁盘文件
         for(j=0;j<3;j++)
              fprintf(fp,"%d\t", s[i].score[j]);
         fprintf(fp,"%.2f\n", ave[i]);

    }
    fclose(fp);                             //关闭文件
    system("pause");
    return 0;
}
```

该程序运行结果及产生的文件 student. txt 分别如图 1.8.4 和图 1.8.5 所示。可见，程序的处理结果并未在屏幕上输出，而是被定向到文件中，永久保存下来，需要时，这些保存在文件中的数据又可以为其他程序处理提供原始数据。

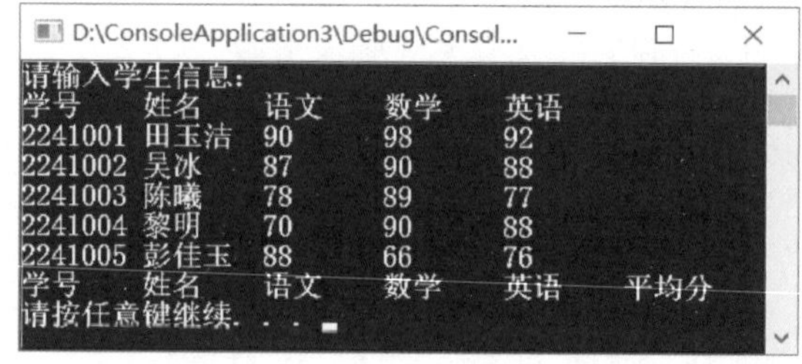

图 1.8.4　例 8.2 程序运行结果

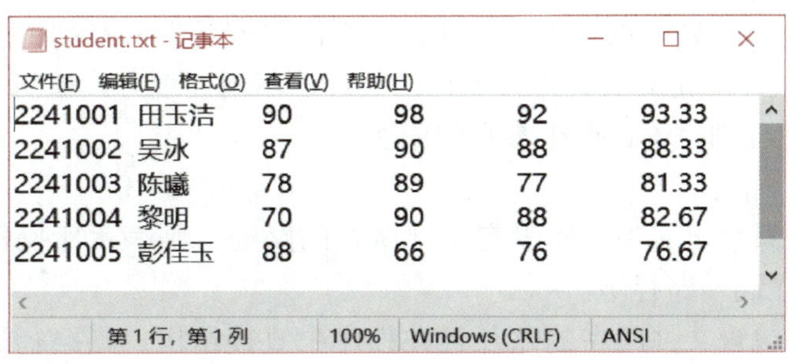

2241001	田玉洁	90	98	92	93.33
2241002	吴冰	87	90	88	88.33
2241003	陈曦	78	89	77	81.33
2241004	黎明	70	90	88	82.67
2241005	彭佳玉	88	66	76	76.67

图 1.8.5 student.txt 的内容

比较例 8.1 和例 8.2 两个程序可知，存储在硬盘上的文件的处理较标准设备文件处理需要增加如下步骤：

① 定义文件指针并通过调用 fopen( ) 函数打开文件，同时使文件指针与所操作的磁盘文件建立关联。

② 文件操作结束后及时关闭文件，以防止文件内容被误操作。

标准设备文件是由系统自动打开、关闭的，而存储在硬盘上的文件则需要在使用前后通过调用系统函数打开和关闭。除此之外，数据在文件中的输入输出与标准设备上的输入输出一样，都是通过调用系统函数实现的。此处的 fprintf( ) 函数用法与 printf( ) 函数相似，只是通过增加一个文件指针参数，指明数据流向的是硬盘而不是显示器。

除了文件的格式化输入输出函数 fscanf( ) 和 fprintf( ) 之外，系统还提供了几组其他的文件读写函数，分别适用于不同的场景，使用中可以针对处理数据类型的不同而选择相应的函数。后面会逐一介绍这些函数的用法。

8.3 文件的打开与关闭

与标准设备文件不同，对磁盘文件进行读写操作之前，首先需要打开该文件，而使用完毕之后也要及时关闭文件。所谓打开文件，实际上就是将文件指针与要操作的文件之间建立起关联，请求系统分配相应的文件缓冲区单元，并使文件指针指向该缓冲区，以便进行后续的读写操作。关闭文件则要断开指针与文件之间的联系，也就禁止了再对该文件进行的任何操作，以防止文件被误操作。在 C 语言中，文件的打开和关闭操作也是通过相应的系统函数来实现的。

8.3.1 打开文件

在 C 语言的文件操作中，用标准库函数 fopen( ) 打开文件。

形式：

```
FILE *fopen(char *fname, char *mode)
```

功能：打开一个由参数 fname 所指定的文件，如果操作成功，函数返回一个指向该文件的指针；如果打开失败，则返回一个空指针 （NULL）。mode 参数指明了文件打开后对文件进行处理的方式。

使用 fopen( ) 函数要明确两点：一是打开哪个文件，该文件所在的位置如何表达？这个问题由参数 fname 来解决。二是对文件进行怎样的处理，不同处理方式如何表达？该问题则由参数 mode 来回答。以下分别讨论这两个参数的用法。

1. fname 参数

① 该参数中如果只给出文件名而没有文件所在的路径，则表示所操作的文件与该程序的源文件（cpp 文件）在同一路径下。

② 该参数中如果包含文件所在的路径且在程序中直接给出，则路径的不同目录之间、路径与文件名之间皆用“\\”分隔。例如：

```
fp=fopen("c:\\test\\text.txt","w");
```

表示要操作的文件 text. txt 在 C 盘的 test 文件夹下。

③ 为了增强程序的通用性，该参数的具体内容可以不在程序中指定，而是在程序运行过程中输入，则路径的不同目录之间、路径与文件名之间皆用“\”分隔。例如：

```
FILE   *fp;
char   fname[50];
cout<<"Input filename:\n";
cin>>fname;
fp = fopen(fname,"r");
```

则在程序运行时输入：

```
c:\test\text.txt
```

2. mode 参数

正确使用该参数时要明确：需要对什么类型的文件进行怎样的操作；是对现有文件的操作还是对新建文件的操作；是对文件进行读还是写的操作；是对文本文件还是二进制文件进行操作；是从文件头开始操作还是在文件尾部操作；等等。mode 的值及其含义如表 1.8.1 所示。

▶表 1.8.1 mode 的值及其含义

mode 的值	含　义
"r"	打开一个已存在的文本文件，对该文件只能进行读操作
"w"	建立一个新的文本文件，若文件已存在，则内容被清空，对该文件只能进行写操作
"a"	打开一个文本文件（可存在，也可不存在），在文件末尾追加数据
"r+"	打开一个已存在的文本文件，对该文件既可以读又可以写
"w+"	建立一个新的文本文件，若文件已存在，则内容被清空，对该文件既可读又可写
"a+"	打开一个文本文件，可以在该文件末尾追加数据，也可以读
"rb"	打开一个已存在的二进制文件，对该文件只能进行读操作
"wb"	建立一个新的二进制文件，若文件已存在，则内容被清空，对该文件只能进行写操作
"ab"	打开一个二进制文件（可存在，也可不存在），在文件末尾追加数据
"rb+"	打开一个已存在的二进制文件，对该文件既可以读又可以写
"wb+"	建立一个新的二进制文件，若文件已存在，则内容被清空，对该文件既可读又可写
"ab+"	打开一个二进制文件，可以在该文件末尾追加数据，也可以读文件

说明：

① 表的后半部分较前半部分的打开模式中均多了一个字母“b”，b 是 binary 的缩写，代表操作的是二进制文件；而前半部分不带字母“b”的模式代表操作的是文本文件（ASCII 文件）。

② 使用带“r”（包括"r"、"rb"、"r+"、"rb+"）的模式打开文件时，要求文件必须已经存在；否则打开出错，返回空指针 NULL。

③ 使用带“w”（包括"w"、"wb"、"w+"、"wb+"）的模式打开文件时，若文件不存在；则建立一个新文件；若文件已存在，则文件内容被清空。

④ 使用不带“+”的模式打开文件时，只能进行只读或只写中的某一种操作；而以带“+”的模式打开文件时，则可对文件进行读写两种操作。

由此可见，不同的打开模式对应不同的文件操作，使用时需根据具体要求正确地选择打开模式。

3. 函数返回值的检验

为了保证程序的正常运行，应该对 fopen( ) 函数的返回值进行检验，以判断文件是否成功打开。文件只有被成功打开，才能对其进行后续的读写操作，若打开文件失败，则需要及时终止程序。文件的检验及处理方法如下：

```
if ((fp=fopen(fname,mode)) == NULL)
{
    cout<<"can't open file\n";
    exit(0);
}
```

可见，一旦文件打开失败，则需调用系统函数 exit( ) 结束整个程序。其中，exit( ) 函数的功能是终止程序，返回操作系统；exit( ) 函数的原型说明在头文件“stdlib. h”中。如果缺少上述的检验处理过程，打开文件失败时，则会带来程序的异常终止。

补充说明：当使用高版本 VS 编译器时，fopen( ) 函数会被视为“不安全函数”而无法通过编译，为避免此问题的发生，在高版本 VS 编译器中使用 fopen( ) 函数时，请在文件开头加上编译预处理命令“#define _CRT_SECURE_NO_WARNINGS”。

8.3.2 关闭文件

当对文件的操作结束后，应使用系统提供的 fclose( ) 函数及时关闭文件。

形式：

```
int fclose(FILE * stream)
```

功能：关闭文件指针 stream 所指向的文件。如果 fclose( ) 函数调用成功，则返回 0 值；否则返回一个非 0 值。

学习者应该养成及时关闭文件的习惯，防止误操作或其他原因造成丢失数据的情况发生。要注意的是：如果同一个文件先后以读写两种模式被打开，那么在第一种模式操作结束后，必须要先关闭该文件，才能以另一种模式再打开这个文件。否则，如果还没有关闭文件，就以另一种模式打开同一文件，虽然程序并不给出语法错误，但程序的后续读写操作会产生混乱。所以，对文件进行正确操作，应包含如下几个步骤：

① 定义文件指针。

② 调用 fopen( ) 函数打开文件。

③ 对 fopen( ) 函数的返回值进行检验处理，或继续后面的步骤，或终止程序。

④ 若文件能正常打开，则通过相应的读写函数对文件进行读写。

⑤ 调用 fclose( ) 函数关闭文件。

8.4 文件的读写

文件一旦成功打开，就可以对其进行读写操作了。读写操作包括顺序读写和随机读写两种方式。根据文件的类型和处理数据的不同，C 语言提供了 4 组读写函数：字符读写、字符串读写、块读写和格式化读写。这 4 组读写函数的原型说明都在 stdio. h 文件中，下面分别对这些函数予以具体介绍。

8.4.1 文件的字符读写

对文件的内容逐字符进行读写时，可以使用 fgetc( ) 和 fputc( ) 函数。

1. fgetc( ) 函数

形式：

```
int fgetc(FILE *stream)
```

功能：从文件指针 stream 所指文件的当前位置处读取一个字符，并将该字符作为函数的返回值，同时使文件位置指针后移一个字符。当位置指针到达文件结尾或读文件出错时，函数返回 EOF（系统定义过的符号常量，代表文件结束标志）。

实际使用中，可以利用 fgetc( ) 函数的返回值判断是否已读到文件的结尾，也可以用系统提供的专门用于判断文件结束的 feof( ) 函数检查是否已读取到文件末尾。feof( ) 函数原型说明如下：

```
int feof(FILE *fp);
```

根据该函数的返回值可以判断文件位置指针是否到达文件结尾，若尚未到文件结尾，其返回值为 0；否则返回值非 0。例如：

```
while(!feof(fp))
{
    c=fgetc(fp);
    …
}
```

这段代码的功能是：反复从 fp 所指向的文件中读取数据并做相应的后续处理，直到读到文件结尾，停止读取。当然也可以利用 fgetc( ) 函数自身的返回值判断处理：

```
while((c=fgetc(fp))!=EOF)
    …
```

思考：(c=fgetc(fp))中的括号能否去掉？若去掉会有怎样的结果？

2. fputc()函数

形式：

int fputc(int ch, FILE *stream)

功能：把 ch 中的字符（高位字节被忽略掉）写入 stream 所指的文件当前位置处，并使文件的位置指针后移一个字符的位置。如果写操作成功，则返回该字符；否则返回 EOF。

【例 8.3】 用记事本程序建立文本文件 text.txt，并在其中存入一段英文文本。读取该文件的内容，将其中的单词分行输出在屏幕上，同时统计文本中包含的单词个数并输出。为简单起见，假设单词间通过一个空白符分隔。

分析：

① 因为单词间有一个空白符分隔，所以统计单词个数可以转换为统计空白符的个数。

② 要实现单词分行打印，则需要在读取到空白符时输出一个换行符，故需逐字符读取文件内容，选择 fgetc()函数实现文件的读操作。

程序：

```
#include "iostream"
using namespace std;
int main( )
{
    FILE *fp;
    char ch;
    int num=0;
    if((fp=fopen("text.txt","r"))==NULL)
    {
        cout<<"can't open file.\n";
        exit(0);
    }
    while(!feof(fp))
    {
        ch=fgetc(fp);
        if(ch==EOF)
            break;
        else if(ch==' '||ch=='\t'||ch=='\n')      //空白符是' '、'\t'、'\n'三者的统称
        {
            num++;
            cout<<endl;
        }
        else
            cout<<ch;
    }
    cout<<"\nnum="<<num<<endl;
```

程序代码：
例 8.3

```
    fclose(fp);
    system("pause");
    return 0;
}
```

程序运行结果如图 1.8.6 所示，存放英文文本的 text.txt 的内容如图 1.8.7 所示。

图 1.8.6　例 8.3 程序运行结果

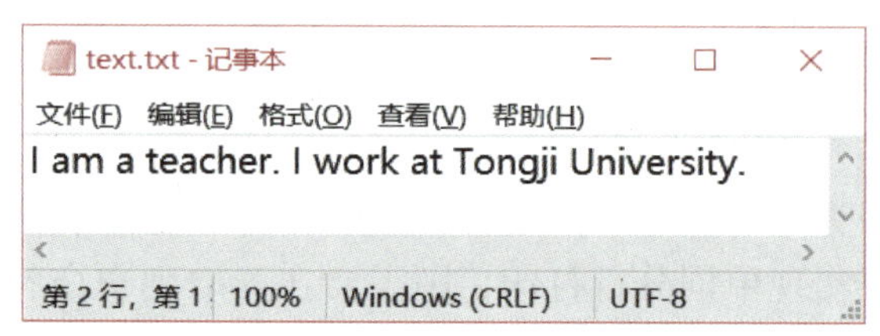

图 1.8.7　例 8.3 程序的文本文件

8.4.2　文件的字符串读写

若需要对文件一次读写一个字符串，可以使用 fgets( ) 和 fputs( ) 函数。

1. fputs( ) 函数

形式：

int fputs(char *s, FILE *stream)

功能：将字符串 s 的内容输出到 stream 所指向的文件中。其中，s 可以是字符串常量、指向字符串的指针变量或存放字符串的字符数组名等。若字符串能成功写入文件，则函数的返回值为 0；否则函数返回-1。

需要说明的是：用此函数向文件中写入字符串时，不会自动将'\0'写入文件，也不会在字符串末尾加入'\n'，故调用该函数向文件中连续输出多个字符串时，文件中各字符串将首尾相接，它们之间不存在任何间隔符，这是需要处理时加以考虑的。根据需要，可能要人为地向文件中写入特殊字符，以便后续读取该文件内容时能按需要读取。

2. fgets( ) 函数

形式：

char *fgets(char *s, int n, FILE *stream)

功能：从 stream 所指文件中读入 n-1 个字符存放到以 s 为起始地址的内存单元中，并将字符串 s 作为函数的返回值。

如果在尚未读满 n-1 个字符时，已读到一个换行符或 EOF，则结束本次读操作，读入的字符串中包含读到的换行符。之所以最多只能读取 n-1 个字符，是因为数据读入内存时，系统将自动在字符串的末尾加入'\0'。

【例 8.4】 从键盘输入一行字符串到字符数组 str1 中，要求将该字符串中的英文字母全部转换成大写字母后写入文本文件 uprtext. txt。再将文件 uprtext. txt 的内容读入字符数组 str2 中，最后在屏幕上输出字符串 str2 的内容。

分析：根据题意，对同一文件先写后读，涉及两种不同的操作模式，注意两种模式切换的要求。

程序：

```
#include "iostream"
using namespace std;
int main( )
{
    FILE *fp;
    char str1[100],str2[100];
    if((fp=fopen("uprtext.txt","w"))==NULL)
    {
        cout<<"can't open file.\n";
        exit(0);
    }
    gets(str1);
    strupr(str1);
    fputs(str1,fp);
    fclose(fp);          //注意及时关闭文件
    if((fp=fopen("uprtext.txt","r"))==NULL)
    {
        cout<<"can't open file.\n";
        exit(0);
    }
    while(!feof(fp))
    {
        fgets(str2,100,fp);
        puts(str2);
    }
    fclose(fp);
    system("pause");
    return 0;
}
```

程序代码：例 8.4

程序运行结果如图 1.8.8 所示，产生的文本文件内容如图 1.8.9 所示。程序中，因为对文件 uprtext. txt 进行先写后读的操作，所以一定要在对文件完成写入操作之后，调用 fclose( ) 函数将其及时关闭，然后再以读的模式将其打开。若未及时调用 fclose( ) 函数将已打开的文件关闭，再以另外一种模式打开同一个文件，则文件的位置指针不能正确定位，后续的文件读写操作会出现混乱。

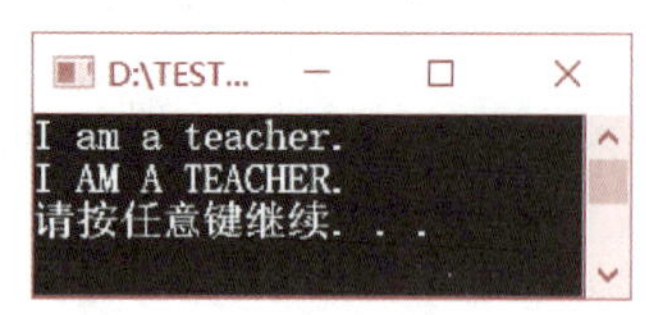

图1.8.8　例8.4程序运行结果

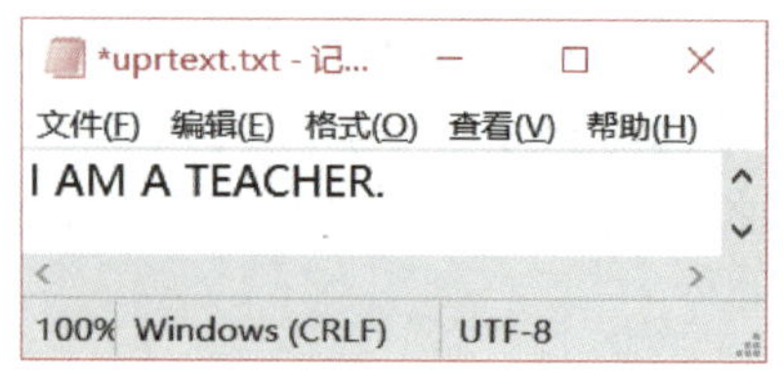

图1.8.9　例8.4程序的文本文件

在介绍fopen()函数的mode参数时，可以看到，如果以“w+”或“r+”的模式打开文件，就既可以对其进行读取，又可以对其进行写入操作。但用这两种模式打开文件，在进行读写两种模式切换时，要注意重新定位文件指针，相关知识将在8.4.5节中介绍。

8.4.3　文件的块读写

前面讨论的两组读写函数，无论是逐字符读写的fgetc()和fputc()函数，还是一个字符串整体读写的fgets()和fputs()函数，它们操作的数据对象都是字符型的。但实际应用中常常要求一次读写一组数据，如结构体、数组（非字符型）等复杂实体。如何对这样的数据进行文件的读写操作呢？C语言提供了两个按数据块的大小进行读写的函数——fread()和fwrite()。这组函数通常用来处理二进制文件，所以使用该组函数进行文件读写时，文件打开模式应选择二进制模式（加字母“b”的方式）。

1. fread()函数

形式：

```
int fread(void *buffer,int size, int count,FILE *fp)
```

功能：从文件指针fp所指文件的当前位置处每次读取长度为size字节的数据块，连续读取count次，存放到buffer开始的一段内存中。如果读取成功，则返回实际所读的数据块数count；否则返回0。其中，buffer是一个代表内存地址的指针。

2. fwrite()函数

形式：

```
int fwrite(void *buffer, int size,int count,FILE *fp)
```

功能：从buffer为起始地址的内存中连续取出count个数据块，每个数据块的长度为size字节，将这些数据输出到文件指针fp所指文件的当前位置。如果写入成功，则返回数据块的个数count；否则返回0。

理论上来说，只要文件是以二进制方式打开的，fread()和fwrite()函数就可以读写任何类型的数据。但实际上，fread()和fwrite()函数通常用于读写结构类型的数据以及非字符型的数组。

例如，假设fp为已定义过的文件指针，并且有如下定义：

```
float f;
double d[10];
```

则块读写应用示例如下：

```
fwrite (&f, sizeof(float), 1, fp);        //把浮点数f写入文件
fwrite (d, sizeof(double), 10, fp);       //把数组d中的10个数据写入文件
```

```
fwrite (d, sizeof(d), 1, fp);          //将数组 d 所占空间的数据块数据写入文件
fread (&f, sizeof(float), 1, fp);      //从文件中读取一个浮点数到变量 f 中
fread (d, sizeof(double),10, fp);      //从文件中读取 10 个浮点数到数组 d 中
fread (d, sizeof(d),1, fp);            //从文件中读取数组 d 所需空间大小的数据块到数组 d 中
```

【例 8.5】 将 $\sin(x)$ 在 $\frac{2\pi i}{360}$ $(i=0,1,\cdots,359)$ 上的值保存到文件 sin_data. dat 中。

分析：根据题意，可使用 fwrite()函数将 $\sin(x)$ 在 $0\sim2\pi$ 上的不同取值写入文件，但文件打开模式中要注意选择二进制文件。

程序：

```
#define  SIZE  360
#define  PI  3.14159
#include "iostream"
using namespace std;
int main( )
{
    FILE  *fp;
    int  i;
    double  data[SIZE];
    for(i=0; i<SIZE; i++)
        data[i] = sin(2*i*PI/360);
    if((fp=fopen("sin_data.dat","wb"))==NULL)
    {
        cout<<"can't open file\n";
        exit(0);
    }
    fwrite (data, sizeof(double),SIZE, fp);
    fclose(fp);
    system("pause");
    return 0;
}
```

因二进制文件 sin_data. dat 中存储的是二进制数据，与字符没有一一对应关系，故无法直接用编辑软件打开查看文件内容。

8.4.4 文件的格式化读写

在 8.2 节中，我们通过与标准设备文件的操作对比，已经初识了文件的格式化读写函数 fscanf()和 fprintf()，下面进一步讨论这两个函数的用法。

1. fprintf()函数

形式：

```
int fprintf(FILE *fp, const char *format [,argument])
```

功能：按参数 format 指定的格式向文件指针 fp 的当前位置处输出数据（argument）。有关格式控制符的相关知识请大家参照 1.4.2 节的内容。与标准输出 printf( ) 函数相比，除去多了代表文件指针的第一个参数外，两者的用法完全相同。只是 printf( ) 函数是将数据输出到显示器，而 fprintf( ) 是将数据写到 fp 所指向的文件中。例如：

```
fprintf(fp,"%d%s",4,"China");
```

表示将整数 4 和字符串"China"写入 fp 所指的文件中。

2. fscanf( ) 函数

形式：

```
int fscanf(FILE *fp, const char *format [,argument])
```

功能：从 fp 所指文件的当前位置处按参数 format 指定的格式读取数据到相应的内存变量（argument），若读取成功，其返回值是读取的数据的个数；若读取失败，则返回 EOF。需要提醒的是，这里的 argument 所代表的参数皆要求是指针类型，以便存储数据。

与标准输入函数 scanf( ) 相比，除去多了代表文件指针的第一个参数外，两者的用法完全相同。只是 scanf( ) 函数是从键盘输入数据给变量，而 fscanf( ) 函数则是从 fp 所指向的文件中读取数据。例如：

```
fscanf(fp,"%d%d",&x,&y);
```

表示从 fp 所指向的文件中顺序读取两个整数给变量 x 和 y，如果读取成功，函数的返回值为 2（此函数调用语句中变量的个数为 2）。

这组读写函数可以处理各种类型的数据，无论是何种类型的数据，皆可以文本文件的方式进行处理。

【例 8.6】 假设外卖订单信息包括客户姓名、订单号和客户电话，文件 order.txt（见图 1.8.10）中存放若干条订单信息。编写程序，将 order.txt 文件的内容读入结构数组，对数组按订单号的递增顺序排序后在屏幕上输出，同时将排序后的订单信息写入文件 ordernew.txt（见图 1.8.11）。

*order.txt - 记事本

文件(F) 编辑(E) 格式(O) 查看(V) 帮助(H)

```
张华      012      15319087612
王小明    131      18717690863
唐宇      087      17719986351
李思敏    211      13710765891
顾晨      098      13517695678
```

100%　Windows (CRLF)　ANSI

图 1.8.10　数据文件 order. txt

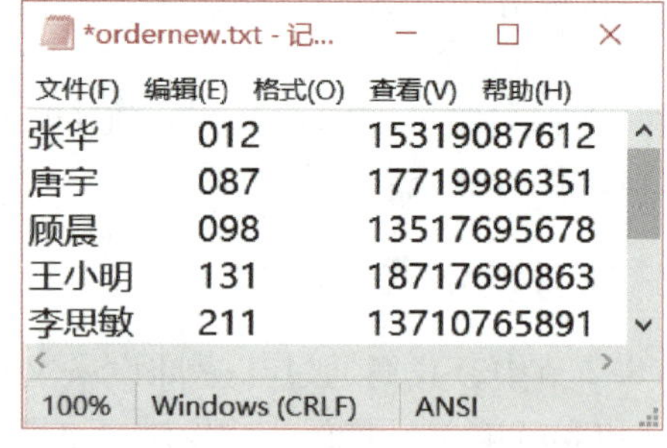
*ordernew.txt - 记...

文件(F) 编辑(E) 格式(O) 查看(V) 帮助(H)

```
张华      012      15319087612
唐宇      087      17719986351
顾晨      098      13517695678
王小明    131      18717690863
李思敏    211      13710765891
```

100%　Windows (CRLF)　ANSI

图 1.8.11　结果文件 ordernew. txt

分析：

① 根据题意，程序处理的数据为结构类型。将文本文件读入结构数组，或将结构数组写入文本文件适合选用格式读写函数实现。

② 当不确知文件中的记录数时，需要循环读取文件内容到数组，可以利用 feof( ) 函数检测文件结束，也可以利用 fscanf( ) 函数自身的返回值进行文件结束与否的判断，本例采用后者。

程序：

```
#include "iostream"
using namespace std;
#define N 100
struct order
{
    char name[30];
    char no[4];
    char phone[12];
  };
  int main()
  {
    FILE *fp;
    int i, j,num;
    struct order o[N];
    fp = fopen("order.txt", "r");
    if (fp == NULL)
    {
        cout << "can't open file\n";
        exit(0);            //结束程序
    }
    i = 0;
    while (fscanf(fp, "%s\t%s\t%s\n", o[i].name, o[i].no, o[i].phone) == 3)
        i++;
    num = i;
    fclose(fp);
    fp = fopen("ordernew.txt", "w");
    if (fp == NULL)
    {
        cout << "can't open file\n";
        exit(0);            //结束程序
    }
    for(i=0;i<num-1;i++)
        for(j=0;j<num-1-i;j++)
            if (strcmp(o[j].no, o[j + 1].no) > 0)
            {
                order temp = o[j];
                o[j] = o[j + 1];
```

程序代码：
例 8.6

```
                o[j + 1] = temp;
            }
    for (i = 0; i < num; i++)
    {
        fprintf(fp, "%s\t%s\t%s\n", o[i].name, o[i].no, o[i].phone);
        cout << o[i].name << '\t' << o[i].no << '\t' << o[i].phone << endl;
    }
    fclose(fp);
    system("pause");
    return 0;
}
```

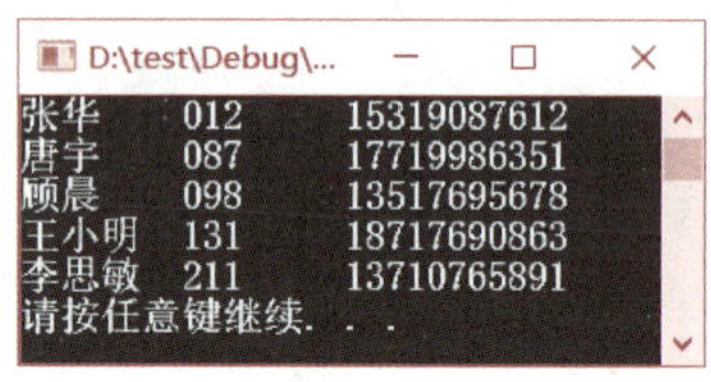

图 1.8.12　例 8.6 程序运行结果

程序运行结果如图 1.8.12 所示。

思考：排序时，可以将 if (strcmp(o[j].no, o[j+1].no) > 0)改写成 if (o[j].no> o[j+1].no)吗？为什么？

8.4.5　文件的随机读写

前面介绍的文件读写操作都是一种顺序读写操作，即读写文件只能从头开始，按照顺序读写各个数据。但实际应用中，可能会根据需要从文件的特定位置开始读写，要实现这样的功能，就需要首先移动文件内部的位置指针到指定的地方，然后再进行读写。这种读写方式称为文件的随机读写。实现随机读写的关键是定位文件位置指针，下面介绍两个实现定位功能的系统函数 rewind( ) 和 fseek( )。

1. rewind( ) 函数

形式：

```
void rewind(FILE *stream)
```

功能：使指示文件位置的指针重新返回到文件的开头。

2. fseek( ) 函数

形式：

```
int fseek(FILE *stream, long offset, int whence)
```

功能：将文件的位置指针定位到文件中指定的位置，如果成功，则返回 0。参数 offset 是移动的字节数；whence 是移动的基准，可以符号常量和值常量两种形式出现，其意义如表 1.8.2 所示。

▶表 1.8.2 whence 参数的意义

符号常量	值	基准位置
SEEK_SET	0	文件开头
SEEK_CUR	1	当前读写的位置
SEEK_END	2	文件尾部

例如：

```
fseek(fp,1234L,SEEK_CUR);      //读写位置从当前位置后移 1234 字节
```

```
fseek(fp,-12L,2);                //读写位置从文件末尾前移 12 字节
fseek(fp, 10,0);                 //读写位置从文件头后移 10 字节
```

说明：

① 第 2 个参数 offset 是 long（long int）类型，故使用中数字的后面常常带后缀“L”，但该后缀不是必需的，可以省略。

② 参数 offset 的值若为正整数，代表后移位置指针；若为负整数，则代表前移位置指针。

③ 第 3 个参数 whence 既可以符号常量的形式表达，又可以值常量的形式表达。

【例 8.7】 文件随机读写示例。

程序：

```
#include "iostream"
using namespace std;
int main()
{
  FILE   *fp;
  char s[100];
  if ((fp = fopen("file.txt", "w+")) == NULL)//注意文件打开模式
  {
      cout << "can't open file.\n";
      exit(0);
  }
  fputs("I love", fp);
  fputs("China", fp);
  fseek(fp, -5, SEEK_CUR);          //将位置指针从当前位置处前移 5 个字节，指向'C'
  fgets(s,100,fp);                  //操作模式从写切换到读
  cout << s << endl;
  fseek(fp,0, 2);                   //将位置指针重新定位到文件尾部
  fputc('!', fp);                   //操作模式从读切换到写
  fclose(fp);
  system("pause");
  return 0;
}
```

程序执行过程分析如下：

① 程序依次将两个字符串“I love”和“China”写入文件 file.txt。

② 调用 fseek()函数将文件位置指针前移到“China”之前，并通过调用 fgets()函数将字符串“China”读入数组 s。

③ 再次调用 fseek()函数将文件的位置指针重新定位到文件结尾，并将字符“!”写入文件的最后。程序运行结果如图 1.8.13 所示，输出的结果文件 file.txt 的内容如图 1.8.14 所示。

该程序通过 fseek()函数按需定位位置指针，然后在新的位置处进行读或写的操作，从而实现文件的随机读写。需要注意的是：文件在以一种模式打开的情况下，要做到既可读又可

写，需要以带“+”的模式打开，这里选择了“w+”。

图 1.8.13　例 8.7 程序运行结果

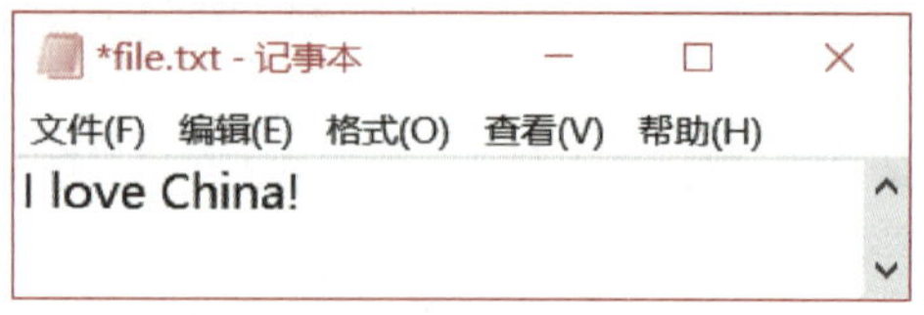

图 1.8.14　结果文件 file.txt

实际应用中，程序随机读写的一般是一个数据块，因此 fseek( ) 函数更常配合 fread( ) 和 fwrite( ) 函数一起使用。

8.5　综合应用

本章讲述了数据文件的概念及 C 语言文件的操作方法，其中，重点介绍了与文件操作有关的多个系统函数的功能和用法。C 语句文件操作的过程可概括如下：

① 定义一个 FILE 类型的文件指针。

② 以正确的方式打开文件，让文件指针与存储在磁盘上的某数据文件建立关联。

③ 对文件进行读或写的操作，如需要，还可以在读写之前进行定位（随机文件需要此操作）。

④ 文件操作完毕后，及时关闭文件。

下面通过应用实例加深对这些知识的理解。

【例 8.8】 用记事本程序建立的 abc.txt 文件如图 1.8.15 所示。要求将该文件中的内容进行大小写字母互换后写到 des.txt 文件中，同时还要求将文件中的字符总数写入该文件的最后。

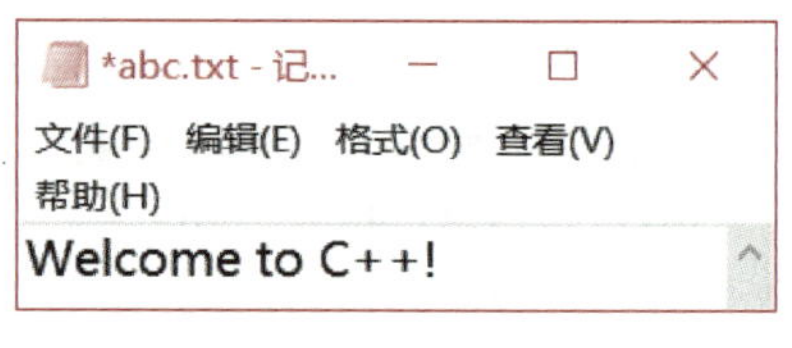

图 1.8.15　文件 abc.txt

分析：

① 文件中的数据是字符型，且需要进行大小写字母的相互转换，故需逐字符进行处理，可选择 fgetc( ) 和 fputc( ) 函数实现文件内容的读写。

② 对于题目中要求的将文件中的字符总数写入目标文件的最后，可以选择函数 fprintf( )，因为该函数可以实现任何类型的数据向文件的输出。

程序：

```
#include "iostream"
using namespace std;
int main( )
{
  FILE *source, *target;
  char ch;
  int num = 0;
```

```
    if ((source = fopen("abc.txt", "r")) == NULL)
    {
        cout << "can't open file\n";
        exit(0);
    }
    if ((target = fopen("des.txt", "w")) == NULL)
    {
        cout << "can't open file\n";
        exit(0);
    }
    while ((ch = fgetc(source)) != EOF)   //注意运算符的优先级和括号的正确使用
    {
        if (ch >= 'a'&&ch <= 'z')
            ch = ch - 'a' + 'A';
        else if (ch >= 'A'&&ch <= 'Z')
            ch = ch - 'A' + 'a';
        fputc(ch, target);
        num++;
    }
    fprintf(target,"%d", num);              //字符总数写入目标文件
    fclose(source);
    fclose(target);
    system("pause");
    return 0;
}
```

程序代码：
例 8.8

*DES.TXT - 记...
文件(F) 编辑(E) 格式(O) 查看(V) 帮助(H)
wELCOME TO c++!15

图 1.8.16 文件 des.txt

程序运行后创建的目标文件 des.txt 的内容如图 1.8.16 所示。

思考：程序中的语句 fprintf(target, "%d", num);可否用语句 fputc(num,fp);代替?

【例 8.9】 用记事本程序建立的 file1.txt 文件如图 1.8.17 所示。统计该文件中每个出现的数字字符的次数，并在屏幕上输出统计结果。

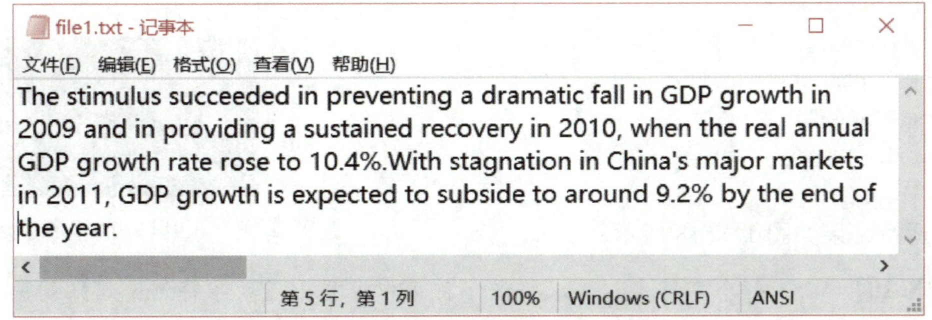

图 1.8.17 例 8.9 程序的文本文件

分析：

① 定义整型数组 num，用于存放 10 个数字字符出现的次数，并将各元素初始化为 0。

② 逐字符从文件 file1. txt 中读出数据，若读到数字字符，则首先求得该数字字符在数字字符表中的序号 k（取值范围 0~9，假设'0'的序号为 0，'1'的序号为 1……），然后使 num[k]的值增加 1。

程序：

```
#include"iostream"
using namespace std;
int main( )
{
  FILE *fp;
  char ch;
  int num[10]={0},k;
  if((fp=fopen("file1.txt","r"))==NULL)
  {
      cout<<"can't open file\n";
      exit(0);
  }
  while(!feof(fp))
  {
      ch=fgetc(fp);
      if(ch==EOF)
          break;
      else
          if(ch>='0'&&ch<='9')
          {
              k=ch-'0';        //k 记录 ch 与第一个数字字符'0'之间相差的字符数
              num[k]=num[k]+1;
          }
  }
```

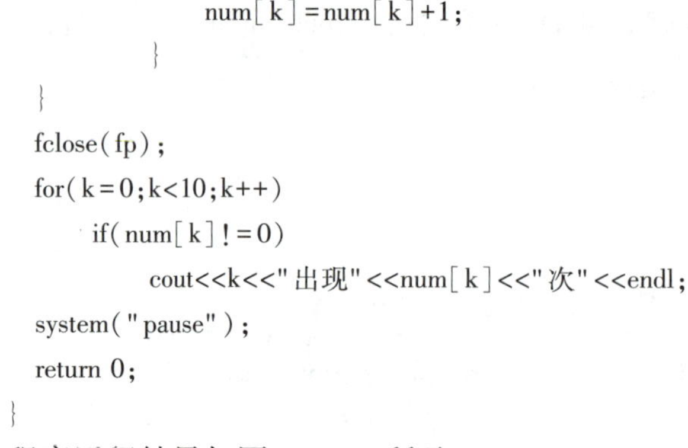

程序代码：
例 8.9

```
  fclose(fp);
  for(k=0;k<10;k++)
      if(num[k]!=0)
          cout<<k<<"出现"<<num[k]<<"次"<<endl;
  system("pause");
  return 0;
}
```

程序运行结果如图 1.8.18 所示。

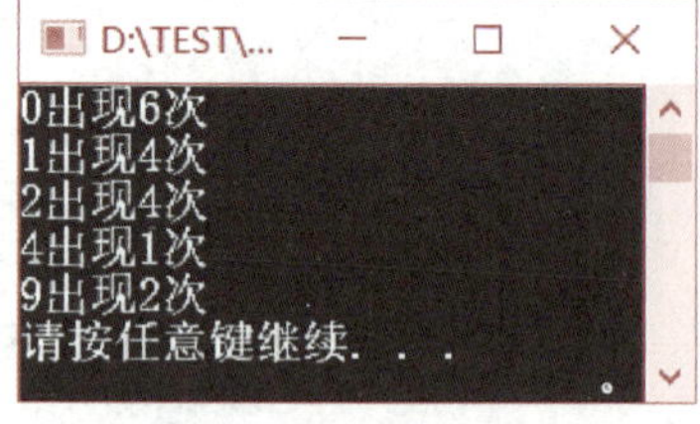

图 1.8.18　例 8.9 程序运行结果

【例 8.10】　输入一个字符串，要求将该字符串中重复出现的字符删除到只剩一个，然后将不含重复字符的新字符串写入文本文件 file. txt 中。

分析：

① 删除重复字符要考虑两种情况：一是重复字符间断出现；二是重复字符连续出现。

② 题目的难点在于：要删除的字符不是某个特定的字符，而是所有重复出现过的字符。

程序：

程序代码：
例 8.10

```
#include "iostream"
using namespace std;
int main( )
{
   FILE  *fp;
   char  s[100],ch;
   int  i,j,k;
   if((fp=fopen("file.txt", "w"))==NULL)
   {
       cout<<"can't open file\n";
       exit(0);
   }
   gets(s);
   for(i=0;s[i]!='\0';i++)
   {
       ch=s[i];
       for(j=i+1;s[j]!='\0';j++)
           if(s[j]==ch)
           {
               for(k=j;s[k]!='\0';k++)
                   s[k]=s[k+1];
               j--;  //为避免下一字符仍是被删字符，要保证进入下次循环时搜索下标退回原位
           }
   }
   fputs(s,fp);
   fclose(fp);
   system("pause");
   return 0;
}
```

程序运行结果如图 1.8.19 所示，产生的结果文件如图 1.8.20 所示。为保证能将连续出现的字符按要求删除干净，需在完成一个字符的删除，进入下一次删除字符的搜索之前，将搜索下标退后一个位置，从而保证下一次循环时搜索下标重新定位回原来位置，这样就避免了连续重复出现的字符被漏删的情况。

【例 8.11】 假设某超市商品进货信息包括商品编号、名称、单价、数量、进货日期。从键盘输入若干条商品进货信息，要求将进货日期在 2022 年 6 月 1 日之后（含该日）的商品进

货信息保存到文件 goods_list. dat 中。然后通过读取文件，统计并输出文件中的记录数。

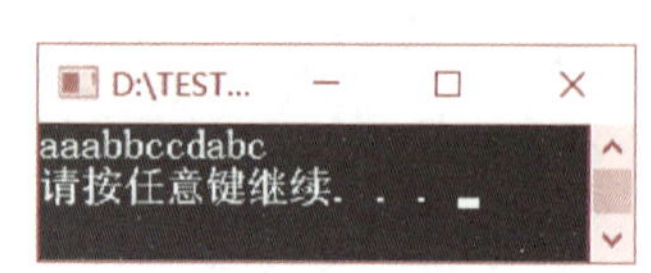

图 1. 8. 19　例 8. 10 程序运行结果

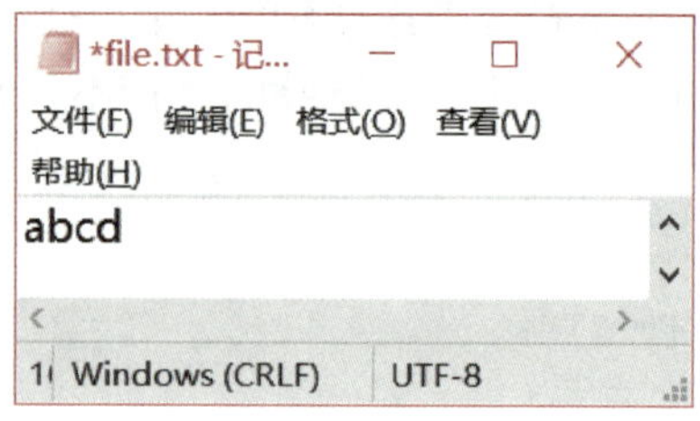

图 1. 8. 20　例 8. 10 程序运行结果文件

分析：根据题意，需要定义一个结构类型用以描述商品进货信息，通过结构数组存放数据，本例选用块读写函数实现文件操作。

程序：

程序代码：例 8. 11

```
#define   SIZE 4
#include "iostream"
using namespace std;
struct goods
{
    char  bh[8];
    char  mc[20];
    char  jhrq[10];
    float  dj;
    int  sl;
} goods_array[SIZE], g;
int main()
{
    FILE  *fp;
    int  i, num = 0;
    if ((fp = fopen("goods_list.dat", "wb")) == NULL)
    {
        cout << "can't open file. \n";
        exit(0);
    }
    for (i = 0; i < SIZE; i++)
    {
        cout << "Input code:";
        cin >> goods_array[i].bh;
        cout << "Input name:";
        cin >> goods_array[i].mc;
        cout << "Input date:";
        cin >> goods_array[i].jhrq;
```

```
        cout << "Input price:";
        cin >> goods_array[i].dj;
        cout << "Input number:";
        cin >> goods_array[i].sl;
        if(strcmp(goods_array[i].jhrq,"2022-06-01")>=0)
            fwrite(&goods_array[i], sizeof(goods), 1, fp);
    }
    fclose(fp);
    if ((fp = fopen("goods_list.dat", "rb")) == NULL)
    {
        cout << "can't open file.\n";
        exit(0);
    }
    while(fread(&g, sizeof(goods), 1, fp)==1)   //利用fread()函数的返回值判断文件结束与否
    {
        num++;
        cout << g.bh << '\t' << g.mc << '\t' << g.jhrq << '\t' << g.dj << '\t' << g.sl << '\n';
    }
    fclose(fp);
    cout << "进货日期在2022年6月1日之后的记录共有" << num << "条\n";
    system("pause");
    return 0;
}
```

程序运行结果如图 1.8.21 所示。

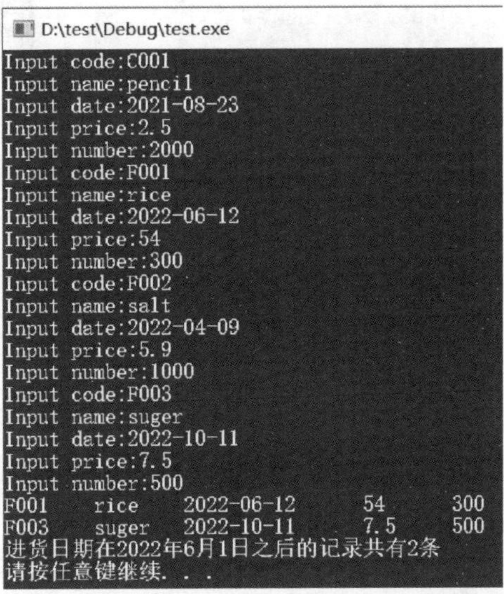

图 1.8.21 例 8.11 程序运行结果

【例 8.12】 改进例 6.37 的诗词接句游戏。要求通过读取文件 poem5.txt（见图 1.8.22）和 poem7.txt（见图 1.8.23）获取五言诗和七言诗数据，程序运行示例如图 1.8.24 所示。

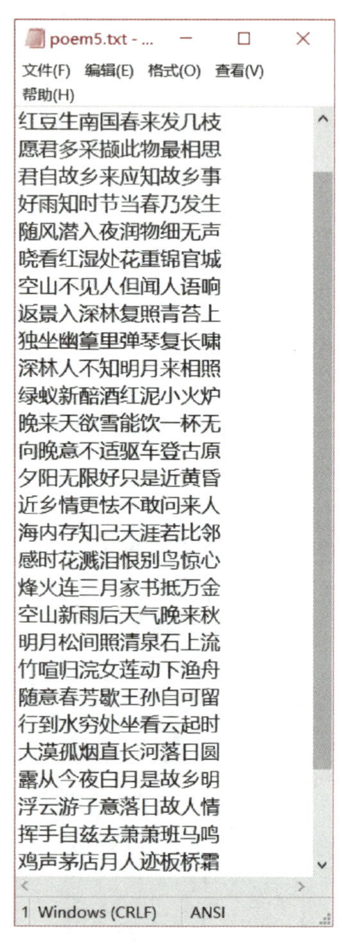

图 1.8.22 poem5.txt

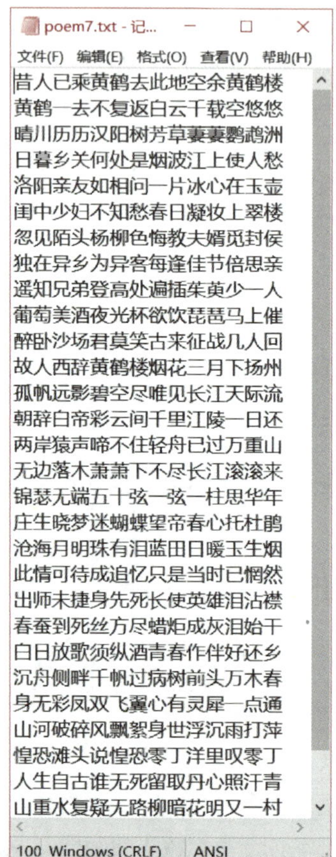

图 1.8.23 poem7.txt

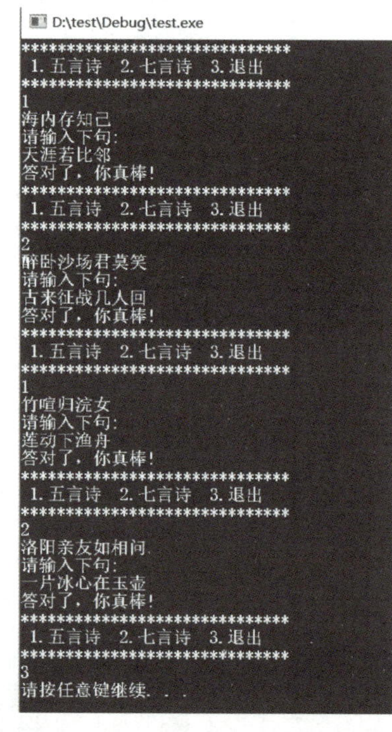

图 1.8.24 例 8.12 程序运行结果

在第 4 章和第 6 章的综合应用中，列举并改进了诗词接句游戏。但从使用的角度来看，模块化改进后的游戏仍显实用性不足，原因在于处理的数据（诗句）是通过数组初始化的方式给出的，只适合于少量诗句的测试，本例通过文本文件存储数据，可按需存储大量的诗句，大大增强了游戏的实用性。

分析：

① 相较于例 6.37，增加了函数 int readfile(char s[][30], char fname[])，功能是读取 fname 对应的五言诗或七言诗文件，并将每行诗句内容存储在数组 s 中，同时统计文件中包含的诗句行数，并将行数返回，作为后续 creatsubarray()函数产生诗句行下标数据范围的依据。

② 设计 readfile()函数应注意，从文件中读取一行诗句时会将换行符也读入了字符数组，为避免因输入用户答案不提取换行符而造成的不一致性，应将字符数组每行中的换行符去除。

③ 主函数先通过不同的实参两次调用 readfile()函数，以将文件中的诗句内容分别读取到

两个字符数组 s5 和 s7 中，并获取到两个字符数组的行数 num5 和 num7（取代例 6. 37 中的符号常量 N5 和 N7），其他操作与例 6. 37 相同。

限于篇幅，以下只给出 readfile( ) 函数的具体实现，完整程序请读者自行完成。

```
int readfile(char s[][30], char fname[])      //读取文件
{
  int i = 0, j;
  FILE *fp;
  fp = fopen(fname, "r");
  if (fp == NULL)
  {
      cout << "can't open" << fname << endl;
      exit(0);
  }
  while (!feof(fp))
  {
      fgets(s[i], 30, fp);
      i++;
  }
  fclose(fp);
  i--;
  for (j = 0; j < i; j++)                      //删除每行诗文的换行符
  {
      int len = strlen(s[j]);
      s[j][len - 1] = '\0';
  }
  return i;
}
```

思考：如何改进程序实现给出诗的下句，对出上句？如何改进程序将答错的诗句存入一个专门的错句文件，以便更加有针对性地进行训练？

习 题

一、选择题

1. C/C++的文件由________组成。

A. 记录　　B. 数据行　　C. 数据块　　D. 字符或字节序列

2. 若按照数据的组织形式划分，文件可以分为________。

A. 程序文件和数据文件　　B. 磁盘文件和设备文件

C. 二进制文件和文本文件　　D. 顺序文件和随机文件

3. 在系统的标准输入文件操作中，数据的流向为________。

A. 从键盘到内存　　B. 从显示器到硬盘

C. 从硬盘到内存　　D. 从内存到硬盘

4. 以下方式中，________不能打开一个不存在的文件。

A. "r"　　B. "w"　　C. "a"　　D. "wb"

5. 若 ch 为字符型变量，fp 为文本文件指针，从 fp 所指向的文件中读入一个字符到 ch，正确的语句是________。

A. fgetc(fp,ch);　　B. ch=fgetc(fp);　　C. ch=getchar();　　D. fgetc(ch,fp);

6. 若有定义 int a[5];及 FILE *fp;，下面函数调用错误的是________。

A. fread(a[0],sizeof(int),5,fp);　　B. fread(&a[0],5*sizeof(int),1,fp);

C. fread(a,sizeof(int),5,fp);　　D. fread(a,5*sizeof(int),1,fp);

7. 系统的标准输出文件是________。

A. 键盘　　B. 硬盘　　C. 内存　　D. 显示器

8. 在文件操作中，数据从内存流向硬盘的过程称为________。

A. 读文件　　B. 文件的输入　　C. 写文件　　D. 文件的修改

9. 函数调用 fseek(fp,-20,2)的含义是________。

A. 将文件位置指针移到距离文件头 20 字节处

B. 将文件位置指针从当前位置向后移动 20 字节

C. 将文件位置指针从文件末尾处前移 20 字节

D. 将文件位置指针移到离当前位置 20 字节处

10. 若执行 fopen()函数时发生错误，则函数的返回值是________。

A. EOF　　B. NULL　　C. 1　　D. 不确定的地址值

二、程序填空

1. 以下程序的功能是：用户首先从键盘输入文件名，然后再输入一串字符（用#结束输入），将其存入这个文本文件，同时统计并输出字符串中包含的字符个数。

```
#include "iostream"
using namespace std;
int main()
{
    FILE *fp;
    char ch,fname[30];
    int count=0;
    cout<<"input the filename:\n";
    gets(fname);
    if((fp=fopen(____________))==NULL)
    {
        cout<<"error\n";
```

```
        exit(0);
    }
    while(____________)
    {
        fputc(ch,fp);
        ____________;
    }
    cout<<count<<endl;
    fclose(fp);
    system("pause");
    return 0;
}
```

2. 文本文件 file1. txt 中包含若干行文本，以下程序查找该文件中的最长行所在位置，并统计输出该行中包含的字符数。

```
#include "iostream"
using namespace std;
int main()
{
    char name[20],c;
    int length=0,maxlength=0,line=0,maxline=0;
    FILE *fp;
    if((fp=fopen("file1.txt", "r"))==NULL)
    {
        cout<<"can't open the file!\n";
        exit(0);
    }
    while(____________!=EOF)
    {
        if(c=='\n')
        {
            line++;
            if(length>maxlength)
            {
                maxlength=length;
                maxline=line;
            }
            ____________;
        }
        else
```

```
            ____________;
        }
        cout<<maxline<<" line is longest. \nIt has"<<maxlength<<" characters. \n";
        fclose(fp);
        system("pause");
        return 0;
    }
```

3. 从键盘输入10名职工的信息（包括工号、姓名、年龄），首先将其存入二进制文件employer. dat，然后再通过读取文件中的数据，将年龄大于或等于50岁的职工姓名输出在屏幕上。

```
    #include "iostream"
    using namespace std;
    int main()
    {
        FILE *fp;
        struct employer
        {
            long no;
            char name[10];
            int age;
        }emp;
        int k;
        if((fp=fopen("employer. dat","____________"))==NULL)
        {
            cout<<"error\n";
            exit(0);
        }
        for(k=0;k<10;k++)
        {
            cin>>emp. no>>emp. name>>emp. age;
            fwrite(____________);
        }
        ____________;
        if((fp=fopen("employer. dat","____________"))==NULL)
        {
            cout<<"error\n";
            exit(0);
        }
        for(k=0;k<10;k++)
        {
```

```
            fread(____________);
            if(emp.age>=50)
                cout<<emp.name;
        }
        fclose(fp);
        system("pause");
        return 0;
    }
```

三、编程题

1. 从键盘输入一串字符，要求将其中的大小写字母相互转换，而其他字符用字符“*”替换，最后将处理后的字符串写入文件 file.txt。

2. 用记事本程序建立两个文本文件 text1.txt 和 text2.txt，要求将 text2.txt 的内容连接到 text1.txt 文件的后面。

3. 从键盘输入 10 个 double 类型数据，将它们按由大到小的顺序写入文件 data.dat 中。

4. 编写程序，统计文本文件 file.txt 中每个英文字母出现的次数（不区分大小）。

5. 用记事本程序建立文本文件 num.txt，在该文件中存放 10 个整数，编写程序将其中的奇数和偶数分别写入文件 odd.txt 和 even.txt。

6. 首先从键盘输入 10 名学生的学号和成绩，存入文件 student.dat 中。再从文件中读取学生的信息，并将最高分、最低分的学生姓名及成绩存入文件 maxmin.dat 中。

第 9 章 面向对象程序设计基础

电子教案

前面章节介绍了结构化程序设计方法，本章将介绍面向对象的程序设计（object oriented programming，OOP）基础，以帮助读者了解面向对象编程技术的基本思想和方法。

面向对象程序设计是以软件的形式，对现实世界的对象及其属性及行为进行建模，从而提供一种更加自然直观的编程方式。

9.1 面向对象程序设计概述

面向对象的编程方法是伴随着软件工程技术的快速发展和软件规模的日益扩大而产生的，它很好地解决了结构化程序设计中数据和操作分离带来的问题，从而更加有利于程序的维护，同时对数据的操作也更加安全、方便。另一方面，客观世界本身就是由各种各样的对象构成的，每种对象都有各自的属性和行为，不同对象之间的相互作用和联系构成了不同的系统，而面向对象的方法就是从现实世界的实体出发，以对象为基本单位，分析、设计和实现一个系统。可见，面向对象的这种编程思想更符合人们的认知规律。

9.1.1 面向对象的基本概念

面向对象的程序设计从根本上解决了结构化程序设计的缺陷，其方法是将数据和所有对这些数据操作的函数封装在一个自定义的特殊数据类型中，再通过对该类型中数据的访问权限进行限制，既可以保证数据的安全，又可以简化对数据的操作。下面首先介绍面向对象程序设计中的一些基本概念。

1. 对象

现实世界中存在着各种各样的实体，包括具体的事物和抽象的事物。这些实体就是对象。如一名学生、一门课程、一个圆形，它们都是现实世界中的对象。

每个对象有自己的属性特征和作用在该对象上的行为。如一个学生对象，具有学号、姓名、性别、成绩等特征，具有选课、查询成绩、退选课程等行为。当然，一个学生对象也具有身高、体重、视力等特征，还具有吃饭、睡觉等行为。在描述具体问题中的对象时，应根据问题需要定义属性特征和行为。

2. 类

如前所述，类是面向对象程序设计实现信息封装的基础，是一种自定义的特殊数据类型，是对现实生活中一类具有共同特征的事物的抽象。它的定义中包含以下两个方面的内容：

（1）数据描述，包括数据名称及类型。

（2）行为描述，包括具有哪些行为，这些行为是如何实现的。

3. 抽象

对象是类的实例，而类是对象的抽象。抽象是通过特定的实例抽取共同特征以后形成概念的过程。抽象强调主要特征，忽略次要特征；强调给出与应用相关的特性，抛弃不相关的特性。

例如，要处理学生的成绩信息，就应该抽取出与此问题相关的学生的学号、姓名、成绩等特征，而抛弃与问题无关的学生的身高、体重、视力等特征。

9.1.2 面向对象的基本特征

面向对象的程序设计具有封装性、继承性和多态性三大特征，在这三大特征支持下，数据操作更加安全，程序维护更加方便，代码复用效率进一步提高，处理上也更加灵活。

1. 封装性

在面向对象的程序设计中，为了保护对象的数据不受外界影响，而将对象的数据和对这些数据操作的行为打包在一起，这种特性称为封装性，它是面向对象程序设计的基础。

封装性既可保护对象内部数据不受外界干扰，又可以使外部程序使用类对象时只关注该类所具有的功能，而忽略实现细节。这好比飞机上的“黑匣子”，“黑匣子”内部封存了飞机停止工作前的一段时间内的语音对话和飞行高度、速度、航向等飞行参数，但这些内部细节是被保护起来的，对外是隐而不见的。只有通过相应的设备连通“黑匣子”上的接口才可以获取其中的信息。使用“黑匣子”的用户不必关心内部组成和工作原理，只需要关心各种参数指标（属性数据）和各种接口的使用方法（函数功能）。

又如，人们在使用手机时，也从不需要了解内部工作原理，只需要通过显示屏、按键、听筒这些接口设备即可操作手机。

2. 继承性

在现实世界中，“继承”无所不在。例如，要设计一款新计算机，有两个途径：一是从头开始，费时费力；二是对现有型号计算机加以改进，事半功倍。工程师一般是在原有型号的基础上进行改进，扩充一些功能，从而快速设计出新型号的计算机。旧款计算机派生出了新款计算机，新款计算机继承了旧款计算机的功能。另外，像子承父业、遗产继承等都体现了继承关系。

在面向对象的程序设计中，可以在原有类的基础上定义新的类。原有类称为基类（或父类），新的类称为派生类（或子类）。继承性为代码的无限复用提供了技术支持，更加方便程序的扩充。

3. 多态性

同一个消息被不同的对象接收会导致不同的行为，这被称为多态性，它使得程序实现更加灵活方便。

例如，教室中有教师和学生两种不同类的对象，当上课铃响时，教师打开投影仪和教案准备讲课，学生则打开笔记本和教材准备听课。也就是说，当上课铃响这一消息传来时，教师和学生这两类不同的对象产生了不同的行为，这便是多态性的体现。

9.2 类和对象

类是面向对象技术的核心概念，是实现数据抽象和封装的工具。“类”的概念是从“结构”概念演化而来的，在使用方式上与结构有着相似的表达。

9.2.1 类的定义

首先看一个面向对象程序的例子，直观地了解一下面向对象程序的设计方法与结构化设计方法的区别。

微视频：
类的定义

【例 9.1】 类应用示例程序。

程序：

```
#include "iostream"
using namespace std;
class Circle                              //定义 Circle 类
{
 private:                                 //声明其后的数据为私有
     double x,y,r;
 public:                                  //声明其后的函数为公有
     void print()                         //输出数据成员值的函数
     {
         cout<<"圆心:("<<x<<","<<y<<")"<<endl;
         cout<<"半径:"<<r<<endl;
     }
     void set(double x1,double y1,double r1)    //设置数据成员值的函数
     {
       x=x1; y=y1; r=r1;
     }
};
int main()
{
     Circle c;                            //定义 Cirle 类对象 c
     c.set(0,0,2);                        //设置 c 的数据成员
     c.print();                           //输出 c 的数据成员
     system("pause");
     return 0;
}
```

程序运行结果如图 1.9.1 所示，程序的功能是对坐标系中一个圆的属性进行设置并输出。从程序结构来看，该程序不同于以前的结构化程序，主要区别表现在以下几方面。

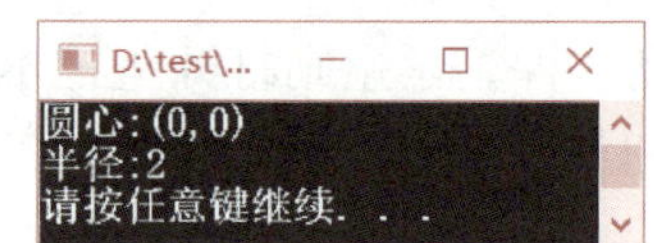

图 1.9.1　例 9.1 程序运行结果

① 程序模块不再是以并列定义的函数形式存在的；模块之间的关系也不再是主函数直接调用其他函数的关系。

② 从主函数的构成来看，主函数中没有定义过描述圆的属性的任何变量，而是通过对 Circle 类型的变量 c 调用函数 set()和 print()实现对圆的属性（圆心坐标及半径）的设置及输出操作。

③ 描述圆属性的数据 x、y、r 以及对这些属性操作的函数 set()和 print()都是封装在 Circle 类型内部的。

以关键字 class 定义的类型称作“类”，本程序中的圆类 Circle 抽象出了属于所有圆共有的属性及操作，其构成如表 1.9.1 所示。

数据成员		成员函数	
名称	含义	名称	功能
x	圆心坐标 x 值	set	设置数据成员的值
y	圆心坐标 y 值	print	输出数据成员的值
r	圆半径		

◀表 1.9.1 Circle 类成员构成

类定义的一般形式如下：

```
class 标识符
{
 public:
         成员函数或数据成员的说明;
 private:
         成员函数或数据成员的说明;
 protected:
         成员函数或数据成员的说明;
};
各成员函数的实现
```

说明：

① 定义类的关键字为 class，其后的标识符代表类名。

② 类定义包括说明和实现两部分。说明部分用来说明类的成员；实现部分用来定义成员函数，若成员函数在说明部分已经给出定义，则在实现部分可以省略。

③ 类的成员包括数据成员和成员函数，这两种成员定义的顺序没有先后的规定，其中数据成员可以为自身类对象以外的任意类型的数据。

④ public（公有）、private（私有）和 protected（保护）称为访问权限修饰符，出现的顺序、次数没有规定，省略时为 private，它们决定了其后的成员可以被什么内容访问。

⑤ 通常成员函数的访问权限被声明为 public，可以在程序中访问；数据成员的访问权限被声明为 private，只有成员函数或友元函数才可以访问。

按照“类定义”的形式，也可以将成员函数的实现放在类定义的外部，例如，例 9.1 的 Circle 类的定义还可以改写如下：

```
class Circle
{
 private:
     double x,y,r;
 public:
       void print();
       void set(double x1,double y1,double r1);
 };
void Circle::print()
```

```
{
        cout<<"圆心:("<<x<<","<<y<<")"<<endl;
        cout<<"半径:"<<r<<endl;
}
void Circle:: set(double x1,double y1,double r1)
{
        x=x1; y=y1; r=r1;
}
```

在这个程序中，Circle 类的类体内仅仅声明了 print( )和 set( )两个成员函数，而将它们的具体实现放到了类体外。但在类体外定义成员函数时，要指明该成员函数所属的类。其中，符号“::”称为作用域运算符，位于类名和成员函数名之间。前面带有类名和作用域运算符的函数不是普通的函数，而是类的成员函数。

9.2.2 对象的定义

类定义仅仅提供了一种类型定义，同结构类型一样，从语法上来说，其地位等同于 char、int、float、double 等。作为一种类型，“类”本身不占用存储空间，只有在定义了属于类的变量后，系统才会为其分配空间，这种变量称为对象。

对象是类的实例，存储着特定的信息和作用于这些信息之上的特定操作。比如，圆是一个类，而以(0,0)为圆心、以 2 为半径的圆则是这个圆类的一个对象。

1. 定义形式

类名 对象名表;

例如，假设 Circle 是前面已经定义过的一个圆类，则可定义:

```
Circle  c1, *p,c[5];
```

其中，c1 为 Circle 类的对象，代表一个具体的圆；p 是指向 Circle 类对象的指针；c[5]表示一个对象数组，该数组包含 5 个 Circle 类的对象。

2. 对象成员的访问

对象成员是指该对象所属类中定义的成员，包括数据成员和成员函数，其表示形式与结构变量成员表示形式相同。

(1) 通过对象访问成员

数据成员:

对象名.成员名

成员函数:

对象名.成员名(参数表)

例如，例 9.1 中的 c.set(0,0,2)及 c.print( )都是对对象 c 调用成员函数。

(2) 通过指向对象的指针访问成员

数据成员:

对象指针名->成员名

或

(* 对象指针名) . 成员名

成员函数:

对象指针名->成员名(参数表)

或:

(* 对象指针名). 成员名(参数表)

例如，假设有定义:

Circle c, * p=&c;

则可以对其中的成员函数如下访问:

```
p->set(0,0,2);
p->print();
```

9.2.3 对象的创建与释放

在创建和释放对象时，系统必定会自动调用两个特殊函数：构造函数和析构函数。前者主要用来在创建对象时初始化对象，即为对象的数据成员赋初值；后者则在对象的生命周期结束时用来做清理工作，释放在构造函数调用时获得的资源。

1. 构造函数

构造函数是类中特殊的成员函数，它具有如下特点:

① 构造函数与类名相同且不能指定函数类型。

② 构造函数是成员函数，可以在类体内实现，也可以在类体外实现。

③ 构造函数可以重载，即可以定义多个参数个数或参数类型不同的构造函数。

④ 构造函数在创建对象时由系统自动调用，程序中不能直接调用。

【例 9.2】 构造函数示例。

程序:

```
#include "iostream"
using namespace std;
class Circle
{
  private:
        double x,y,r;
  public:
        void print()
        {
              cout<<"圆心:("<<x<<","<<y<<")"<<endl;
              cout<<"半径:"<<r<<endl;
        }
      Circle(double x1,double y1,double r1)
      {
              x=x1;y=y1;r=r1;
```

```
    }
};
int main()
{
    Circle c(0,0,2);
    c.print();
    system("pause");
    return 0;
}
```

对比例9.1，在本程序的类定义中少了成员函数 set()，代之以与类名同名的构造函数 Circle()实现对数据成员赋初值的功能。与调用 set()函数不同的是，构造函数是在创建对象时由系统自动调用的，不需要在程序中额外调用，这为初始化对象的数据成员提供了方便。

也许读者会有疑问，在例9.1中并没有看见有与类名同名的函数存在，那对象是如何创建的呢？

事实上，在进行类定义时，如果没有定义过任何构造函数，则编译器会自动生成一个默认的构造函数，这个函数是一个函数体为空的函数，形式如下：

```
类名::默认构造函数名( )
    {            }
```

说明：

① 系统自动生成默认构造函数是有前提的，即类中没有定义过任何形式的构造函数。

② 若类中已定义过构造函数，则系统不会再自动生成这个默认函数；一旦有需要，则要求用户将这个默认的构造函数显式地定义出来。

在例9.1中，正因为在定义类时没有定义过任何形式的构造函数，所以系统会自动生成如下默认的构造函数：

```
Circle::Circle(  )
{     }
```

从而才能创建 Circle 类对象 c。

对比例9.1和例9.2，可以发现：例9.1中通过系统提供的默认构造函数创建了一个无参对象；例9.2中通过用户定义的构造函数创建了一个带参数的对象。那么如果在程序中既需要定义无参对象，又需要定义带参数对象时，类中的构造函数又该如何定义呢？

【例9.3】 构造函数示例。

程序：

```
#include "iostream"
using namespace std;
class Sample
{
    int x,y;
    public:
```

```
        Sample( )
        { x=y=0; }
        Sample(int a,int b)
        { x=a; y=b; }
        void disp( )
        {
            cout<<"x="<<x<<",y="<<y<<endl;
        }
};
int main( )
{
        Sample s1,s2(2,3);
        s1.disp( );
        s2.disp( );
        system("pause");
        return 0;
}
```

程序运行结果如图 1.9.2 所示。上述程序的 Sample 类中为何定义了两个重载的构造函数呢？因为，Sample 类中定义了带参的构造函数 Sample(int a, int b)之后，系统就不能再为该类自动生成那个默认的无参构造函数；若不显式地定义无参的构造函数，则在定义无参对象 s1 时，因为缺少可以调用的无参构造函数，s1 对象便无法创建，这样就会出现编译错误"no appropriate default constructor available"。

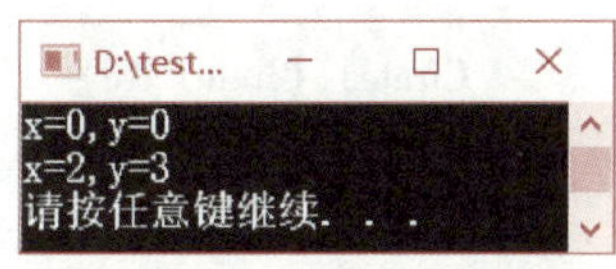

图 1.9.2 例 9.3 程序运行结果

可见，无参的构造函数是在创建对象 s1 时调用的，而带参的构造函数则是在创建对象 s2 时调用的。在主函数中，定义的对象有带参数和不带参数两种形式存在，所以两个构造函数必须全部显式定义，缺一不可。

思考：程序中定义数据成员 x 和 y 时，并未说明其访问权限，请问可以在 main( )中直接访问 s1.x 和 s1.y 吗？

2. 复制初始化构造函数

类作为一种抽象的数据类型，它与具体化的对象之间的关系实质上就是类型和变量之间的关系。那么对象能不能也像其他类型的变量一样作为函数的参数和返回值呢？能不能由已知的对象来初始化未知的同类对象呢？答案是肯定的。这些功能的实现都需要复制初始化构造函数的支持。

复制初始化构造函数是一种特殊的构造函数，它的功能是用一个已知的对象来初始化一个被创建的同类对象。除了具有一般构造函数的特点外，它还具有如下特点：

① 只有一个参数，并且是对某个对象的引用。

② 即便类中没有定义复制初始化构造函数，编译系统也会自动生成一个默认的函数，用以将已知对象的全部数据成员的值复制给正在创建的对象。

【例 9.4】 复制初始化构造函数示例。

程序代码：例 9.4

程序：

```
#include "iostream"
using namespace std;
class Circle1
{
private:
    double x, y, r, s;
public:
    void print()
    {
        cout << "圆心:(" << x << "," << y << ")" << endl;
        cout << "半径:" << r << endl;
    }
    Circle1(double x1, double y1, double r1)
    {
        x = x1;   y = y1;   r = r1;
    }
    Circle1(Circle1 &c)      //复制初始化构造函数，对象的引用作为参数
    {
        x = c.x;   y = c.y; r = c.r;
    }
};
int main()
{
    Circle1 c1(0, 0, 2), c2(c1);
    c1.print();
    c2.print();
    system("pause");
    return 0;
}
```

程序运行结果如图 1.9.3 所示。该类中定义了两个构造函数：一个是普通的构造函数，为创建对象 c1 而定义；另一个是复制初始化构造函数，为创建对象 c2 而定义。创建对象 c2 时，实参对象 c1 将其内容传给形参引用 c，实现已知对象 c1 对未知对象 c2 的赋值。类定义中的复制初始化构造函数可以省略，不会影响程序的正常运行。

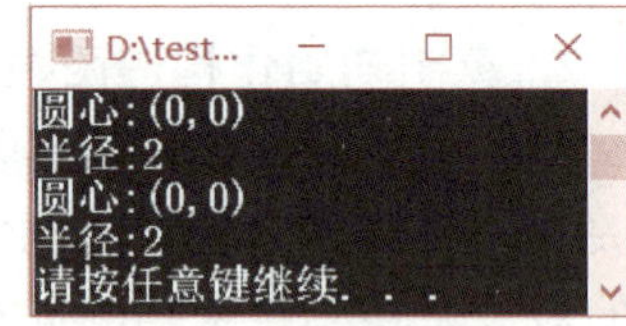

图 1.9.3　例 9.4 程序运行结果

微视频：设计复数类

【例 9.5】 定义一个复数类，具有初始化复数、输出复数以及求两个复数和的功能。

分析：

① 描述复数类的特征数据应该是复数的实部和虚部，故抽象出复数类的两个数据成员 re 和 im 分别代表实部和虚部。

② 根据题意，需设计一个成员函数 GetSum( )，用于求两个复数的和。求复数和的两个加数都是复数类对象，求和后的结果也是复数类对象，所以 GetSum( )函数的参数和返回值都应该是复数类对象。

③ 代表两个加数的复数对象是已知的，可以通过带参数的构造函数声明并创建；代表和的复数需要通过计算才能获得，主函数中适宜将其声明为无参对象，故需要设计重载的构造函数。

程序：

```
#include "iostream"
using namespace std;
class Complex                          //定义复数类 Complex
{
private:
    double re, im;                     //两个数据成员分别代表复数的实部和虚部
public:
    Complex()                          //显式定义无参的构造函数
    {    }
    Complex(double r, double i)        //定义带参构造函数
    {
        re = r;
        im = i;
    }
    void print()                       //以复数表达形式输出复数
    {
        cout << re;
        if (im >= 0)
            cout << "+";
        cout << im << "i" << endl;
    }
    Complex GetSum(Complex c)          //定义求复数和的成员函数 GetSum
    {
        double r = re + c.re;          //不带对象名的 re 是主函数中 GetSum 函数所作用对象的 re
        double i = im + c.im;          //不带对象名的 im 是主函数中 GetSum 函数所作用对象的 im
        Complex cr(r, i);              //定义并创建代表复数和的 cr
        return cr;                     //返回两个复数的和
    }
};
int main()
{
    Complex c1(1, 4), c2(3, -2), cr;  //定义两个带参对象存放加数、一个无参对象存放和
    cr = c1.GetSum(c2);
    cout << "第一个复数:";
```

程序代码：
例 9.5

```
    c1. print( );
    cout << "第二个复数:";
    c2. print( );
    cout << "两个复数和:";
    cr. print( );
    system("pause");
    return 0;
}
```

程序运行结果如图 1.9.4 所示。调用 GetSum( )函数时，实参对象 c2 对形参对象 c 进行参数传递的过程，以及函数返回对象 cr 的过程，都需要通过已知对象对未知对象进行赋值，这时就需要调用如下默认的复制初始化构造函数：

```
Complex(Complex &c)
{
    re=c. re;
    im=c. im
}
```

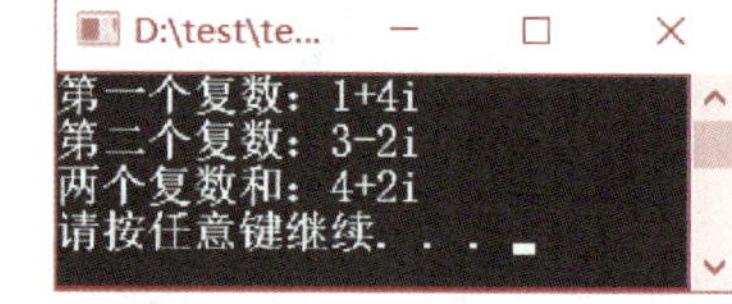

图 1.9.4　例 9.5 程序运行结果

一般在如下 3 种情况下，需要调用复制初始化构造函数：

① 明确表示由一个对象初始化另一个对象时。

② 当对象作为函数形参，调用该函数，进行实参和形参结合时。

③ 当对象作为函数返回值时。

3. 析构函数

析构函数同构造函数一样，也是类中一种特殊的成员函数。在程序结束或使用该对象的函数结束前，析构函数会被系统自动调用，进行清理工作，释放在构造函数调用时获得的资源。其特点如下：

① 析构函数名是在类名前加一个字符“~”，以示区别于构造函数。

② 析构函数没有参数，且不能指定类型，即便是使用 void 类型也不可以。

③ 析构函数是成员函数，其实现可以定义在类体内，也可以定义在类体外。

④ 析构函数不能重载，即一个类只能定义一个析构函数。

⑤ 析构函数可以由系统调用，也可以由程序调用。

【例 9.6】 析构函数示例：定义一个 Count 类，用以统计并输出一个字符串中所包含的数字字符个数。其成员及功能构成如表 1.9.2 所示。

▶表 1.9.2　Count 类成员及构成

数据成员		成员函数	
名称	含义	名称	功能
num	数字字符个数	Count	初始化对象
s	字符串	~Count	输出统计结果、释放对象
		process	统计数字字符个数

程序：

```
#include "iostream"
using namespace std;
class Count
{
    int num;                    //访问权限省略，默认为 private
    char s[200];
public:
    Count(char *str);
    ~Count();
    void process();
};
Count::Count(char *str)
{
    num = 0;
    strcpy(s, str);
}
Count::~Count()                 //定义析构函数
{
    cout << "数字字符个数：" << num << endl;
    system("pause");
}
void Count::process()           //统计字符串中数字字符的个数
{
    int i = 0;
    while (s[i] != '\0')
    {
        if (s[i] >= '0'&&s[i] <= '9')
            num++;
        i++;
    }
}
int main()
{
    char s[200];
    gets(s);
    Count c(s);
    c.process();
    system("pause");
    return 0;
}
```

程序代码：
例 9.6

程序运行结果如图 1.9.5 所示。Count 类中没有提供专门对数据成员进行输出的函数，而是通过析构函数输出 process 函数处理的结果。程序中并没有显式地调用该析构函数，而是在主函数结束之前，释放对象 c 时由系统自动对其进行调用。

```
D:\test\Debug\test.exe
The 2008 Beijing Olympic Games opened at 8:00 p.m. on August 8, 2008 in Beijing, the capital of China.
请按任意键继续. . .
数字字符个数：12
请按任意键继续. . .
```

图 1.9.5　例 9.6 程序运行结果

同默认构造函数一样，若类中未定义过析构函数，则编译器也会自动生成如下形式的默认析构函数：

```
类名::~默认析构函数名( )
  {              }
```

可见，默认析构函数是一个函数体为空的函数。

9.2.4　静态成员

在类中有一种特殊的成员，它们是所有类对象共有的成员，这种特殊的成员被称为静态成员。静态成员包括静态数据成员和静态成员函数。

1. 静态数据成员

在类的定义中，加上 static 关键字声明的数据成员是静态数据成员。静态数据成员是在所有对象之外单独开辟内存空间的，所以它不属于某一个具体对象，其值对所有本类对象共享。

【例 9.7】 静态数据成员示例。定义一个学生类，用以处理同一个专业的一组学生信息。数据成员包括学号、成绩和专业；成员函数实现数据的输入输出功能。

分析：根据题意，要求定义的学生类中处理的是同一专业的一组学生的信息，则可将专业 depart 成员声明为静态成员并初始化该成员，使这组学生共享该成员的值而不必为每个学生对象分别设置该成员的值。

程序代码：例 9.7

程序：

```
#include "iostream"
using namespace std;
class Student
{
   private:
      char num[8];
      float score;
      static char depart[30];              //声明静态成员
   public:
      void set(char n[],float s)
      {
```

```
            strcpy(num,n);
            score=s;
        }
        void print()
        {
            cout<<Student::depart<<"    "<<num<<"    "<<score<<endl;
        }
};
char Student::depart[30]="applied mathematics";   //对静态成员初始化
int main()
{
        char num[8];
        int i;
        float score;
        Student stu[3];
        for( i=0;i<3;i++)
        {
            cin>>num>>score;
            stu[i].set(num,score);
        }
        for(i=0;i<3;i++)
            stu[i].print();
        system("pause");
        return 0;
}
```

程序运行结果如图 1.9.6 所示。可见，通过静态数据成员在对象间共享数据，简化了程序。静态数据成员与非静态成员在初始化和访问方式上均有区别，具体体现在以下几个方面。

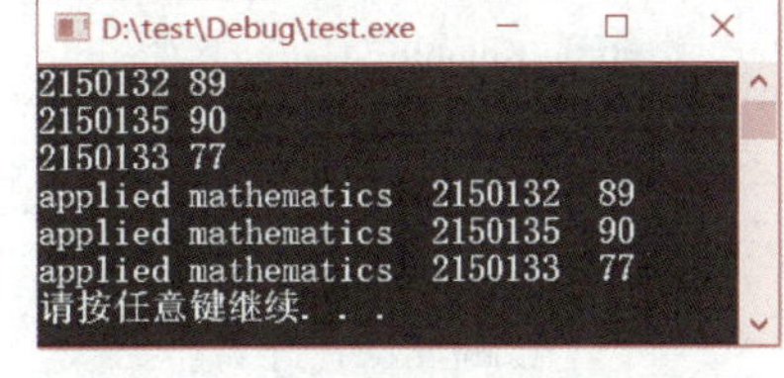

图 1.9.6　例 9.7 程序运行结果

① 静态数据成员必须在类体外初始化，且初始化时不能再加 static 关键字。格式如下：

数据类型　类名::静态数据成员名=初值;

② 静态数据成员除了可以像非静态成员那样访问外，还可以直接通过类名访问，格式如下：

类名::静态数据成员名

2. 静态成员函数

静态成员函数也是类的成员，它可以直接作用在类上，而不像其他非静态成员函数那样作用在对象上。回顾例 9.5，对于初学面向对象程序设计的学习者来说，求两个复数和的成员函数 GetSum()总是难于理解的，原因在于结构化程序设计的思想根深蒂固，觉得两个加数的地位是同样的，都应该作为函数的参数。例 9.5 中，把一个加数作为函数的作用对象，另一个加数作为函数的参数。对这种面向对象的表达方式，初学者一下很难从思路上转变过来。

如果将 GetSum( ) 函数声明为静态成员函数，则该函数就不需要作用在具体对象上，而可以直接作用在类上，那么两个加数的地位和用法就完全等同，就都能以参数的形式出现了。例 9.5 的程序改写如下。

【例 9.8】 静态成员示例。用静态函数实现例 9.5 的两个复数求和的功能。

程序代码：例 9.8

程序：

```
#include "iostream"
using namespace std;
class Complex
{
    double re, im;
public:
    Complex( )
    {   }
    Complex(double r, double i)
    {
        re = r;
        im = i;
    }
    void print( )
    {
        cout << re;
        if (im >= 0)
            cout << "+";
        cout << im << "i" << endl;
    }
    static Complex GetSum(Complex c1,Complex c2)      //声明 GetSum 为静态函数，两加数为参数
    {
        double r = c1.re + c2.re;
        double i = c1.im + c2.im;
        Complex cr(r, i);
        return cr;
    }
};
int main( )
{
    Complex c1(1, 4), c2(3, -2), cr;
    cr = Complex::GetSum(c1,c2);                      //静态成员函数直接作用于类上
    cout << "第一个复数:";
    c1.print( );
```

```
    cout << "第二个复数:";
    c2.print();
    cout << "两个复数和:";
    cr.print();
    system("pause");
    return 0;
}
```

程序运行结果如图 1.9.7 所示，程序中 GetSum( ) 为静态成员函数。静态成员函数的特点及使用方法如下：

① 静态函数在声明时，要在类型说明符前使用关键字 static。

② 静态成员函数是类的成员，而不是对象的成员。

③ 除了可以像其他成员函数一样作用在对象之外，静态成员函数还可以直接作用于类，形式如下：

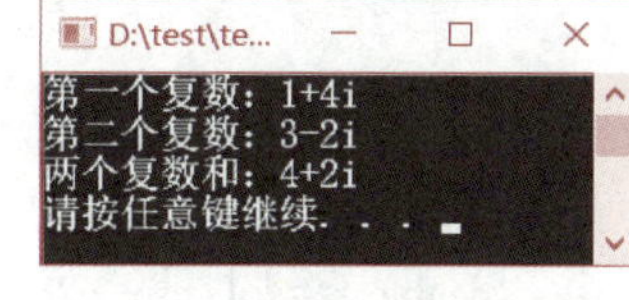

图 1.9.7 例 9.8 程序运行结果

类名::静态成员函数名(参数表)

当某个成员函数不适合作用在某个对象上时，将该成员函数声明为静态成员函数更恰当，使用更加方便。

9.2.5 友元函数

若类成员的访问权限被 private 关键字限定为私有时，就只有自身类的成员函数或者友元函数才能对其进行访问。那么友元函数到底是一种什么函数，它和类有什么关系，又是如何发生作用的呢？

事实上，友元函数并不是类中的成员，它提供了一种非成员函数访问类的私有成员的方法。友元函数在某些情况下可以提高程序的执行效率，但缺点是破坏了类的封装性。下面用友元函数改写例 9.5 中的 GetSum( ) 函数，以此了解友元函数的用法和特点。

【例 9.9】 友元函数应用示例。

程序代码：例 9.9

程序：

```
#include "iostream"
using namespace std;
class Complex
{
    double re, im;
public:
    Complex()
    {  }
    Complex(double r, double i)
    {
        re = r;
        im = i;
```

```
    }
    void print()
    {
        cout << re;
        if (im >= 0)
            cout << "+";
        cout << im << "i" << endl;
    }
    friend Complex GetSum(Complex c1, Complex c2);   //友元函数 GetSum 的说明
};
Complex GetSum(Complex c1, Complex c2)               //友元函数 GetSum 的定义
{
    double r = c1.re + c2.re;
    double i = c1.im + c2.im;
    Complex cr(r, i);
    return cr;
}
int main()
{
    Complex c1(1, 4), c2(3, -2), cr;
    cr = GetSum(c1,c2);                              //友元函数 GetSum 的调用
    cout << "第一个复数:";
    c1.print();
    cout << "第二个复数:";
    c2.print();
    cout << "两个复数和:";
    cr.print();
    system("pause");
    return 0;
}
```

程序运行结果如图 1.9.8 所示。程序中 GetSum( ) 函数被 friend 关键字声明为友元函数，和前面介绍的成员函数不同，虽然其声明是在类体内进行的，但该函数并不是类的成员函数。友元函数的用法及特点如下：

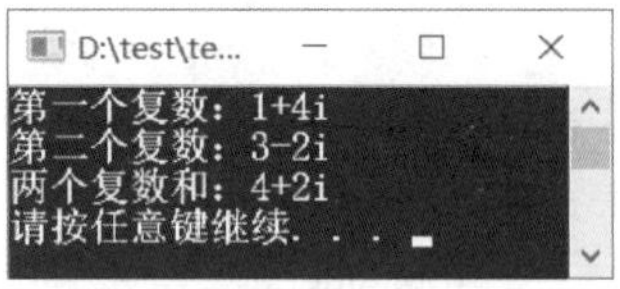

```
第一个复数: 1+4i
第二个复数: 3-2i
两个复数和: 4+2i
请按任意键继续. . .
```

图 1.9.8　例 9.9 程序运行结果

① 友元函数不是成员函数，但需要在类体内进行说明。

② 友元函数说明时前面加关键字 friend，以区别于成员函数。

③ 如果友元函数在类体外实现定义，则在实现时不允许再使用关键字 friend。同时，因友元函数不是类的成员，类体外实现时前面也不能加类名和作用域运算符（ :: ）。

④ 友元函数可以访问类中的私有成员。

友元函数虽然不是类的成员函数，但却可以像成员函数那样访问类的私有成员，这在某些情况下可以提高程序的效率，比如，在运算符重载中的应用。友元函数的应用还将在9.4节中继续介绍。

9.3 继承和派生

继承是一种创建新类的方式。继承是面向对象程序设计中最重要的机制，提供了无限重复利用程序资源的一种途径，是提高软件开发效率的重要手段。

9.3.1 基类和派生类

通过继承机制可以利用现有的类来定义新类。新类不仅拥有新定义的成员，还同时拥有被其继承的原有类的成员。原有类称为基类或父类，由原有类派生出的新类称为派生类或子类。

在C++语言中，一个派生类可以从一个基类派生而来，也可从多个基类派生而来，前者称为单继承，后者称为多继承。

例如，图1.9.9描述了形状类的继承层次关系，形状类是基类，它包括二维形状和三维形状，这两个类是形状类的派生类。而梯形和三角形又属于二维形状，它们是二维形状类的派生类。在该继承关系中，每个派生类只有一个基类，因而都是一种单继承的关系。图1.9.10所示的计算机系人员的继承层次关系中，系主任既是教师又是行政管理人员，因而系主任类是从这两个类派生而来的，这种继承是一种多继承。

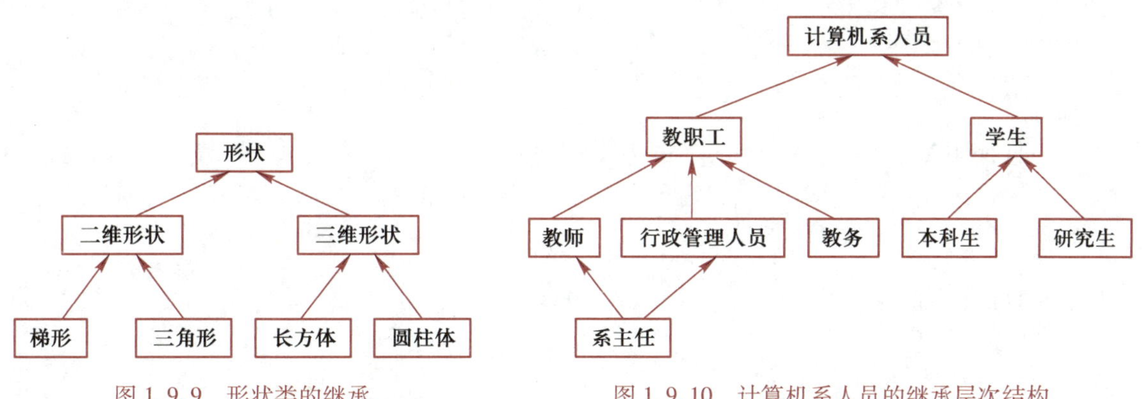

图1.9.9 形状类的继承　　图1.9.10 计算机系人员的继承层次结构

9.3.2 单继承

实际应用中，继承自一个基类的单继承关系更加普遍，限于篇幅，本书只讨论单继承。

1. 引例——圆柱体类的设计

首先看一个圆柱体类（Cylinder）的定义：

```
class Cylinder
{
```

```
private:
    double r,h;                              //抽象出底面半径 r 和高 h 两个数据成员
public:
    void print()                             //实现输出的成员函数
    {
      cout<<"半径:"<<r<<",圆柱高:"<<h<<endl;
    }
    void set(double r1,double h1)            //实现初始化数据成员的函数
    {
        r=r1;
        h=h1;
    }
};
```

如果已经有了前面的圆类 Circle 的定义，那么如何利用继承机制由 Circle 类派生出新的圆柱体类 Cylinder1 呢？可参考例 9.10。

【例 9.10】 派生类示例。

程序：

程序代码：例 9.10

```
#include "iostream"
using namespace std;
class Circle
{
 private:
    double r;
 public:
    void print()
    {
        cout<<"半径:"<<r<<endl;
    }
    void set(double r1)
    {
        r=r1;
    }
};
class Cylinder1:public Circle                //Cylinder1 类公有继承自 Circle 类
{
 private:
    double h;
 public:
    void print()
    {
```

```
        Circle::print();
        cout<<"圆柱高:"<<h<<endl;
    }
    void set(double r1,double h1)
    {
        Circle::set(r1);      //通过调用基类的同名成员函数 set 对基类成员赋值
        h=h1;
    }
};
int main()
{
  Cylinder1 p;
  p.set(2,3);
  p.print();
  system("pause");
  return 0;
}
```

程序运行结果如图 1.9.11 所示。对照引例中的 Cylinder 类，可以发现 Cylinder1 类的定义中无需一切从头开始，只需增加基类 Circle 中没有的、代表圆柱体高的新的数据成员 h；在对数据成员进行设置和输出时，同样对基类的成员函数也可以直接调用，只需额外实现基类中未实现的部分即可。可见，继承机制可以充分利用基类现有资源，避免代码的重复编写。Cylinder1 类的成员构成如表 1.9.3 所示。

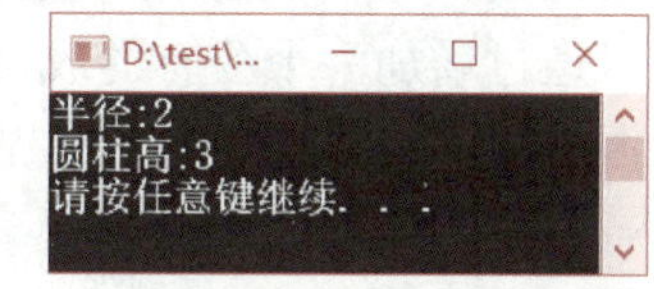

图 1.9.11　例 9.10 程序运行结果

◀表 1.9.3 Cylinder1 类成员的构成

数据成员		成员函数	
名称	含义	名称	功能
r	底面圆半径（Circle 类成员）	set	设置数据成员的值（通过调用 Circle 类 set()函数设置 Circle 类成员的值）
h	圆柱体的高（派生类成员）	print	输出数据成员的值（通过调用 Circle 类的 print()函数输出 Circle 类成员的值）

2. 派生类的定义

形式：

```
class 派生类名:继承方式  基类名
{
  派生类新成员定义
};
```

其中继承方式有以下 3 种：

① public：表示公有继承。

② protected：表示保护继承。

③ private：表示私有继承（默认的继承方式）。

事实上，在实际应用中只有公有继承具有实际意义，其他两种继承关系仅限于理论讨论。

在例9.10中，派生的Cylinder1类可以访问基类Circle中的成员函数print()和set()，那么Cylinder1类是否也可以访问Circle中的数据成员r呢？例如，如果在Cylinder1类中增加一个成员函数volume()，用以求圆柱体的体积，则该成员函数能否用如下代码实现？

```
double  Cylinder1::volume()
{
    return(3.14*r*r*h);
}
```

运行实验表明，上述函数是行不通的，原因在于数据成员r是Circle类中的私有成员。可见，并不是基类中的所有成员在其派生类中都可以被访问。在公有继承关系中，基类中的公有成员和保护成员可以被派生类访问；而私有成员则不能被派生类直接访问，那么如何实现求圆柱体体积的功能呢？

【例9.11】 改写例9.10，在Cylinder1类中增加求圆柱体体积的功能。

分析：由于派生类Cylinder1的成员函数不能访问基类Circle的私有成员r，而求圆柱体体积的函数volume()中又不能缺少对半径r的操作，因此只能设法间接获取这个数据。具体地，可以通过增加一个公有的成员函数来实现，即在基类Circle类中增加公有的成员函数getr()，为派生类的成员函数使用r提供一种途径。

微视频：派生类如何使用基类的私有成员

程序：

```
#include "iostream"
using namespace std;
class Circle
{
 private:
     double r;
 public:
     void print()
     {
         cout<<"半径:"<<r<<endl;
     }
     void set(double r1)
     {
         r=r1;
     }
    double getr()                                  //为派生类能使用圆的半径提供一个接口
     {
         return r;
     }
```

```
};
class Cylinder1:public Circle
{
 private:
    double h;
 public:
    void print()
    {
        Circle::print();
        cout<<"圆柱高:"<<h<<endl;
    }
    void set(double r1,double h1)
    {
        Circle::set(r1);
        h=h1;
    }
    double volume()
    {
        double R=getr();                    //通过调用基类的成员函数获得圆的半径
        return(3.14*R*R*h);
    }
};
int main()
{
    Cylinder1 p;
    p.set(2,3);
    p.print();
    cout<<"volume="<<p.volume()<<endl;
    system("pause");
    return 0;
}
```

程序代码：例 9.11

程序运行结果如图 1.9.12 所示。可见，通过公有的 getr()函数为 Cylinder1 类使用 Circle 类的私有成员提供了一种途径。

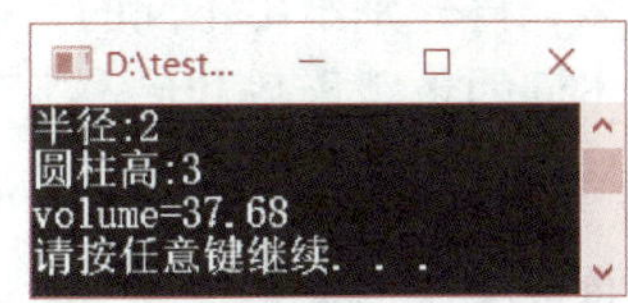

图 1.9.12 例 9.11 程序运行结果

3. 派生类的构造函数

在定义派生类的构造函数时，除了要对自身的数据成员初始化外，还需调用基类构造函数以使基类的数据成员得以初始化，派生类构造函数的一般格式如下：

派生类名（派生类构造函数总参数表）:基类构造函数(参数表)

{派生类自身数据成员的初始化}

说明：

① 派生类构造函数的调用顺序为：先调用基类构造函数，再调用派生类构造函数。

② 当基类中有默认的构造函数或未定义的构造函数时，派生类构造函数的定义中可省略对基类构造函数的调用。

③ 当基类的构造函数中只有包含参数的构造函数，则派生类构造函数中必须要调用基类的构造函数。

4. 派生类的析构函数

当派生类对象所在的函数结束或整个程序结束时，派生类的析构函数将被系统自动调用，同时基类的析构函数也被调用。与构造函数执行顺序相反，调用析构函数的顺序是：先调用派生类的析构函数，再调用基类的析构函数。

9.4 多态性

面向对象程序设计提供了这样一种机制，即允许同一个操作作用于不同的对象，结果会产生不同的响应。这种重要的特性就是多态性，它使面向对象的程序设计更加简洁、高效。

多态性根据完成阶段的不同分，为静态多态性和动态多态性。静态多态性是编译阶段完成的，其中函数重载和运算符重载属于静态多态性；动态多态性则是在程序运行阶段完成的，基于虚函数的多态性是动态多态性。以下分别予以讨论。

9.4.1 函数重载

函数重载是一种静态多态性。在系统提供的数学库函数中，求绝对值的函数有如下几种形式：

```
int abs(int);                 //求整型数的绝对值
double fabs(double);          //求双精度数的绝对值
long labs(long);              //求长整型数的绝对值
```

这些函数的功能相似但函数名不同，使用时不能混淆。例如，若将 fabs(-12.85) 写成 abs(-12.85)，则得到的值是 12。很显然，这组功能相同但函数名不同的函数，在使用时存在难记忆、易出错的缺点。为此，C++允许在同一程序中定义多个相同名字的函数，以解决上述问题，这使得函数的使用更加灵活、方便。

函数重载是指：将一组功能相同但参数类型不同或参数个数不同的函数定义为相同的函数名，再分别给出不同的具体实现。这一组同名函数被称为重载函数。重载函数分为参数个数不同的重载函数和参数类型不同的重载函数，以下分别举例说明。

【例 9.12】 参数类型不同的重载函数示例。分别设计对 int 类型和 double 类型数据求平方值的重载函数。

程序：

```
#include "iostream"
using namespace std;
int square (int x)
```

```
{
    return x * x;
}
double square (double x)
{
    return x * x;
}
int main( )
{
    float a=3.5;
    cout<<square (5)<<endl;
    cout<<square (1.2)<<endl;
    cout<<square (a)<<endl;
    system("pause");
    return 0;
}
```

程序运行结果如图 1.9.13 所示。编译器会将实参的类型与形参的类型比较后确定应该调用哪个函数。规则是：首先调用实参与形参的类型完全相同的函数。若参数类型没有相同的，则编译器会通过内部转换寻找类型互相匹配的函数调用。如本例中的 square(a)，由于 float 型与 double 型匹配，所以它调用第二个 square( )函数。

图 1.9.13 例 9.12 程序运行结果

【例 9.13】 参数个数不同的重载函数示例。分别设计对 2 个、3 个及 4 个 int 类型数据求最小值的重载函数。

程序代码：例 9.13

程序：

```
#include "iostream"
using namespace std;
int min(int a,int b)
{
    return a<b? a:b;
}
int min(int a,int b,int c)
{
    int t=min(a,b);
    return min(t,c);
}
int min(int a,int b,int c,int d)
{
    int t1=min(a,b);
    int t2=min(c,d);
```

```
        return min(t1,t2);
    }
    int main()
    {
        cout<<min(13,5,4,9)<<endl;              //调用 4 个形参的 min()函数
        cout<<min(-2,8,0)<<endl;                //调用 3 个形参的 min()函数
        system("pause");
        return 0;
    }
```

程序运行结果如图 1.9.14 所示。程序中提供了 3 种参数个数不同的同名函数，编译器会根据调用语句中实参的个数确定应该调用哪个函数。

说明：

① 重载的函数必须具有相同的函数名。

② 重载函数之间要么参数的类型不同，要么参数个数不同。

③ 若参数类型和个数都相同，则只有返回值类型不同的函数不能重载。

```
D:\test\...
4
-2
请按任意键继续. . .
```

图 1.9.14 例 9.13 程序运行结果

④ 为避免产生二义性，C++不允许参数个数不同的重载函数和默认参数一同使用。例如，若将包含 4 个形参的函数 min()修改为有默认参数的形式：

```
int min(int a,int b,int c,int d=100)
```

则运行程序时针对函数调用 min(-2,8,0)会出现语法错误：min()对重载函数的调用不明确。原因在于，含 3 个实参的函数调用语句不知道调用包含 3 个形参还是 4 个形参的 min()函数，因为含 4 个形参的 min()函数中 d 有默认值 100，实际调用时可以不必为其提供相应的实参，由此产生了二义性。

9.4.2 运算符重载

运算符重载是指：将已有运算符的运算功能扩展到类的对象上，这样可以通过作用于对象之上的直观的运算代替函数调用，使得代码更加简洁、易懂。比如，加法运算“+”原本用于整型或实型这些基本数据类型数据的求和操作，如果希望利用这个运算符去求两个复数和是否可以呢？答案是肯定的，但不能像基本数据类型那样直接使用，因为系统中并未定义过作用于复数类对象上的加法运算，但用户可以通过运算符重载自行定义。

在 C++中，允许对大多数的运算符进行重载，通过重新定义运算符使它能够用于特定类的对象，以完成特定的功能。

1. 运算符重载的原则

① 运算符重载实际上是将运算符重载为一个函数，故需遵循函数重载的原则。

② 运算符重载不能改变运算符的优先级和结合性，不能改变其语法结构，即单目运算符只能重载为单目运算符，双目运算符只能重载为双目运算符。

C++中提供了两种形式的运算符重载，即重载为成员函数及重载为友元函数。

2. 重载为成员函数

形式：

类型说明符 operator 运算符(参数表)

以双目运算符为例，源程序中使用重载运算符的形式如下：

c1 运算符 c2

那么，在执行程序时，编译程序将该运算解释为

c1.operator 运算符(c2)

其中，c1 和 c2 是类对象，而“operator 运算符”则是运算符重载函数名。

【例 9.14】 运算符重载示例。

程序代码：例 9.14

程序：

```
#include "iostream"
using namespace std;
class Complex
{
private:
    double re, im;
public:
     Complex()
    {   }
    Complex(double r, double i)
    {
        re = r;
        im = i;
    }
    void print()
    {
        cout << re;
        if (im >= 0)
            cout << "+";
        cout << im << "i" << endl;
    }
    Complex operator+(Complex c)                //以成员函数的形式定义作用在 Complex 类上的"+"运算
    {
        double r = re + c.re;
        double i = im + c.im;
        Complex cr(r, i);
        return cr;
    }
};
```

```
int main( )
{
    Complex c1(1, 4), c2(3, -2), cr;
    cr = c1+c2;                    //编译器将该语句解释为 cr=c1. operator+(c2)
    cout << "第一个复数:";
    c1. print( );
    cout << "第二个复数:";
    c2. print( );
    cout << "两个复数和:";
    cr. print( );
    system("pause");
    return 0;
}
```

程序运行结果如图 1.9.15 所示。该程序是对例 9.5 的复数类进行改写，将其中的成员函数 GetSum( )改写为重载“+”运算，这样就可以将“+”运算直接作用于两个自定义的复数类对象上，用以实现求两个复数和，使得复数求和更直观，程序的可读性更好。

```
第一个复数: 1+4i
第二个复数: 3-2i
两个复数和: 4+2i
请按任意键继续. . .
```

图 1.9.15　例 9.14 程序运行结果

3. 重载为友元函数

形式：

friend 类型说明符 operator 运算符(参数表)

以双目运算符为例，源程序中使用重载运算符的形式如下：

c1 运算符 c2

编译程序解释为

operator 运算符(c1,c2)

若将例 9.14 中的运算符重载函数 operator+( )以友元函数的形式实现，则定义形式如下：

```
friend Complex operator+(Complex c1, Complex c2)
{
    double r = c1. re + c2. re;
    double i = c1. im + c2. im;
    Complex cr(r, i);
    return cr;
}
```

编译程序在主函数中调用该友元函数的语句为

```
cr = c1+c2;
```

解释为

```
cr=operator+(c1,c2);
```

对比运算符重载为成员函数和友元函数两种不同的形式，使用时需注意以下几点：

① 当运算符重载为成员函数时，双目运算符仅有一个参数，而单目运算符则不能显式说明参数。

② 当运算符重载为友元函数时，双目运算符有两个参数，单目运算符有一个参数。这是因为重载为成员函数时，总是隐含了一个参数，该参数是 this 指针。通常情况下，程序中并不显式地使用 this 指针。this 指针是一个无需定义的特殊指针，它隐含于每一个类的成员函数中，指向正在被某个成员函数操作的对象。如果某个对象调用了一个成员函数，则编译程序首先将这个对象的地址赋给 this 指针，然后再调用成员函数。

③ 对于绝大多数可重载的运算符而言，均可以重载为成员函数和友元函数两种形式，但对于某些运算符而言，则只适合重载为友元函数，而不适合重载为成员函数，其中就包括实现输入的流提取运算符“>>”和实现输出的流插入运算符“<<”。以下以实现复数输出功能的流插入运算符“<<”的重载为例讨论重载为友元函数的原因。

【例 9.15】 对复数类设计重载流插入运算符“<<”，以实现对复数类的直接输出。

程序代码：例 9.15

程序：

```
#include "iostream"
using namespace std;
class Complex
{
private:
    double re, im;
public:
    Complex()
    {  }
    Complex(double r, double i)
    {
        re = r;
        im = i;
    }
    friend Complex operator+(Complex c1, Complex c2)
    {
        double r = c1.re + c2.re;
        double i = c1.im + c2.im;
        Complex cr(r, i);
        return cr;
    }
    friend ostream &operator<<(ostream &out,Complex c)          //定义复数输出的“<<”运算符
    {
        out << c.re;
        if (c.im >= 0)
            cout << "+";
        out << c.im << "i" << endl;
        return out;
```

```
    }
};
int main()
{
    Complex c1(1, 4), c2(3, -2), cr;
    cr = c1+c2;
    cout << "第一个复数:";
    cout<<c1;                                   //使用"<<"直接输出复数 c1
    cout << "第二个复数:";
    cout<<c2;                                   //使用"<<"直接输出复数 c2
    cout << "两个复数和:";
    cout<<cr;                                   //使用"<<"直接输出复数 c3
    system("pause");
    return 0;
}
```

程序运行结果如图 1.9.16 所示。其中，ostream 是系统定义过的标准输出流类，而 cout 就是 ostream 类的一个对象。程序中将“<<”重载为友元函数的形式作用于复数类 Complex 之上，其功能等同于例 9.14 中的 print( )函数，但却不必像使用 print( )函数那样以函数调用的形式出现，而是与基本数据类型数据输出一样，直接通过向标准输出流 cout 后面插入数据完成输出，更加直观。在这个例子中，“<<”运算符只能重载为友元函数，而不能重载为成员函数，因为成员函数只能作用在类对象上，所以重载为成员函数时，要求运算符左端的操作数必须是类（Complex）对象，而“<<”运算符左端的操作数是输出流类对象 cout，故只能重载为友元函数。

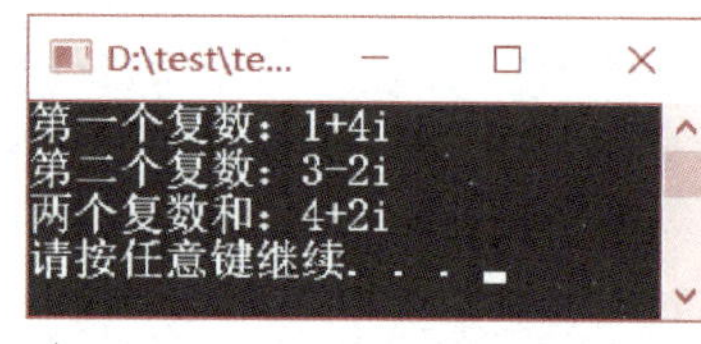

图 1.9.16　例 9.15 程序运行结果

微视频：基于虚函数的多态性

9.4.3　虚函数

虚函数是实现动态多态性的基础，它反映了基类和派生类成员函数之间的一种特殊关系。定义形式如下：

virtual 类型说明符 函数名(参数表)

其中，virtual 为声明虚函数的关键字。如果在基类中某个成员函数被声明为虚函数，则意味着该成员函数在派生类中可能有其他的实现方法。

【例 9.16】　虚函数示例。

程序中定义一个基类 Animal 以及两个由该类派生出的子类 Giraffe 和 Elephant，它们各自包含两个同名的成员函数 character( )和 food( )，分别输出不同动物的特征和食物。

程序：

程序代码：例 9.16

```
#include "iostream"
using namespace std;
```

```
class Animal                                          //定义基类
{
public:
    void character()
    {
        cout<<"动物特征:不同.\n";
    }
    virtual void food()                               //该函数为虚函数
    {
        cout<<"动物食物:不同.\n";
    }
};
class Giraffe:public Animal
{
 public:
    void character()
    {
        cout<<"长颈鹿特征:长颈.\n";
    }
    virtual void food()                               //该函数为虚函数
    {
        cout<<"长颈鹿食物:树叶.\n";
    }
};
class Elephant:public Animal
{
 public:
    void character()
    {
        cout<<"大象特征:长鼻子.\n";
    }
    virtual void food()                               //该函数为虚函数
    {
        cout<<"大象食物:草.\n";
    }
};
void f(Animal *p)                                     //形式参数为基类指针
{
    p->character();
    p->food();
```

```
}
int main()
{
    Giraffe g;
    f(&g);                                  //实参为派生类对象 g 的地址
    Elephant e;
    f(&e);                                  //实参为派生类对象 e 的地址
    system("pause");
    return 0;
}
```

程序运行结果如图 1.9.17 所示。对程序及结果分析如下：

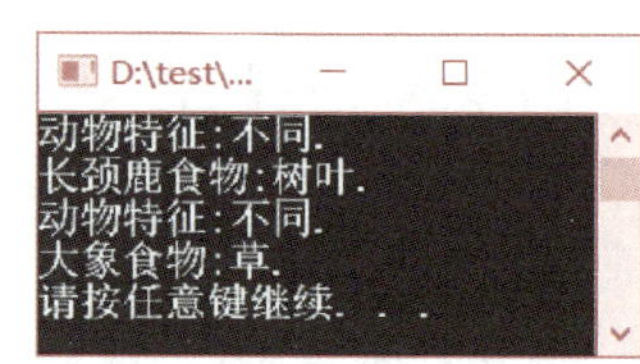

图 1.9.17　例 9.16 程序运行结果

① 在函数 f( )中，形式参数为一个基类指针，而主函数在调用该函数时，实际参数为派生类对象的地址，这说明基类指针是可以指向其派生类对象的。

② 主函数调用 f( )函数时，将不同的派生类对象的地址传给基类指针变量 p，f( )函数中又通过这个通用的基类指针 p 来访问成员函数 character( )和 food( )。这两个成员函数在基类和两个派生类中都有定义，到底实际调用的是基类中的成员函数，还是派生类中的成员函数呢?

③ 程序运行结果回答了第②点提出的问题。对普通成员函数 character( )，无论形参指针指向哪个类对象，调用的始终是基类的成员函数；对于虚函数 food( )，则根据调用时基类指针所指向的具体派生类对象而调用相应派生类中的成员函数。

④ f( )函数对普通成员函数和虚函数的调用产生了不同的结果，其原因在于对普通成员函数的调用是在程序编译阶段确定下来的；对于虚函数而言，却是在运行阶段进行了参数传递后才决定调用哪个类中的同名函数的，这种在运行阶段决定调用哪个同名函数的方法被称为动态联编。

若将 f( )函数的形参由基类指针修改为基类引用，即

```
void f(Animal &p)                           //形式参数作为基类引用
{
    p.character();
    p.food();
}
```

会得到与图 1.9.17 一样的运行结果。但若将 f( )函数的形参由基类指针修改为基类对象，即

```
void f(Animal p)                            //形式参数作为基类对象
{
    p.character();
    p.food();
}
```

则程序运行结果如图 1.9.18 所示。可见，虚函数是实现动态联编的基础。关于虚函数的特性及使用总结如下：

① 派生类中的虚函数应与基类中的虚函数具有相同的名称、参数个数及参数类型。

② 可以只将基类中的成员函数显式地说明为虚函数，而派生类中的同名函数也自动隐含为虚函数。

③ 只有当虚函数操作的是指向对象的指针或对象的引用时，对该虚函数的调用才能实现动态联编，否则仍是静态联编。

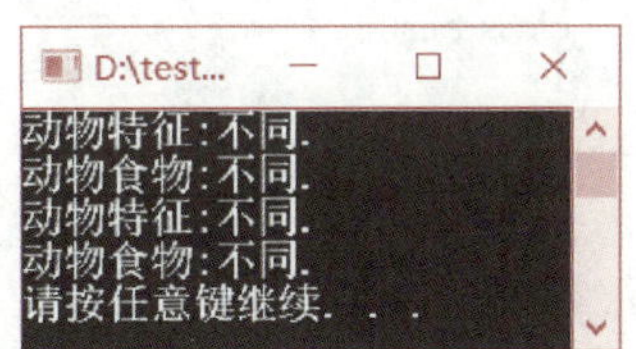

图 1.9.18 例 9.16 修改参数后的运行结果

9.4.4 抽象类

抽象类是一种包含纯虚函数的特殊类，通过抽象类可以为多个派生类提供一个公共的基类，进而实现多态性。

1. 纯虚函数

在某些基类中，有些函数可能并没有实际意义，因而无法给出具体实现，而将实现留给派生类去做。这种不包含函数体的特殊形式的虚函数称为纯虚函数。纯虚函数的定义形式如下：

```
virtual 类型 函数名 (参数表)= 0;
```

可见，纯虚函数是没有函数体的特殊函数。

2. 抽象类

如果一个类中至少包含一个纯虚函数，则称该类为抽象类。其主要作用是组织一个继承的层次结构，由该抽象类为它的各个派生类提供一个公共的基类，相关的子类都是从这个基类派生出来的，抽象类具有如下一些性质：

① 抽象类只能用作其他类的基类，而不能建立抽象类对象。

② 抽象类不能用作参数类型、函数返回值类型。

③ 通过指向抽象类的指针或引用，让指针指向或引用不同的派生类对象，可以实现动态联编，进而实现多态性。

微视频：抽象类

【例 9.17】 定义代表形状的抽象类 Shape 以及 3 个派生类：圆类 Circle、正方形类 Square 和长方形类 Rectangle，每个类都具有求面积和周长的功能，基类中还具有获取形状名字的功能。

分析：

① Shape 作为抽象的基类，无法具体给出面积和周长，所以定义两个纯虚函数 getArea( ) 和 getGirth( ) 求面积和周长。

② 基类中定义代表形状名的数据成员 shapename（访问权限为 protected，方便派生类直接访问）以及获取形状名的成员函数 getShapename( )；派生类中定义各自特有的数据成员，并具体实现 getArea( ) 和 getGirth( )。

③ 各派生类的构造函数负责对 shapename( ) 及各自数据成员赋值。

④ 设计普通函数 disp( )，实现多态性输出。

程序：

程序代码：例 9.17

```
#include "iostream"
using namespace std;
```

```
class Shape
{
protected:
    char shapename[20];
public:
   char  * getShapename()
    {
            return shapename;
    }
    virtual double getArea()= 0;
    virtual double getGirth()= 0;
};
class Circle : public Shape
{
private:
    double radius;
public:
    Circle(double r)
    {
        strcpy(shapename,"circle");
        radius = r;
    }
    virtual double getArea()
    {
        return 3.14 * radius * radius;
    }
    virtual double getGirth()
    {
        return 2 * 3.14 * radius;
    }
};
class Square : public Shape
{
private:
    double side_length;
public:
    Square(double slen)
    {
        strcpy(shapename,"square");
        side_length = slen;
```

```
    }
    virtual double getArea()
    {
        return side_length * side_length;
    }
    virtual double getGirth()
    {
        return 4 * side_length;
    }
};
class Rectangle :public  Shape
{
private:
    double length,width;
public:
    Rectangle(double len,double wid)
    {
        strcpy(shapename, "rectangle");
        length = len;
        width =wid ;
    }
    virtual double getArea()
    {
        return length * width;
    }
    virtual double getGirth()
    {
        return 2 * (length+width);
    }
};
void disp(Shape *p)
{
    cout<<p->getShapename()<<":area is " <<p->getArea()<<",girth is "<<p->getGirth()<<endl;
}
int main()
{
    Shape *s[3];                                        //定义 s 为抽象类指针数组
    Circle cir(2);
    Square squ(4);
    Rectangle rec(5,2);
```

```
    s[0]=&cir;
    s[1]=&squ;
    s[2]=&rec;
    for(int i=0;i<3;i++)
        disp(s[i]);
    system("pause");
    return 0;
}
```

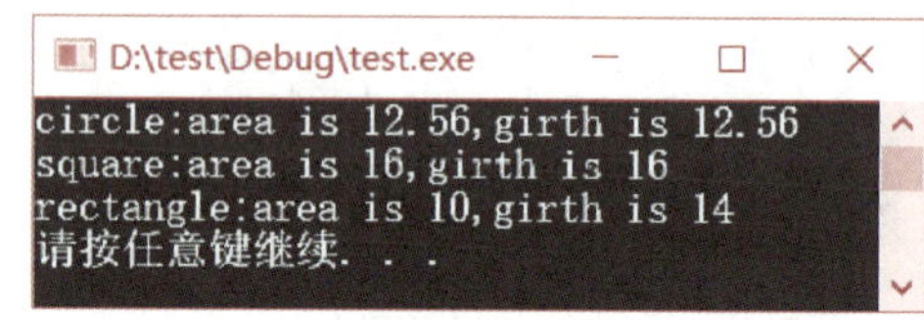

图 1.9.19 例 9.17 程序运行结果

程序运行结果如图 1.9.19 所示。程序中定义了一个抽象类指针数组，让其每一个元素分别指向不同的派生类对象——圆类对象、正方形类对象和长方形类对象，对指向不同派生类对象的基类指针调用相同的成员函数 disp()，会得到完全不同的结果，这体现了 C++对多态性的支持，这样的程序通用性和可扩充性均很好。

9.5 综合应用

本章主要介绍面向对象程序设计的基础知识，包括如何通过类来实现信息的封装和隐藏，如何通过继承关系从原有类派生出新类，如何通过重载和虚函数来实现多态性等内容。

【例 9.18】 定义日期类 Date，包含年、月、日 3 个数据成员，还包括“求某日期后一天”的成员函数以及“输出日期”的成员函数。

分析：日期类中具有求某日期后一天的功能，这是题目中的难点，需考虑每个月最后一天的特殊处理，为此在实现此功能的成员函数中，定义一个二维数组 totaldays，用于存放非闰年和闰年每个月的总天数。

程序代码：例 9.18

程序：

```
#include "iostream"
using namespace std;
class Date
{
private:
    int year, month, day;
public:
    Date()
    {    }
    Date(int y, int m, int d)
    {
        year = y;
        month = m;
```

```
        day = d;
    }
    Date nextday();                         //某日期后一天仍为日期型，故返回值为 Date
    void display()
    {
        cout << year << "/" << month << "/" << day << endl;
    }
};
Date Date::nextday()
{
    int totaldays[2][12] = { {31,28,31,30,31,30,31,31,30,31,30,31},
                             {31,29,31,30,31,30,31,31,30,31,30,31} };
    day++;
    int leap ;
    if (year % 400 == 0 || year % 4 == 0 && year % 100!=0)     //闰年的条件
        leap=1;
    else
        leap=0;
    if (day > totaldays[leap][month - 1])  //列下标取 month-1 是因为数组下标从 0 开始
    {
        day = 1;
        month++;
        if (month > 12)
        {
            month = 1;
            year++;
        }
    }
    Date d(year, month, day);               //创建后一天对象
    return d;
}
int main()
{
    int d, m, y;
    cout << "input year,month,day:\n";
    cin >> y >> m >> d;
    Date d1(y, m, d), dnext;                //d1 代表输入的某一天，dnext 代表 d1 的后一天
    cout << "today is:";
    d1.display();
    dnext=d1.nextday();
```

```
    cout << "the nextday is:";
    dnext.display();
    system("pause");
    return 0;
}
```

程序运行结果如图 1.9.20 所示。

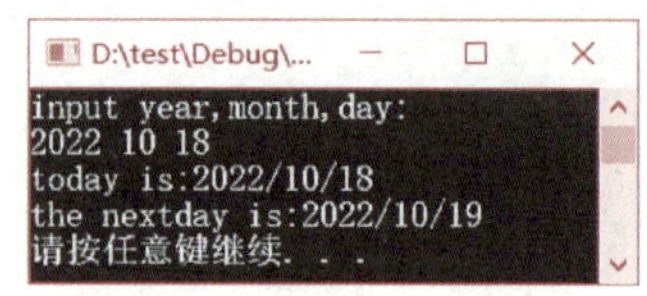

图 1.9.20　例 9.18 程序运行结果

【例 9.19】 定义一个汽车类 vehicle，数据成员包括车轮个数 wheels 和车重 weight。从 vehicle 类派生一个卡车类 truck，新增数据成员——载重量 payload 以及判断卡车类型（轻型、中型、重型）的成员函数 gettype()。此外，每个类都有自身的输出函数。

说明：卡车核定载重 6 t 以下为轻型卡车；核定载重 6~14 t 为中型卡车；核定载重 14 t 以上为重型卡车。

分析：由题意分析、构造出如表 1.9.4 所示的类及成员构成。

▶表 1.9.4　vehicle、truck 类及成员构成

类名	数据成员		成员函数	
	名称	含义	名称	功能
vehicle	wheels	车轮个数	vehicle	初始化数据成员
	weight	车重	print	输出各数据成员值
truck	wheels weight	基类 vehicle 类的成员	truck	初始化数据成员的值（通过调用基类的构造函数初始化基类成员的值）
	payload	载重量	gettype	判断卡车的类型
			print	输出数据成员的值（通过调用基类的print()函数输出基类成员的值）

程序代码：例 9.19

程序：

```
#include "iostream"
using namespace std;
class vehicle
{
 private:
    int wheels;
    float weight;
 public:
    vehicle(int wl,float wt)
    {
        wheels=wl;weight=wt;
    }

    void print()
    {
```

```
            cout<<"车轮:"<<wheels<<"个"<<endl;
            cout<<"车重:"<<weight<<"公斤"<<endl;
        }
};
class truck:public vehicle
{
 private:
    float payload;
 public:
    truck(int wl,float wt,float pl):vehicle(wl,wt)
    {
        payload=pl;
    }
    char * gettype()
    {
        if (payload < 6000)
            return "轻型卡车";
        else if(payload >=6000 && payload <14000)
            return "中型卡车";
        else
            return "重型卡车";
    }
    void print()
    {
        cout<<"卡车:"<<endl;
        vehicle::print();                           //调用基类的print()函数
        cout<<"载重:"<<payload<<"公斤"<<endl;
        cout << "卡车类型:" << gettype() << endl;
    }
};
int main()
{
    truck T(12,6000,12000);
    T.print();
    system("pause");
    return 0;
}
```

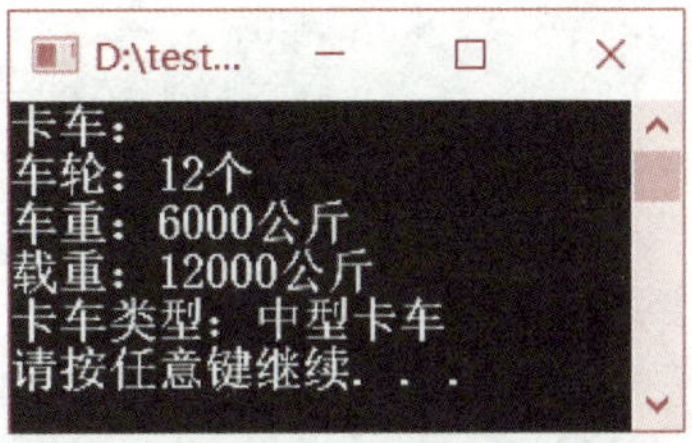

```
D:\test...
卡车:
车轮: 12个
车重: 6000公斤
载重: 12000公斤
卡车类型: 中型卡车
请按任意键继续. . .
```

图 1.9.21 例 9.19 程序运行结果

程序运行结果如图 1.9.21 所示。

【例 9.20】 设计字符串类 Mystring，其数据成员包括存放字符串的字符指针以及字符串的长度。成员函数除了构造函数和输出函数外，还要求设计重载“+”运算，以方便实现字符串的连接功能。

分析：

① 根据题意，自定义的Mystring类中的字符串是字符指针类型的，用其存储字符串之前注意要先为其分配内存。

② 重载“+”运算函数的返回值仍是一个Mystring类对象，需要在函数内部用连接后的字符串来创建这个对象。

程序：

程序代码：例9.20

```
#include "iostream"
using namespace std;
class Mystring
{
private:
    char *s;
    int len;
public:
    Mystring()
    {   }
    Mystring(char *s1)
    {
        len = strlen(s1);
        s = new char[len];
        strcpy(s, s1);
    }
    void print()
    {
        cout << s << endl;
    }
    Mystring operator+(Mystring s1) //对"+"运算符重载为Mystring类的成员函数
    {
        char str[200];              //定义数组str用以存储连接后的字符串内容
        int i = 0;
        while (s[i] !='\0')         //将函数的作用对象代表的第一个字符串的内容复制到str中
        {
            str[i] = s[i];
            i++;
        }
        int j = 0;
        while (s1.s[j] != '\0')     //将参数代表的第二个字符串的内容连接到str后面
        {
            str[i] = s1.s[j];
```

```
            i++;
            j++;
        }
        str[i] = '\0';
        Mystring sr(str);                    //创建连接后的 Mystring 类对象 sr
        return sr;
    }
};
int main()
{
    char str1[100], str2[100];
    cout << "input s1:";
    gets(str1);
    cout << "input s2:";
    gets(str2);
    Mystring s1(str1), s2(str2), s3;
    cout << "s1:";
    s1.print();
    cout << "s2:";
    s2.print();
    s3 = s1 + s2;
    cout << "将 s2 连接到 s1 之后的结果:"<<endl;
    s3.print();
    system("pause");
    return 0;
}
```

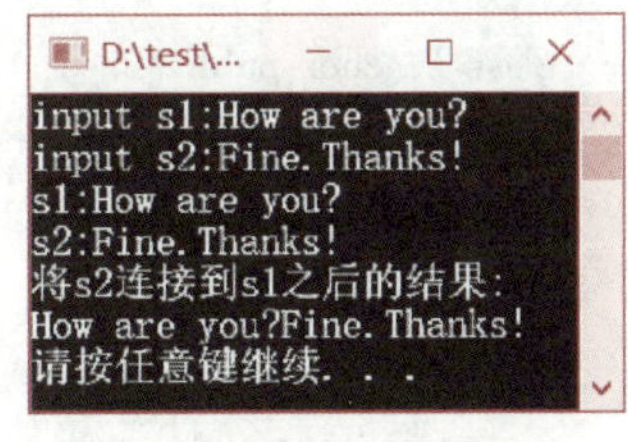

图 1.9.22 例 9.20 程序运行结果

程序运行结果如图 1.9.22 所示。程序中重载的“+”运算作用于两个自定义的字符串类，用以实现两个字符串的连接，使得字符串的连接操作看起来更直观。

思考：程序中的无参构造函数 Mystring()是否可以省略？

【例 9.21】 设计评选优秀学生和优秀教师的程序，当输入一系列教师或学生记录后，可将优秀学生及教师的姓名列出来。假设教师信息包括教师姓名和授课学时；学生信息包括学生姓名和成绩。程序要求设计如下 3 个类：

① Base 类。包含学生和教师的共有信息，即姓名 name、输入函数 input()、输出函数 print()以及虚函数 isgood()。

② Student 类。新增成员——成绩 score、输入函数 input()、输出函数 print()，以及虚函数 isgood()。如果考试成绩超过 90 分，isgood()返回 best。

③ Teacher 类。新增成员——课时 num、输入函数 input()、输出函数 print()，以及虚函数 isgood()。如果一年课时数超过 400 学时，isgood()返回 best。

分析：根据题意，3个类中都有同名函数 isgood( )，且在基类 Base 中并不能给出 isgood( ) 函数的具体实现，故将 Base 定义为抽象类。

程序：

程序代码：例9.21

```
#include "iostream"
using namespace std;
class Base
{
private:
    char name[50];
 public:
    void input( )
    {
        cout<<"输入姓名:";
        cin>>name;
    }
    void print( )
    {
        cout<<name<<endl;
    }
    virtual char * isgood( )= 0;
};
class Teacher:public Base
{
 private:
     int num;
 public:
    void input( )
    {
        Base::input( );
        cout<<"输入课时数:";
        cin>>num;
    }
    char * isgood( )
    {
        if(num>400)
            return ("best");
        else
            return ("common");
    }
};
```

```
class Student:public Base
{
 private:
     int score;
 public:
     void input()
     {
         Base::input();
         cout<<"输入成绩:";
         cin>>score;
     }
     char * isgood()
     {
         if(score>90)
             return ("best");
         else
             return ("common");
     }
};
int main()
{
     const int N=10;
     Base *p[2*N];                          //定义抽象类指针数组用以指向不同的派生类对象
     Teacher t[N];
     Student s[N];
     char ch;
     int m=0,n=0,i=0,k;
     do
     {
         cout<<"选择学生(s)或教师(t)或退出(q):"<<endl;
         cin>>ch;
         if(ch=='t')
         {
             t[n].input();
             if(strcmp("best",t[n].isgood())==0)
                 p[m++]=&t[n++];          //抽象类指针数组元素指向某个优秀教师对象
         }
         else if(ch=='s')
         {
             s[i].input();
```

```
                if(strcmp("best",s[i].isgood())==0)
                p[m++]=&s[i++]; //抽象类指针数组元素指向某个优秀学生对象
            }
        }while(ch=='t'||ch=='s');
        cout<<"优秀教师及优秀学生有:"<<endl;
        for(k=0;k<m;k++)
            p[k]->print();
        system("pause");
        return 0;
    }
```

程序运行结果如图 1.9.23 所示。该程序的类定义部分比较简单，主函数部分相对复杂，因为考虑到对两组对象进行处理，故定义了两个对象数组及一个抽象类指针数组。其中要注意的是：数组 t 只是用来存放优秀教师对象的，而不是存放所有的教师对象；数组 s 只是用来存放优秀学生对象的，而不是存放所有的学生对象；抽象类指针数组 p 则根据不同情况分别指向优秀教师和优秀学生。程序为简单起见，在 p 中未将优秀教师和优秀学生分开处理，所以从运行结果看，优秀学生和优秀教师是混合在一起输出的。

思考：若将优秀学生和优秀教师分别输出，主函数应如何修改？

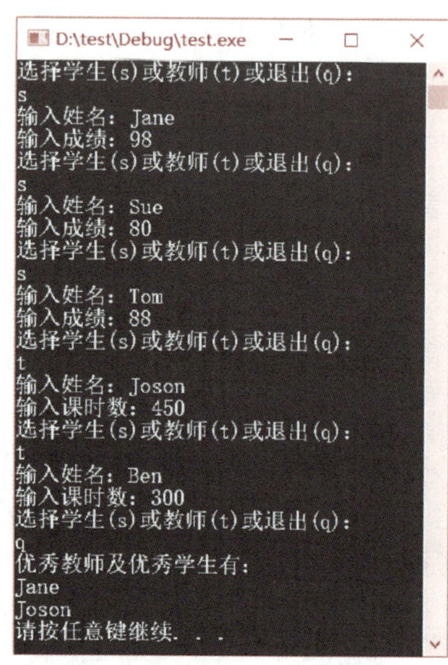

图 1.9.23 例 9.21 程序运行结果

习 题

一、选择题

1. 以下函数不属于类的成员函数的是________。

A. 构造函数 B. 析构函数 C. 友元函数 D. 复制初始化构造函数

2. 以下关于析构函数的描述中，不正确的是________。

A. 析构函数不能指定类型 B. 一个类中只能定义一个析构函数

C. 析构函数不带参数 D. 析构函数是函数体为空的成员函数

3. 类的实例化是指________。

A. 定义类 B. 创建类的对象 C. 指明具体类 D. 调用类的成员

4. 下列有关类的说法不正确的是________。

A. 对象是类的一个实例 B. 任何一个对象只能属于一个具体的类

C. 一个类只能有一个对象 D. 类是抽象的概念

5. 在C++中，虚函数主要用于支持________的实现。

A. 多态　　B. 封装　　C. 继承　　D. 多继承

6. 含有纯虚函数的类被称为________。

A. 派生类　　B. 抽象类　　C. 基类　　D. 虚基类

7. 在下列函数中，不能重载的是________。

A. 构造函数　　B. 析构函数　　C. 成员函数　　D. 非成员函数

8. 在下列派生类的描述中，错误的是________。

A. 一个派生类可以作为另一个派生类的基类

B. 派生类至少有一个基类

C. 派生类的成员除了其自身的成员外，还包含了其基类的成员

D. 派生类中继承的基类成员的访问权限到派生类保持不变

9. 在下列函数原型中，可以作为类Sample的构造函数的是________。

A. void Sample（int）；　　B. int Sample（ ）；

C. void ＊Sample(int)；　　D. Sample（int）；

10. 以下关于抽象类的描述中，错误的是________。

A. 不可以建立抽象类对象　　B. 可以说明指向抽象类的指针

C. 可以说明抽象类的引用　　D. 指向抽象类的指针不能指向其派生类对象

二、阅读程序，写出运行结果

1.
```
#include "iostream"
using namespace std;
class A
{
 private:
    int a,b;
 public:
     A()
     {
         a=b=0;
         cout<<"con1 called. \n";
     }
     A(int m)
     {
         a=b=m;
         cout<<"con2 called. \n";
     }
     A(int m,int n)
     {
         a=m;b=n;
```

```
            cout<<"con3 called. \n";
        }
        void print()
        {
            cout<<"a="<<a<<",b="<<b<<endl;
        }
    };
    int main()
    {
        A a1,a2(10),a3(10,20);
        a1.print();
        a2.print();
        a3.print();
        system("pause");
        return 0;
    }
```

2.
```
#include "iostream"
using namespace std;
class point
{
 private:
    int x;
    int y;
 public:
    point(int px=10,int py=20)
    {
        x=px; y=py;
    }
    static int getpx(point a)
    {
        return(a.x);
    }
    static int getpy(point b)
    {
        return(b.y);
    }
    void setx(int c)
    {
        x=c;
```

```
    }
};
int main()
{
    int i;
    point p[5];
    for(i=0;i<5;i++)
        p[i].setx(i);
    for(i=0;i<5;i++)
    {
        cout<<point::getpx(p[i])<<'\t';
        cout<<point::getpy(p[i])<<endl;
    }
    system("pause");
    return 0;
}
```

3.
```
#include "iostream"
using namespace std;
class sam
{
    int x;
  public:
    void setx(int i)
    {
        x=i;
    }
    int putx()
    {
        return x;
    }
};
int main()
{
    int i;
    sam *p;
    sam s[3];
    for(int i=0;i<3;i++)
        s[i].setx(i+4);
    p=s;
    for(i=0;i<3;i++)
```

```
        cout<<p++->putx()<<endl;
    system("pause");
    return 0;
}
```

4.
```
#include "iostream"
using namespace std;
class A
{
 private:
     int a,b;
 public:
     A(int i,int j)
     {
         a=i;b=j;
     }
     void move(int x,int y)
     {
         a+=x;
         b+=y;
     }
    void show()
     {
         cout<<a<<","<<b<<endl;
     }
};
class B:public  A
{
private:
    int x,y;
 public:
    B(int i,int j,int k,int l):A(i,j)
     {
         x=k;
         y=l;
     }
    void show()
     {
         cout<<x<<","<<y<<endl;
     }
    void fun()
```

```
        {
            move(2,4);
        }
        void f1()
        {
            A::show();
        }
    };
    int main()
    {
        A a1(10,10);
        a1.show();
        B b1(5,5,6,6);
        b1.fun();
        b1.show();
        b1.f1();
        system("pause");
        return 0;
    }
```

5.
```
    #include "iostream"
    using namespace std;
    class array
    {
     private:
        int len;
        int *buff;
     public:
        array(int l)
        {
            len=l;
            buff=new int[len];
        }
        ~array()
        {    delete buff;    }
        int getl()
        {    return len;    }
        int &operator[](int i);
    };
    int &array::operator[](int i)          //返回值为整型变量的引用
```

```
    {
        int n=0;
        if(i<len && i>=0)
            return buff[i];              //对未超界的元素返回该元素变量
        else                             //对超界的下标提示超界信息
            cout<<"buff["<<i<<"]index out of range.\n";
        return n;
    }
int main()
    {
        int n;
        array a(6);
        int b[10];
        for(n=0;n<10;n++)
            cin>>b[n];
        for(n=0;n<10;n++)
            a[n]=b[n];
        cout<<"lenth="<<a.getl()<<endl;
        for(n=0;n<a.getl();n++)
            cout<<a[n]<<endl;
        system("pause");
        return 0;
    }
```

三、编程题

1. 设计一个猫类（Cat），具有年龄(age)、体重（weight）和颜色（color）等属性，以及设置、获取和输出这些属性的功能，并编写主函数对该类进行测试。

2. 设计一个字符串类(Mystring)，数据成员是长度为100的字符数组，成员函数具有设置、输出字符串、计算字符串的长度，以及复制字符串等功能，并编写主函数对该类进行测试。

3. 设计两个类：点类(Point)、圆类(Circle)，编写主函数对这两个类进行测试。具体要求如下。

(1) 点类具有代表坐标的x、y两个数据成员，还包含获取坐标值getx()、gety()以及平移点move(int a, int b)等功能。

(2) 圆类从点类派生，具有圆心坐标、r（半径）等属性，还具有获取半径getr()以及计算圆面积getarea()和圆周长getgirth()等功能。

4. 设计一个职工类Staff，该类是对所有职工某些信息的抽象，该职工类中包括3个私有的数据成员和两个公有的成员函数，其类成员的构成如表1.9.5所示。

数据成员		成员函数	
名称	含义	名称	功能
name	职员姓名	set	设置数据成员值
sex	职员性别	display	输出数据成员值
wage	职员工资		

◀表 1.9.5 类成员的构成

先设计 Staff 类，再从该类派生出一个新类 Staff1，该类中新增数据成员 wt（代表工龄）以及成员函数 addwage()，其功能是职员涨工资，假设工龄每超过 10 年，工资增加 80 元。

5. 假设某高校教授的基本工资为 8 000 元/月，课时津贴为 60 元/节；副教授的基本工资为 7 000 元/月，课时津贴为 55 元/节；讲师的基本工资为 5 500 元/月，课时津贴为 40 元/节。假设教师的月收入由基本工资和课时津贴组成，设计程序输入教师的职称和月课时数，求其月收入。要求设计一个抽象类描述教师，设计 3 个派生类分别描述教授、副教授和讲师。

实 验 篇

实验 1
C/C++概述

一、实验目的

1. 熟悉 VS 2012 的集成开发环境。
2. 熟悉在 Visual C++中编写、调试 C/C++程序的方法。
3. 掌握简单 C/C++程序的框架结构及基本语法要素。
4. 掌握 C/C++程序中输入输出数据的基本方法。
5. 掌握编译预处理命令的使用方法。

二、实验内容

1. 从键盘输入一个整数，计算它的平方并以十六进制形式输出。请在 Visual C++中编辑、调试该程序。

程序代码：实验 1.1

```
#include "iostream"
using namespace std;
int main()
{
    int  x;
    cin>>x;
    int y=x*x;
    cout<<"x*x:"<<hex<<y<<endl;
    system("pause");
    return 0;
}
```

2. 编写程序，计算一个梯形的面积。要求梯形的上底、下底和高这 3 个变量在定义的同时给定初值（初值任意给定一组值即可）。

3. 编写程序，计算一个学生 3 门课的平均成绩。要求学生的成绩从键盘输入。

4. 编写程序，计算地球的质量。已知地球的半径为 6 356.91 km，平均密度为 5.52 t/m^3。要求地球半径从键盘输入，地球密度和 π 都定义为符号常量。

地球体积的计算公式为 $v=4\pi r^3/3$。

实验 2
顺序结构

一、实验目的

1. 掌握基本数据类型及常量、变量、运算符和表达式的使用方法。
2. 掌握阅读、分析、调试简单程序的方法。
3. 掌握顺序结构的程序设计方法。

二、实验内容

1. 以下程序计算3名学生的平均成绩，对结果四舍五入精确到百分位。分析、调试下面的程序，并体会强制数据类型转换的意义。

程序代码：实验2.1

```
#include "iostream"
using namespace std;
int main()
{
    float s1,s2,s3;
    double aver;
    cout<<"输入三个数据:"<<endl;
    cin>>s1>>s2>>s3;
    aver=(s1+s2+s3)/3;
    aver=aver*100+0.5;
    aver=(int)aver;
    aver=aver/100;
    cout<<"平均值="<<aver<<endl;
    system("pause");
    return 0;
}
```

2. 输入直角三角形的两条直角边长，调用平方根库函数 sqrt()计算并输出斜边的长度。

3. 输入直角坐标系中某点的坐标(x,y)，若该点落在图2.2.1中的阴影区域内，则输出阴影部分的面积，否则输出0。

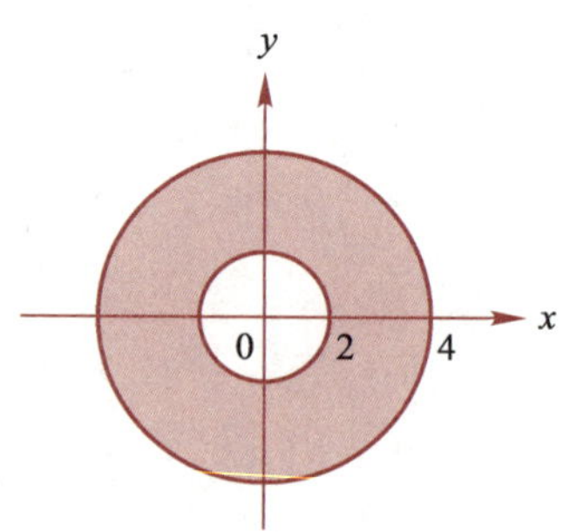

图2.2.1 实验2题3

4. 任意输入 3 个实数，分别输出它们的平均值和最小数，要求通过条件运算符求最小数。

5. 将“fly”译成密码“iob”。编码规律：将字母 a 变成字母 d，即变成其后的第 3 个字母，x 变成 a，y 变成 b，z 变成 c……

提示：用初始化或输入的方法使 c1、c2、c3 的值分别为'f'、'l'、'y'，但按编码规则进行译码时要考虑通用性，不仅仅使程序只能针对“fly”做处理。

6. 编写程序，求函数 $y=|x^2-7x|+\sqrt{3x^2+\frac{\pi}{2}\sin 67^\circ}$ 的值。要求从键盘输入 x 的值，程序输出 y 的值。

实验 3
选择结构

一、实验目的

1. 熟练掌握关系及逻辑表达式在程序设计中的运用方法。
2. 熟悉掌握利用 if 语句的各种形式实现分支选择的方法。
3. 掌握使用 switch 语句实现多分支选择的方法。

二、实验内容

1. 以下程序的功能是求两个非 0 整数相除的商和余数。程序有若干处错误，试找出错误并加以修改。

程序代码：实验 3.1

```
#include "iostream"
using namespace std;
int main()
{
    int x,y,r1,r2;
    cin>>x>>y;
    if(x=0||y=0)
        cout<<"input error"<<endl;
    else
    {
        if(x>y)
            r1=x/y;
            r2=x%y;
        else
            r1=y/x;
            r2=y%x;
    }
    cout<<"商= "<<r1<<"余数="<<r2<<endl;
    system("pause");
    return 0;
}
```

2. 编写程序，输入一个人的身高、体重，根据 BMI（体重指数）值输出其体型状态。BMI 是用身高和体重来估算是否肥胖的指标，其计算方法是

$$\text{BMI}=\text{体重}\div\text{身高}^2$$

其中，体重的单位为 kg，身高的单位是 m。BMI 衡量标准是，小于或等于 18.4 为消瘦，18.5~23.9 为正常，24~27.9 为超重，大于或等于 28 为肥胖。

3. 某商场举办商品促销活动，购买的商品价格为 x，实付金额 y 按折扣支付。编写程序，输入 x，按如下折扣计算并输出 y 的值。

$$
y=\begin{cases} x, & x<1\,000 \\ 0.9x, & 1\,000\leqslant x<2\,000 \\ 0.8x, & 2\,000\leqslant x<3\,000 \\ 0.7x, & x\geqslant 3\,000 \end{cases}
$$

分别利用 if 和 switch 两种多分支结构来实现。

4. 任意输入 3 个不相等的整数 x、y、z，要求按从小到大的次序输出这 3 个数。显示形式如下：

××<××<××

5. 编写程序，模拟袖珍计算器实现简单的四则运算，运行结果如图 2.3.1 所示。要求：输入两个运算数和一个运算符，根据运算符决定所做的运算。

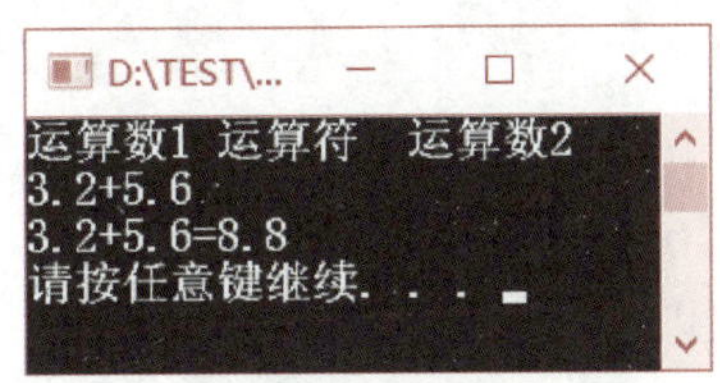

图 2.3.1 实验 3 题 5 运行结果

要求用 switch 语句实现。

6. 从键盘输入一个三位正整数，计算该三位正整数的个位、十位、百位数字中最大数与最小数之差。例如，592 的百位、十位、个位数字分别为 5、9、2，其中最大数与最小数之差为 9−2=7。

实验 4
循环结构

一、实验目的

1. 了解当型循环和直到型循环的执行过程。
2. 熟练掌握 3 种循环语句的使用方法。
3. 掌握 break 语句和 continue 语句在循环语句中的辅助控制作用。
4. 掌握利用循环语句实现常用算法的方法。

二、实验内容

1. 以下程序的功能是求 20 以内的奇数和。程序有几处错误，试找出它们并加以修改。

程序代码：实验 4. 1

```
#include "iostream"
using namespace std;
int main()
{
    int n,sum;
    for(n=1; ;n+=2);
    if(n==20)
        break;
    cout<<"sum="<<sum<<endl;
    system("pause");
    return 0;
}
```

2. 编写程序实现如下功能：将一个十进制整数按倒序形式输出，即若输入 156，则输出 651。要求程序可以实现对任意位数的整数的处理。

提示：实现的方法是将十进制数 x 不断对 10 求余后输出余数，同时将 x 缩小到原来的 1/10，直到 x 为 0 时停止。

3. 编写程序显示所有的水仙花数。若一个三位数各位数字立方和等于该数本身，则该数称为水仙花数。例如，153 是水仙花数，因为 $153=1^3+5^3+3^3$。

4. 计算并输出 $S=1+\frac{1}{2}+\frac{1}{4}+\frac{1}{7}+\frac{1}{11}+\frac{1}{16}+\frac{1}{22}+\frac{1}{29}+\cdots$的结果，要求当第 i 项的值$<10^{-4}$时结束计算。

5. 用以下公式计算并输出 π 的近似值：

$$\pi=2\times\frac{2^2}{1\times3}\times\frac{4^2}{3\times5}\times\frac{6^2}{5\times7}\times\cdots\times\frac{(2n)^2}{(2n-1)\times(2n+1)}$$

提示：为防止大数相乘数据溢出问题，宜将变量类型定义为双精度型。

6. 编写程序计算并输出 $S_n=a+aa+aaa+\cdots+aa\cdots aaa$（$n$ 个 a）的结果，其中 a 是随机产生的 1~9（包括 1 和 9）的整数，n 是随机产生的 5~9（包括 5 和 9）的整数。例如，当 $a=2$，$n=5$ 时，$S_n=2+22+222+2222+22222$。

提示：为了得到由若干个 a 组成的 n 位数 Temp，可用如下程序段实现。

```
Temp=0;
for(i=1;i<=n;i++)
    Temp=Temp*10+a;
```

7. 参阅本书例 3.20，用迭代法求 $x=\sqrt[3]{a}$ 的结果，要求迭代到 $|x_{i+1}-x_i|<10^{-5}$ 为止。求立方根的迭代公式为

$$x_{i+1}=\frac{2}{3}x_i+\frac{a}{3x_i^2}$$

8. 编写程序，显示如图 2.4.1 和图 2.4.2 所示的字符图形。

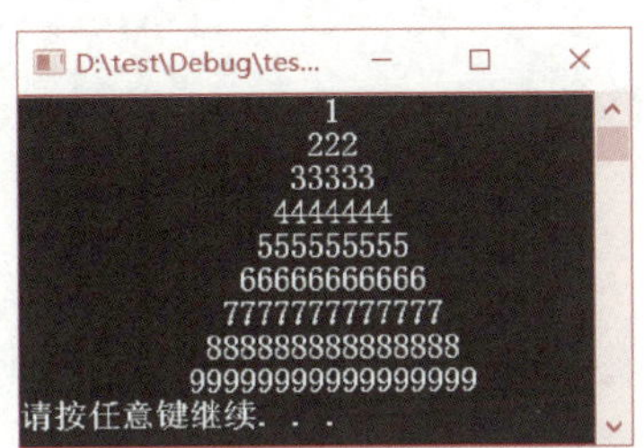

图 2.4.1 实验 4 题 8 程序运行结果 1

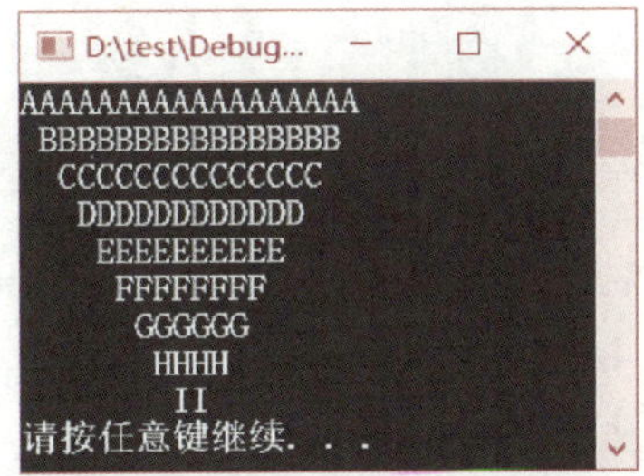

图 2.4.2 实验 4 题 8 程序运行结果 2

实验 5
数组

一、实验目的

1. 掌握一维数组、二维数组的基本概念。
2. 掌握数组的输入输出等常用操作的方法。
3. 掌握字符数组处理字符串的方法。
4. 掌握数组的增加、删除、查找及排序等常用算法。

二、实验内容

1. 随机产生 10 个 30~100（包括 30 和 100）的正整数，求这组数中的最大值、最小值和平均值。

2. 编写程序，将一个长度不超过 50 的字符串倒序存放后输出。例如，数组 a 的内容为“VISUAL C++PROGRAM”，倒序后数组 a 的内容变成“MARGORP++C LAUSIV”。要求实现倒序时不能借助其他数组。

3. 随机产生并输出 20 个学生某门课的成绩（0~100），要求将这组成绩按照从大到小的顺序排序，并显示排序后的结果。

4. 输入一个小于 10 的正整数 n，显示 n 行杨辉三角形，如图 2.5.1 和图 2.5.2 所示。

提示：

① 杨辉三角形的特点是第 1 列（下标为 0）和主对角线的元素均为 1，其余各元素的值满足如下关系：

a[i][j]= a[i-1][j-1]+ a[i-1][j]， i=2,3,…,n-1,j=1,2,…,i-1

② 若要显示图 2.5.2 的结果，则可以用 setw 控制每行的起始位置，语句如下：

```
cout<<setw((n-i)*3)<<" ";      //这里的 3 是针对每个元素占 6 列宽时设定的值
```

```
D:\TEST\Debug\TEST.exe
输入行数：6
  1
  1     1
  1     2     1
  1     3     3     1
  1     4     6     4     1
  1     5    10    10     5     1
请按任意键继续. . .
```

图 2.5.1 实验 5 题 4 运行结果 1

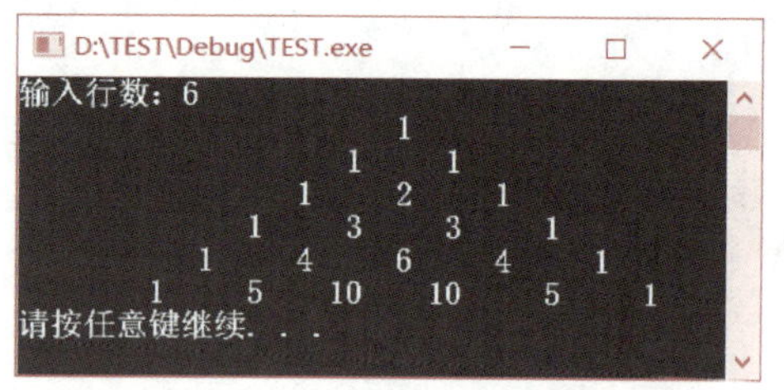

图 2.5.2 实验 5 题 4 运行结果 2

5. 编写程序，输入一个长度不超过 50 的字符串，将该字符串中的大写字母转换成小写字母，并输出转换后的字符串。

6. 编写程序，从键盘输入 n 个长度不等的字符串（但长度均不超过 50），求其中最长的那个字符串，并输出该字符串的内容。

实验 6
指针

一、实验目的

1. 理解指针的概念，掌握指针变量的定义与使用方法。
2. 理解指针与数组的关系，掌握用指针变量访问数组元素的方法。
3. 掌握用指针访问字符串的方法。

二、实验内容

1. 利用指针实现以下程序：输入正整数 n，再任意输入 n 个整数，计算并输出这 n 个整数的和。要求用 new 运算符为这 n 个整数动态分配存储空间。

2. 用字符指针实现如下程序：输入一个长度不超过 10 的整数字符串，要求将其转换为一个整数。例如，输入字符串"1234"，将其转换为整数 1234。

3. 用字符指针实现如下程序：从键盘输入两个字符串（长度均不超过 30），要求将第 2 个字符串连接到第一个字符串的末尾，并输出连接后的字符串的内容。注意：不能直接调用 strcat( ) 函数。

4. 用字符指针实现如下程序：输入一个长度不超过 30 的字符串 s1，将其中从第 m（m 小于字符串的长度）个字符开始到结束的字符复制到另一个字符串 s2 中。

5. 用字符指针实现如下程序：输入一个长度不超过 30 的字符串 s，再输入一个字符 ch，将字符串 s 中所有与 ch 的内容相同的字符删除，并输出删除后的字符串 s。

6. 用字符指针实现如下程序：输入长度不超过 50 的字符串 s，输出该字符串中最大字符和最小字符之间的所有字符，要求不包含最大字符和最小字符。例如，输入字符串"xWBAdgHzmT"，则输出结果为"dgH"。

实验 7
函数

一、实验目的

1. 熟练掌握函数的定义、调用和说明的方法。
2. 掌握函数间不同的参数传递机制。
3. 掌握默认参数的函数的正确使用方法。
4. 掌握递归函数解决问题的原理和方法。

二、实验内容

1. 编写函数 isprime( )，用以判断 m 是否为素数。若是素数，则函数返回值为 1；否则返回 0。编写主函数，调用 isprime( )函数输出 10 对最小的孪生素数。所谓孪生素数是指两个差值为 2 的素数，如 3 和 5，11 和 13 等。

2. 编写函数 reverse( )，功能为构造并返回正整数 x 的逆序数。编写主函数，输出 10 个大于 10 000 的最小的回文数。回文数是指顺读和倒读都相同的数，如 5、151、3553 等。

3. 编写函数 huiwen( )，功能为判断某字符串是否为回文，如果是回文则返回 1；否则返回 0。设计主函数，对输入的字符串进行判断，并输出是否为回文的提示。回文是指顺读和倒读都一样的字符串，如"deed"和"level"是回文。

4. 分别设计如下两种形式的函数 fun( )，功能是统计学生成绩数组 s 中的优秀人数和不及格人数。设计主函数，调用函数并输出统计结果。

(1) 函数形式为 int fun(int s[ ],int n,int ＊x)

要求优秀人数通过返回值返回，不及格人数通过指针参数带回结果。

(2) 函数形式为 void fun(int s[ ],int n,int &x,int &y)

要求优秀人数和不及格人数都通过引用参数带回结果。

5. 编写函数 freq( )，功能为统计某字符串中各个字母（不区分大小写）出现的次数，同时找出出现次数最多的字母（如果有多个这样的字母，只找出其中的一个即可）。输出形式如图 2.7.1 所示。函数形式如下：

```
void freq(char s[ ],int p[ ],char &chmax,int &max)
```

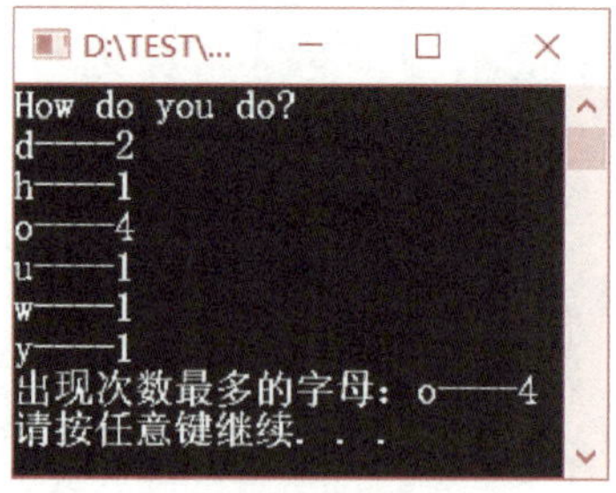

图 2.7.1 实验 7 题 5 程序运行结果

6. 编写函数 get_max( )，其功能是找到字符串 s 中的最大字符，并将该字符的地址返回。再编写主函数，调用 get_max( )函数，将字符串 s 中从最大字符开始的子串中的小写字母转换成大写字母，然后输出处理后的字符串。例如，假设 s 的内容为"qwertyou"，则从最大字符'y'开始的子串为"you"，处理后的 s 为"qwertYOU"。函数形式为 char ＊get_max(char s[ ])。

7. 编写函数 fun( )，求以下级数的部分和，要求当最后一项的值小于 eps 时结束求和，设 eps 的默认值为 10^{-6}。

$$s=x-\frac{x^3}{3!}+\frac{x^5}{5!}-\frac{x^7}{7!}+\cdots$$

函数形式如下：

```
double fun(double x, double eps=1e-6)
```

8. 若一步可以跨一个台阶或两个台阶，编写递归函数 fun( )，求解第 n 个台阶的爬法有多少种。再编写主函数，调用 fun( )函数，输出结果。

提示：第一个台阶的爬法有 1 种，第二个台阶的爬法有 2 种，从第 3 个台阶开始，每个台阶的爬法是前面两个台阶的爬法之和。

9. 编写递归函数 reverse( )，功能是将一个字符串 s 进行逆序存放。再设计主函数，调用 reverse( )函数，输出逆序后的字符串。

实验 8
结构和链表

一、实验目的

1. 掌握结构体类型的定义和结构变量的访问方法。
2. 掌握动态数据结构链表的基本概念和存储特点及存储结构。
3. 掌握链表的常用算法，包括链表的创建、查找、统计、插入和删除等基本操作方法。

二、实验内容

1. 已知有一组学生信息，编写函数 getmax( )，返回成绩最高的学生的信息。再编写主函数对 getmax( ) 函数进行调用，输出成绩最高学生的学号和成绩。假设学生结构类型定义如下：

```
struct student
{
  char  * num;
  int    score;
};
```

提示：这里 num 定义为指针类型，注意向其输入内容之前要先为其申请空间。

2. 编写函数 sort1( )，对一组图书信息按照书名的字母顺序递增排序。假设图书信息包括书名和单价。从键盘输入 10 本图书的名称和单价，在主函数中调用 sort1( ) 函数，输出排序后的图书信息。

3. 编写程序，定义日期结构类型 date，包括年、月、日 3 个成员。要求输入一个日期，计算并输出该日期是本年度的第几天。

提示：

① 要注意区别闰年和非闰年的情况。

② 可以定义一个数组辅助完成程序，该数组长度为 12，每个元素分别存放 1~12 月每月包含的天数。

4. 编写函数 deln( )，其功能是删除职工信息链表中的第 n 个结点。编写主函数，首先按输入顺序建立职工信息链表，然后调用函数 deln( )，删除第 n 个职工，并输出删除后的职工信息链表中的信息。假设职工信息包括工号（num）、姓名（name）和工资（wage）。

5. 编写程序，对题 4 中建立的链表增加如下功能：增加按工号（num）修改该职工工资（wage）的函数 modify( )。再编写主函数，对某一职工的工资信息进行修改，并输出修改后的职工信息链表中的信息。

6. 编写程序，利用链表实现将十进制整数 n 转换成二进制数的功能。

提示：将 n 对 2 求余数的结果不断前插到链表的最前面，然后将 n 缩小为原来的 1/2，直到 n 为 0 时停止。这样，就可以创建一个与分解顺序相反的链表，然后从表头开始输出链表中的数据即可得到转换后的二进制数。

7. 编写程序，按要求建立一个链表，统计链表中的结点个数，并输出链表中的数据。

要求：从键盘输入一个长度不超过 30 的字符串，不要事先对字符串排序，从该串中逐一取出字符，并将这个字符插入链表的适当位置处，使得各结点的字符按由小到大的顺序组织在链表中。链表的结点结构如下定义：

```
struct node
{
    char data;
    struct node *next;
};
```

实验 9
文件

一、实验目的

1. 掌握文件和文件指针的概念。
2. 掌握数据文件操作的正确方法和步骤。
3. 掌握文件的打开、关闭以及读写函数的使用方法。

二、实验内容

1. 用记事本程序创建一个文本文件，在该文件中存放一行字符串。编写程序，将该文件中的每个字符及其ASCII码输出到屏幕上。例如，文件的内容是“I love China”，则屏幕上输出为

I(73) (32)l(108)o(111)v(118)e(101) (32)C(67)h(104)i(105)n(110)a(97)

注意：空格也是有效字符。

2. 用记事本程序创建一个文本文件，该文件的内容是一行字符串。编写程序，要求先将该文件的内容读到字符数组s中，再从键盘输入一个字符给字符变量ch，删除s中所有与ch相同的字符，最后再将删除后的新字符串写入原来的文件（替换原来文件的内容）。

3. 编写程序，从键盘输入一串字符，要求将该串字符的倒序串先写入一个文件中，然后再将原字符串的内容接到该文件的末尾。例如，假设从键盘输入的字符串为“How do you do?”，则写入文件的内容为

? od uoy od woHHow do you do?

4. 用记事本程序建立一个文本文件，在该文件中存放一组整数。编写程序统计文件中正整数、负整数和零的个数。

提示：用fscanf()函数读取文件中的数据。

5. 随机产生20个50~100的整数，要求将这些数据递增排序后写入一个数据文件中。

6. 从键盘输入若干名职工的信息，职工信息包括工号、姓名、工资、工龄，要求对工龄超过20年的职工每人增加500元工资，并将这些职工的信息写入一个文件。

7. 参照例8.12，对诗词接句游戏进行完善，增加如下功能：

（1）给出下句，要求对出上句。

（2）将测试过程中用户答错的诗句写入错句文件中。

（3）菜单中增加“显示错句”选项，并编写相应功能的函数。

实验 10
面向对象程序设计基础

一、实验目的

1. 熟练掌握类的定义方法，能设计简单的类。
2. 掌握对象的声明和使用方法。
3. 熟悉面向对象程序设计编程的基本方法。
4. 掌握利用类的继承关系定义派生类的方法。
5. 了解通过虚函数实现多态性的方法。

二、实验内容

1. 设计点类 Point，并编写主函数对该点类的功能进行测试。该类具有横、纵坐标两个数据成员，具有设置、输出数据成员及求两点之间距离的功能。

2. 定义矩形类 Rectangle，该类具有长、宽两个数据成员，以及如下成员函数：

（1）构造函数。

（2）设置长、宽值的成员函数。

（3）求矩形面积和周长的成员函数。

要求：在对以上类进行测试时，既允许定义带参对象，也允许定义不带参数的对象，请针对测试要求对矩形类进行定义并编写主函数对定义的类进行功能测试。

3. 设计航班类 Plane，并编写主函数对该类的功能进行测试。该类具有机型、班次、额定载客数和实际载客数等数据成员，具有输入、输出数据成员以及求载客效率的功能。其中，载客效率=实际载客数/额定载客数。

4. 设计一元二次方程类 Equation，编写主程序对该类的功能进行测试。该类具有代表3个系数的数据成员 a、b、c，具有设置数据成员的值、求判别式 b^2-4ac 的值以及求方程根的功能。

5. 设计字符串类 Mystring，编写主函数对该点类的功能进行测试。该类的数据成员为代表字符串的字符数组（长度不超过100），该类具有设置和输出字符串、求字符串长度、连接两个字符串的功能。

6. 假设已有 Person 类的定义，该类具有数据成员姓名、年龄，其访问权限为 protected。Student 和 Teacher 两个类均公有继承于 Person 类，其中 Student 类增加了专业和学号，Teacher 类增加了工号和职称，两个类的新增成员如表 2.10.1 所示。请定义两个派生类 Student 和 Teacher，并分别对其进行测试。Person 类的定义如下：

```
class Person
{
 protected:
     char name[20];
     int age;
 public:
         void input()
         {  cin>>name>>age;  }
```

```
        void disp( )
        {  cout<<name<<" "<<age<<" ";  }
};
```

类名	数据成员		成员函数	
	名称	含义	名称	功能
Student	depart	专业	input	输入数据成员（通过调用 Person 类的 input( ) 函数输入基类数据成员）
	snum	学号	disp	输出数据成员（通过调用 Person 类的 disp( ) 函数输出基类数据成员）
Teacher	tnum	工号	input	输入数据成员（通过调用 Person 类的 input( ) 函数输入基类数据成员）
	title	职称	disp	输出数据成员（通过调用 Person 类的 disp（）函数输出基类数据成员）

◀表 2.10.1 Student 类和 Teacher 类的新增成员

7. 设计抽象的宠物类 Pet，具有宠物名称、颜色、体重、年龄等属性，具有构造函数、输出属性值的函数以及一个虚函数 speak( )，其功能为输出宠物的叫声。以该类为基类，派生出 Cat 类和 Dog 类，它们各自包含自身的构造函数和输出函数及 speak( ) 函数的不同实现。编程对一个具体的 Cat 和 Dog 对象进行测试。

8. 参考第 7 题，利用抽象类和虚函数的方法自行设计生活中一个体现继承和多态关系的应用实例。

参考文献

[1] 何钦铭，颜晖．C 语言程序设计［M］. 4 版．北京：高等教育出版社，2020.

[2] 苏小红，赵玲玲，孙志岗，等．C 语言程序设计［M］. 4 版．北京：高等教育出版社，2019.

[3] 谭浩强．C 程序设计［M］. 5 版．北京：清华大学出版社，2017.

[4] 郑莉，董渊．C++语言程序设计［M］. 5 版．北京：清华大学出版社，2020.

[5] LIPPMAN S B，LAJOIE J，MOO B E. C++ Primer 中文版［M］. 5 版．北京：电子工业出版社，2013.

[6] 杜茂康，谢青．C++面向对象程序设计［M］. 3 版．北京：电子工业出版社，2017.

郑重声明

防伪查询说明